变电运维故障缺陷分析与处理案例

主　编　张玉珠　苏海涛
副主编　章梦哲　郑　伟

中国电力出版社
CHINA ELECTRIC POWER PRESS

内 容 提 要

本书分为故障篇和缺陷篇两大部分，针对变电站发生的典型案例，从故障（缺陷）前运行状态、故障（缺陷）发生过程及处理步骤、故障（缺陷）原因分析、整改措施几个方面出发进行阐述和分析，从而提升变电运维人员对变电站故障及缺陷的分析和处理能力。本书可供变电运维、电力调度、继电保护人员使用。

图书在版编目（CIP）数据

变电运维故障缺陷分析与处理案例 / 张玉珠，苏海涛主编；章梦哲，郑伟副主编．—北京：中国电力出版社，2024.7（2025.1重印）—ISBN 978-7-5198-9116-9

Ⅰ.TM63

中国国家版本馆 CIP 数据核字第 202449UG67 号

出版发行：中国电力出版社
地　　址：北京市东城区北京站西街 19 号（邮政编码 100005）
网　　址：http：//www.cepp.sgcc.com.cn
责任编辑：陈　倩（010-63412512）
责任校对：黄　蓓　王海南
装帧设计：张俊霞
责任印制：石　雷

印　　刷：廊坊市文峰档案印务有限公司
版　　次：2024 年 7 月第一版
印　　次：2025 年 1 月北京第二次印刷
开　　本：710 毫米×1000 毫米　特 16 开本
印　　张：19.25
字　　数：359 千字
定　　价：115.00 元

Preface
前言

变电运维人员是保障电网安全稳定运行的重要人员支撑。近年来，随着变电站数量的不断增加和新技术的广泛应用，对变电运维人员的核心业务素质提出了更高的要求。其中，变电站设备故障及缺陷的分析处理是运维人员重要的核心业务技能。为打造“设备主人＋全科医生”的变电运维队伍，提升一线变电运维人员对变电站典型故障缺陷的分析和处理能力，编写了《变电运维故障缺陷分析与处理案例》一书。

本书由国网河南省电力公司技能培训中心张玉珠、国网河南省电力公司设备部苏海涛主编，国网河南省电力公司技能培训中心和各地市供电公司专家参与编写。本书分为故障篇和缺陷篇两大部分，故障篇包含54个典型案例，缺陷篇包含22个典型案例。全书针对各变电站发生的典型案例，从故障（缺陷）前运行状态、故障（缺陷）发生过程及处理步骤、故障（缺陷）原因分析、整改措施几个方面出发进行阐述和分析，从而提升变电运维人员对变电站故障及缺陷的分析和处理能力。本书可供变电运维、电力调度、继电保护人员使用。

本书在编写过程中得到了国网河南省电力公司设备部和各地市供电公司一线专家的大力支持，并参考了相关书籍和翻阅相关故障案例，在此一并表示衷心的感谢！

受理论水平和实践经验所限，书中难免有疏漏和不足之处，欢迎广大读者批评指正。

编者

2024年5月

Contents
目 录

第二篇　缺　陷　篇

第一篇

故障篇

案例1：220kV仿真变电站2号主变压器低后备保护动作引起母线失压

一、故障前运行状态

220kV系统运行方式：仿221、Ⅰ仿能1、Ⅰ仿开1运行于仿220kV东母，仿222、Ⅱ仿能1、Ⅱ仿开1运行于220kV西母，仿220断路器处于运行状态，仿1号主变压器高、中压侧中性点不接地运行，仿2号主变压器高、中压侧中性点接地运行。

110kV系统运行方式：仿111、仿干1、仿学1、仿区1运行于仿110kV东母，仿112、仿定1、仿牧1、Ⅱ仿学1、Ⅲ仿古1运行于仿110kV西母，仿110断路器处于运行状态。

10kV系统运行方式：仿102供10kV南母带仿商1、仿中1、仿馨1、仿河1、仿星1运行；仿101供10kV北母带仿世1、仿东1、仿正1、仿华1、仿凯1、仿宝1、仿紫1运行。仿100断路器处于热备用状态。

二、故障发生过程及处理步骤

某日19:53:05:255，220kV仿真变电站10kV仿中线发生三相短路故障，仿中1过电流Ⅰ段、Ⅱ段保护动作，仿中1断路器未跳开；19:53:05:324，仿2号主变压器低后备保护启动，限时电流速断Ⅰ时限跳仿100、Ⅱ时限跳仿102，仿10kV南母失压。

10kV仿中线发生故障后，仿中1过电流Ⅰ段、Ⅱ段保护均动作，断路器未跳开，611ms后仿2号主变压器低后备保护动作，跳开断路器仿100、仿102，故障隔离。保护动作时序如下。

1. 10kV仿中线路保护

19:53:05:255，仿中1间隔发生ABC三相短路故障，故障电流二次值为68.642A（一次值8237.04A，TA变比600/5），大于过电流Ⅰ段定值45A，过电流Ⅰ段保护动作；但由于开关未跳开，经过290ms后过电流Ⅱ段保护动作，断路器仍未跳开，故障依然存在。

仿中1过电流Ⅰ段定值为45A，时间为0s；过电流Ⅱ段定值为24A，时间为0.3s。

2. 仿2号主变压器低后备保护

19:53:05:255，仿2号主变压器双套保护低后备保护启动，19:53:05:611，限时速断Ⅰ时限保护动作，仿100断路器跳闸，仿100断路器在断开位置，故障电流二次值约为9.8A（一次值7840A，TA变比4000/5），大于限时速断定值6.25A，故障仍然存在；19:53:05:912，限时速断Ⅱ时限动作，仿102断路器跳闸，故障切除，仿10kV南母失压。

仿2号变压器根据执行定值，限时速断定值为6.25A，Ⅰ时限时间为0.6s，Ⅱ时限时间为0.9s。

根据以上分析可以看出，这次故障是由于仿中线路发生故障，保护未跳闸出口造成仿2号主变压器低压后备保护动作，仿102断路器跳闸引起母线失压。

立即将失压母线所有断路器断开，仿中1断路器解除备用，投入仿100断路器充电保护，对失压母线充电，充电正常后退出充电保护，恢复正常线路供电。

三、 故障原因分析

仿中线路保护装置为某公司2012年生产的型号为PSL641U线路保护装置。本次故障仿中线路保护已经动作，但断路器跳闸未跳开。经进一步检查，保护装置本身及监控后台在故障前均未出现类似控制回路断线等异常信号。

通过查看10kV仿中线路保护装置CPU插件内部事件信息，发现：①在某日装置重新上电后液晶面板报“程序校验错误”，同时装置面板“告警”灯亮，并记录相关告警信息；② 某日人工再次复归，告警依然存在，告警报文持续报出，装置面板“告警”灯持续亮。

经过与厂家沟通，确定仿中1PSL641U线路保护装置报“程序校验错误”，保护未出口跳闸原因如下：PSL641U在装置上电后，会将装置程序从FLASH芯片中载入RAM运行。载入完成后，CPU对装置程序进行CRC自检校验，如检测出装置RAM中加载的程序CRC与断电前记录的CRC不一致，则判断正在运行的程序存在错误，保护装置存在极大的不正确动作可能性。因此装置立即报“程序校验错误”并发出告警信号，点亮装置面板上本地“告警”信号灯。同时，为避免保护误动，保护装置闭锁跳闸出口正电源，即闭锁用于驱动跳闸出口+24V电源电压输出，使保护无法跳闸出口。PSL641U保护跳闸出口原理图如图1-1所示。

此时，保护装置仍能进行故障启动、判别，过电流Ⅰ、Ⅱ段保护仍能动作，但已无法跳闸出口。

（1）10kV仿中线路保护装置CPU插件故障是本次越级跳闸的直接原因。10kV仿中线路保护在装置上电后，因CPU插件FLASH芯片质量问题导致保护装置“程序校验错误”“告警”灯亮，保护动作时闭锁保护出口，造成断路器拒动。

（2）设备缺陷发现、上报、处理不及时是造成本次越级跳闸的主要原因。在前期装置上电后已经出现“程序校验错误”，同时装置面板上“告警”灯亮；

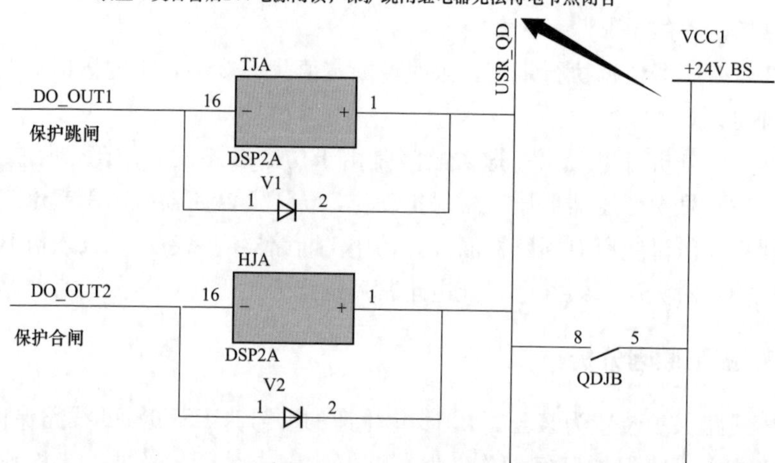

图 1-1　PSL641U 保护跳闸出口原理图

人工复归后，装置故障依然存在，因装置液晶花屏，显示不清，运维人员未及时发现，同时后台频报零序告警动作，让运行人员误以为“告警”灯亮是零序告警引起的，对“程序校验错误”报文未能引起足够重视。

四、整改措施

（1）强化同批次、同型号线路保护装置运维检修。

1）对在运 PSL641U 保护装置进行状态核查，重点对装置自检信息进行检查，经排查未发现存在“自检程序错误”或者“程序校验错误”等告警信息的间隔。

2）对仿真变电站 10kV 仿中 1 同批次 PSL641U 线路保护装置进行排查，对 CPU 插件全部进行更换。经排查共发现仿真变电站等多个变电站共 36 个间隔为同批次同型号装置。需要尽快安排计划，对其进行 CPU 插件更换工作，避免类似故障再次发生。

3）对 PSL641U 装置液晶面板进行排查，及时更换影响巡视的保护装置液晶面板。

（2）强化继电保护设备缺陷管理。

1）对影响设备运行的缺陷立即处理，避免保护不正确动作。

2）对一般类缺陷加强消缺力度，提前准备备品备件并制定消缺计划，避免隐患发展为故障。

3）对因零序定值达到告警值等原因“告警”灯无法复归的及时与调度沟

通，对定值进行修改，避免因定值原因造成“告警”灯常亮。

4）对装置“运行”灯不亮、“告警”灯亮等异常状态要重点关注，发现异常立即处理，杜绝保护装置在不稳定状态下运行，影响保护正确动作。

5）运行人员复核告警信息时，注意与 PMS 缺陷对照。

案例 2：某 220kV 变电站 10kV 线路故障造成人员灼伤

一、故障前运行状态

220kV 系统运行方式：田星 1、田中 1、田 221 运行于 220kV 南母，田悦 1、田石 1、田 222 运行于 220kV 北母，田 220 断路器处于运行状态。田 1 号主变压器高、中压侧中性点不接地运行，田 2 号主变压器高、中压侧中性点接地运行。

110kV 系统运行方式：田 112、田河 1、田好 1 运行于 110kV 北母；田 111、田北 1、田书 1 运行于 110kV 南母，田 110 断路器处于运行状态。

10kV 系统运行方式：田 101、田山 1、田辉 1、田能 1 运行于 10kV 南母；田 102、Ⅱ田山 1、Ⅱ田辉 1、Ⅱ田能 1 运行于 10kV 北母，田 100 断路器处于热备用状态。

二、故障发生过程及处理步骤

某日 12:34:47，某 220kV 变电站 10kVⅡ田能 1 发生故障，过电流Ⅱ段、过电流Ⅲ段保护动作，断路器拒动。12:34:49，2 号主变压器 10kV 侧电抗器过电流保护动作，2 号主变压器三侧断路器跳闸，5s 后 10kV 备用电源自动投入装置动作合 100 断路器成功。经现场检查，Ⅱ田能线路上跌落物烧熔，故障消失。

站长甲迅速安排人员处理故障，值班长乙作为操作监护人与副值班员丙处理Ⅱ田能 1 开关柜故障。甲、乙先检查后台监控机显示器：Ⅱ田能 1 断路器在合位，显示无电流。12:44 在监控后台上遥控操作Ⅱ田能 1 断路器不成功，乙和丙到开关室现场操作“电动紧急分闸按钮”后，现场断路器位置指示仍处于合闸位置；12:50 回到主控室汇报，乙再次检查监控机显示该断路器仍在合位，显示无电流；站长甲派操作人员去隔离故障间隔，乙、丙带上“手动紧急分闸按钮”专用操作工具准备出发时，变电部主任丁赶到现场，三人一同进入高压室。13:10 操作人员用专用工具操作“手动紧急分闸按钮”，断路器跳闸，Ⅱ田能 1 断路器位置指示处于分闸位置，13:18 由丙操作拉开Ⅱ田能 1 手车开关时，发生弧光短路，电弧将操作人丙、监护人乙及变电部主任丁灼伤。经医院诊断，丁烧伤面积 72%，丙烧伤面积 65%，乙烧伤面积 10%。损失负荷 8000kW。

三、故障原因分析

（1）断路器分闸绕组烧坏，在线路故障时断路器拒动是造成 2 号主变压器低后备保护动作越级跳闸的直接原因。

（2）经检查，断路器操动机构的 A、B 两相拐臂与绝缘拉杆连接松脱造成

A、B两相虚分，在拉开线路隔离开关时产生弧光短路；由于开关柜压力释放通道设计不合理，下柜前门强度不足，弧光短路时被电弧气浪冲开，造成现场人员被电弧灼伤。开关柜的这些问题是人员被电弧灼伤的直接原因。

（3）综合自动化系统逆变电源由于受故障冲击，综合自动化设备瞬时失去交流电源，监控后台机通信中断，监控后台机上电后不能自动实时刷新母联100断路器备用电源自动投入装置动作后的数据，造成运行人员判断失误，这是故障的间接原因。

（4）现场操作人员安全防范意识、自我保护意识不强，危险点分析不够，运行技术不过硬，在处理故障过程中对已呈缺陷状态设备的处理未能采取更谨慎的处理方式。

（5）该开关设备最近一次小修各项目合格，虽然没有超周期检修，但未能确保检修周期内设备处于完好状态。

四、整改措施

（1）对同类型断路器开展专项普查，立即停用与故障断路器同型号、同厂家的断路器。

（2）对与故障断路器同型号、同厂家的断路器已运行5年以上的，安排厂家协助大修改造，确保断路器可靠分合闸，确保防爆能力符合要求。

（3）检查所有类似故障开关柜的防爆措施，确保在柜内发生短路产生电弧时，能把气流从柜体背面或顶部排出，保证操作人员的安全。对达不到要求的，请厂家结合检修整改。

（4）检查各类运行中的中置柜正面柜门是否关牢，其门上观察窗的强度是否满足要求，不满足要求的立即整改。

（5）必须选用通过内部燃弧试验的高压开关设备。

（6）检查综合自动化系统的逆变装置电源，确保逆变装置优先采用站内直流系统电源，站用交流输入作为备用，避免故障发生时交流电源异常对逆变装置及综合自动化设备的冲击，进而导致死机、瘫痪等故障的发生。

（7）运维人员在操作过程特别是故障处理前应认真做好危险点分析，并采取相应的安全措施。

（8）加强运维人员危险意识和自我保护意识的教育培训。

案例3：110kV仿真变电站火灾报警装置动作告警

一、故障前运行状态

110kV系统运行方式：110kV仿辉1供全站负荷，仿111、仿姚1运行于110kV西母，仿112运行于110kV东母，仿110断路器处于运行状态。

35kV系统运行方式：仿351带35kV仿薄1、仿上1运行。

10kV系统运行方式：仿102供10kV东母通过分段断路器仿01带10kV西母全部负荷，仿101备用电源自动投入装置投入。

仿真变电站1号主变压器为三绕组变压器，仿真变电站2号主变压器为双绕组变压器。

110kV仿真变电站为智能变电站。

二、故障发生过程及处理步骤

某日19:05，110kV仿真变电站火灾报警装置动作告警。19:13:15，仿真变电站2号主变压器低压后备保护复压过电流Ⅰ段1时限动作，10kV分段断路器仿01跳闸未跳开。1212ms后复压过电流Ⅰ段2时限动作出口，仿102断路器跳开。仿10kV西母、10kV东母失压，现场检查发现仿01西间隔烧损，损失负荷40MW。

19:05，110kV仿真变电站火灾报警装置动作告警，运维人员到高压室门口发现高压室内烟雾弥漫无法进入。19:13，仿真变电站2号主变压器保护动作跳开仿102开关。19:15，运维人员携带灭火器进入高压室，将仿01与仿01西开关柜内烟雾扑灭。

检修人员到达现场后将受损严重的仿01西隔离手车拉出，经检查后发现，仿01西开关柜二次室内电缆、光缆、网线及二次设备受损严重。仿01西隔离手车梅花触头、触臂及母线室内静触头均无放电痕迹，放电部位主要发生在手车上导电臂基座上部及开关柜内两侧挡板处（手车上导电臂基座上部无盖板）。据此推测由于手车上导电臂基座上部发生了三相短路（上导电臂基座上部无盖板，导电部分处于裸露状态），导致主变压器保护动作，跳开仿102断路器。

进一步检查后发现，隔离手车柜体上部泄压通道处所装的盖板已经脱落，盖板中间的风扇扇叶及电源线已经全部烧毁。仿102西母线室静触头盒内积碳严重，上导电臂的梅花触头触指有缺失。10kV高压室内空气湿度达到了80%以上，高压室内电缆沟有积水。

三、 故障原因分析

（1）在日常运行过程中，10kV 高压室内空气湿度大，潮气在隔离手车上导电臂基座裸露部分周围绝缘件上形成凝露，逐渐对绝缘件进行蚀化，导致绝缘部件绝缘性能降低。

（2）在正常运行方式下，仿 01 西导电臂梅花触头长时间通过大电流，且隔离开关静触头盒相对封闭，持续发热产生的热量无法及时疏散，导致紧固触指的弹簧过热，造成弹簧弹性系数下降，对触指的紧固力降低，触指接触电阻增加，触头发热情况进入恶性循环。

（3）仿 01 西隔离手车内部的发热，导致手车上导电臂基座正上方的风扇电源线及外部缠绕的蛇皮管融化，在手车室内形成导电粉尘和颗粒。

四、 整改措施

1. 暴露问题

（1）运行方式安排不合理。仿真变电站运行方式为 2 号主变压器（双绕组变压器）低压侧通过分段断路器串带 10kV 西母，1 号主变压器（三绕组变压器）带 35kV 负荷，此运行方式首先导致仿 01 及仿 01 西长时间带大负荷。当 10kV 低压侧故障时，主变压器低后备动作后闭锁 10kV 备用电源自动投入装置，备用电源自动投入装置无法动作，从而造成 10kV 两段母线同时失压。此运行方式下直流系统的两路交流电源事实上来自同一段母线，不符合反措要求。

（2）开关柜测温手段单一。10kV 开关柜均为金属铠装开关柜，运行人员无法通过红外测温的方式对触头进行测温，发现过热故障较为困难。

（3）变电站内除湿防潮措施不完善。110kV 仿真变电站 10kV 高压室下方电缆沟长期有积水，湿度大，虽然有空调及风扇等除湿设备，但除湿效果不佳。

（4）仿 01 西开关柜上风扇设计不合理。仿 01 西开关柜上风扇缺失防护网，电源线内置且固定措施不牢固。电源线容易掉落至手车上导电臂基座裸露部分，存在运行隐患。

2. 整改措施

（1）严把出厂监造关和现场安装调试关，确保制造质量和安装质量。将设备质量的控制关口前移到设备的制造环节，检查处于组装阶段的柜体制造情况、隔离手车导电臂梅花触头中触指的选材和电镀情况、静触头的制造情况等，确保制造环节的质量。严格执行开关柜安装的技术标准，杜绝安装过程中工艺不当造成的梅花触头、静触头损伤。

（2）利用新技术对金属铠装开关柜内触头温度进行实时监测。在开关柜内采用光纤式测温装置、无线测温装置等措施，实时监测柜内设备运行状况，在触头发热故障初始阶段就进行维护，从而实现金属封闭开关柜的安全稳定运行。

(3) 建立变电站内高压室湿度预警机制，落实防潮、除湿和降温等措施。设备投运时，应利用新型封堵材料对开关柜内电缆入口处和底部其他孔洞进行完全密封，防止潮气从电缆沟内侵入，为设备营造良好电气工作环境。高压室内增加除湿机和空调等除湿降温设备，全方位解决高压室内湿度过高问题。

(4) 新设备投运时，加强对原有设备的连接部分的验收和试验。特别是对手车式开关柜的导电回路电阻测试，对发现手车开关柜内动、静触头有接触不良的应及时处理，防止缺陷进一步扩大。

(5) 开展同类型开关风扇设计缺陷的排查。故障发生后，在现场随即对另外一台开关风扇的二次线进行拆除，避免类似情况再次发生，针对其他站设备风扇设计存在缺陷的立即排查，立即整改，采取外接或落地式风扇散热措施。

案例4：变电站10kV母线短路故障导致人身受伤

一、故障前运行状态

220kV系统运行方式：高221、高星1、高中1运行于220kV南母，高222、高悦1、高石1运行于220kV北母，高220断路器处于运行状态。高1号主变压器高、中压侧中性点不接地运行，高2号主变压器高、中压侧中性点接地运行。

110kV系统运行方式：高112、高河1、高好1运行于110kV北母；高111、高北1、高书1运行于110kV南母，高110断路器处于运行状态。

10kV系统运行方式：高101、高山1、高辉1、高能1运行于10kV Ⅰ母；高102、Ⅱ高山1、Ⅱ高辉1、Ⅱ高能1运行于10kV Ⅱ母，高100断路器处于运行状态。

二、故障发生过程及处理步骤

某日某供电公司10kV Ⅱ段电压互感器新更换投运，投运后出现二次电压不平衡情况，其中A相电压156V、B相电压96V、C相电压60V。根据工作安排，对10kV Ⅱ段电压互感器检查消缺。

接调度令，14:02，10kV Ⅱ段电压互感器转冷备用；14:10，10kV Ⅱ段电压互感器由冷备用转检修；14:25，许可保护班工作。保护班工作人员经现场对二次回路接线检查无异常后，为进一步查明原因需对10kV Ⅱ段电压互感器进行带电测量，判断异常原因是否为电压互感器本身引起的，要求将10kV Ⅱ段电压互感器手车（刀闸）推入运行位置，带电测量电压互感器二次电压。

14:39，变电站值班员王某、梁某，拆除10kV Ⅱ段电压互感器两侧地线，将10kV Ⅱ段电压互感器手车推至工作位置，保护人员开始测量电压互感器二次电压，值班员梁某回到主控室，王某留在工作现场配合。

14:48，保护班人员正在测试过程中，10kV Ⅱ段电压互感器A相绝缘不良击穿，熔断器爆炸，飞弧引起A、B相短路，紧接着发展为10kV母线三相短路，致使现场工作人员（现场监督黄某，保护班李某、靳某、张某及值班员王某共5人）受到烟雾及弧光的熏燎；同时2号主变压器后备保护动作，102开关跳闸，10kV Ⅱ段母线失压。经现场检查，10kV Ⅱ段电压互感器A、B相有裂纹，高压侧三相熔断器爆炸。

三、故障原因分析

（1）10kV Ⅱ段电压互感器（LDZ×9-10，2007年4月出厂）内部绝缘不良击穿，是故障发生的主要原因。

（2）消弧线圈未投时，熔断器（0.5A）安装没有采取相间绝缘隔离措施，在弧光接地及过电压情况下引起相间短路，是故障发生的直接原因。

（3）技术管理人员对设备故障没有进行全面分析，在没有确定电压不平衡真正原因的情况下，安排保护人员进行带电电压测量，是故障发生的管理原因。

四、整改措施

1. 暴露问题

（1）对新安装的电压互感器试验结果分析不到位。在新电压互感器到货后该公司试验班对其进行了试验，其他试验数据合格，但是发现 B 相电压互感器感应耐压数值偏大（109V/3min，3.1A 虽在合格范围内），针对这一问题未引起高度重视，未进行深入分析，造成该设备在某日投运带电后发热，缺陷进一步发展从而引发了本次故障。

（2）对消弧线圈的运行管理重视不够。该变电站 10kV 系统长期存在过电压，电容电流达 95A，两台消弧线圈补偿容量 2×600kVA，因故障未投入，未引起高度重视，管理存在漏洞。

（3）现场作业人员未按规定使用工作票，图省事使用了故障抢修单，现场危险点分析不全面。

2. 整改措施

（1）认真贯彻落实国家电网公司、省公司“关于开展反违章、除隐患、百日安全活动”的要求，强化各级实安全生产岗位职责，严格执行安全生产“五同时”，落实安全工作“三个百分之百”的要求，实现全方位、全过程的生产安全。

（2）加强设备缺陷的管理与综合分析，对设备缺陷情况做出准确评估，根据评估结果合理安排检修人员，确定缺陷处理方法，并对现场工作存在的危险点进行深入的分析并采取充分的整改措施，制定现场标准化作业卡，规范现场人员作业行为。

（3）严格检修和消缺计划管理，严格执行“两票三制”，防止因怕麻烦、图省事，不规范地使用故障抢修单，应严格故障抢修单的使用和审核。

（4）进一步加强入网设备验收把关，对于存在缺陷的新安装设备坚决不能投入运行，同时加强技术监督工作，对设备试验中的异常数据加强技术分析。

（5）认真贯彻执行国家电网公司《预防 110（66）kV～500kV 互感器事故措施》《110（66）kV～500kV 互感器技术监督规定》《国家电网有限公司十八项

电网重大反事故措施（2018 修订版）》等有关规定，防止“四小器”（电压互感器、电流互感器、耦合电容器、避雷器）损坏故障，提高安全运行水平。应根据电缆出线的变化情况，对消弧线圈的运行情况进行普查、校核，进行电容电流测试，对电压互感器熔断器的安装尺寸进行检查，消除装置性隐患，吸取故障教训，制定防范对策，杜绝故障发生。

案例5：某35kV变电站10kV线路故障开关拒动引起主变压器越级跳闸

一、故障前运行状态

某35kV变电站10kV线路3发生故障，开关跳闸，重合闸动作，重合于故障线路，但是断路器跳闸绕组烧毁，断路器未跳开。一方面，造成1主变压器高压后备保护动作，1号主变压器失电，负荷全部转移至2号主变压器，2号主变压器带故障运行；另一方面，由于该变电站35、10kV均为单母接线，1号主变压器跳闸后，故障电流转移至2号主变压器，导致2号主变压器高压后备保护动作，但其动作时限大于进线电源侧314断路器保护动作时限，314断路器跳闸后，3号线故障消失，进线电源314线重合成功，2号主变压器高后备保护返回。

故障前，35kV甲变电站有两台主变压器，35、10kV均为单母线不分段接线方式，故障前进线314带1、2号主变压器运行，主变压器10kV侧101、102断路器并列运行在一条母线上。35kV甲变电站主接线图如图1-2所示。

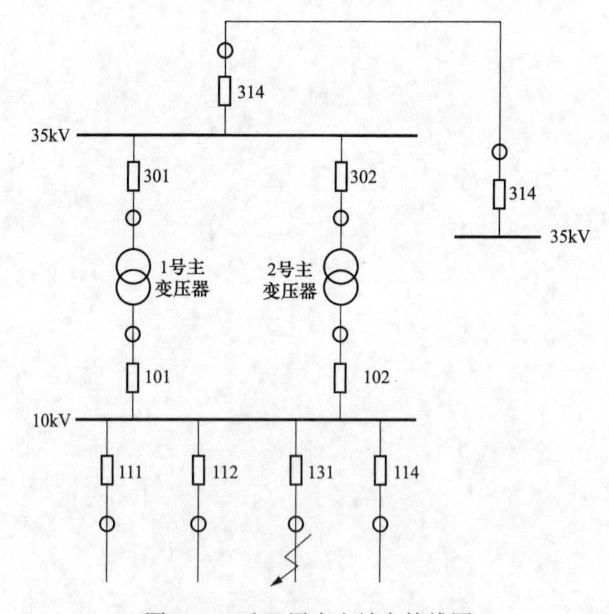

图1-2 35kV甲变电站主接线图

二、故障发生过程及处理步骤

某日01:52，某公司监控系统告警窗发出以下信息：

甲变电站 10kV 3 号线 131 断路器保护动作；

甲变电站 10kV 3 号线 131 断路器跳闸；

甲变电站故障总动作；

甲变电站 10kV 3 号线 131 断路器重合闸动作；

甲变电站 10kV 3 号线 131 断路器合闸；

甲变电站 10kV 3 号线 131 断路器合闸弹簧未储能动作；

甲变电站 10kV 3 号线 131 断路器控制回路断线动作；

甲变电站 10kV 3 号线 131 断路器保护动作；

甲变电站 1 号主变压器高压侧后备保护动作；

甲变电站 1 号主变压器 301 断路器分闸；

甲变电站 1 号主变压器 101 断路器分闸；

乙变电站 314 断路器保护动作；

乙变电站 314 断路器分闸；

乙变电站故障总动作；

甲变电站 35kV 母线计量回路失压动作；

甲变电站 10kV 母线计量回路失压动作；

甲变电站 1 号主变压器高压侧后备保护告警动作；

甲变电站 1 号主变压器低压侧后备保护告警动作；

甲变电站 2 号主变压器高压侧后备保护告警动作；

甲变电站 2 号主变压器低压侧后备保护告警动作；

乙变电站 314 断路器重合闸动作；

乙变电站 314 断路器合闸；

乙变电站 314 断路器合闸弹簧未储能动作；

甲变电站 35kV 母线计量回路失压复归；

甲变电站 10kV 母线计量回路失压复归；

甲变电站 1 号主变压器高压侧后备保护告警复归；

甲变电站 1 号主变压器低压侧后备保护告警复归；

甲变电站 2 号主变压器高压侧后备保护告警复归；

甲变电站 2 号主变压器低压侧后备保护告警复归；

甲变电站 131 断路器合闸弹簧未储能复归；

乙变电站 314 断路器合闸弹簧未储能复归。

处理步骤如下：

监控值班员及时查看主要保护动作信号和跳闸的开关，正确汇报调度，并立即通知相应运维班到变电站现场检查。

经现场运维人员检查发现，35kV 甲变电站 10kV 3 号线保护动作，断路器跳闸，重合闸动作，重合于故障，线路后加速动作，但是开关跳闸绕组烧毁，开关未跳开。

甲变1号主变压器的高压后备保护和进线电源侧314断路器保护均动作，1号主变压器高压后备保护动作时间0.7s，出口跳闸，301、101断路器跳开，314进线电源侧断路器保护经1.1s延时，乙变电站314断路器跳开，重合闸动作后，10kV 3号线的故障消失，乙变电站314断路器重合成功。

三、故障原因分析

(1) 结合告警信息和现场检查可以看出本次故障的动作过程，3号线路故障，131断路器保护动作，其断路器跳闸，然后重合闸动作，断路器重合闸于故障，保护装置再次动作，但是此时131断路器由于控制回路断线（控制回路断线未复归），无法分闸，这种情况下故障电流从乙变电站314断路器流出，到甲变电站1、2号主变压器，最后到故障点，由于2号主变压器短路阻抗较大，所以大部分故障电流从1号主变压器流过，所以1号主变压器高压后备、乙变电站314断路器保护动作，2号主变压器高压后备保护不动作。因为1号主变压器高压后备保护动作时间小于乙变电站314断路器保护动作时间，所以1号主变压器高压后备出口，301、101断路器跳开。

(2) 在301、101断路器跳开后，故障电流全部转移到2号主变压器，2号主变压器高压后备动作，在2号主变压器高压后备保护时间未达到动作时限，乙变电站314断路器保护出口，其断路器跳开，此时甲变电站3号线的故障消失，所以乙变电站314断路器重合闸动作成功。变电站的2号主变压器在故障开始时，流经的故障电流没有达到高压后备保护的动作值，所以保护没有启动，在1号主变压器高压后备动作，301、101断路器跳开后，故障电流重新分布，2号主变压器高压后备保护启动，但是在时间元件未达到动作时限，10kV 3号线故障消失，保护返回。

(3) 35kV甲电站1号主变压器因为高压后备保护动作，两侧断路器跳闸，变电站的所有负荷转移到2号主变压器上，使2号主变压器过负荷运行。

(4) 断路器合上后，控制回路断线信号发出，并且没有复归，断路器处于合闸位置，控制回路断线信号发出，可以判断此时断路器的分闸回路已经不通。因为断路器重合于故障，所以继电保护第二次动作，但是此时断路器控制回路异常，使得断路器拒动，此时只能由上一级保护动作来切除故障，甲变电站3号线路的上一级保护就是主变压器的后备保护。

主变压器的后备保护范围是低压侧母线或其线路，在主变压器后备保护和线路保护都动作的情况下，如果线路保护动作的断路器处于合闸位置，另外本断路器还有控制回路断线信号，可以判定主变压器后备保护是因为线路断路器

拒动造成的越级动作，假如没有断路器控制回路断线信号，断路器可能因为机械原因拒动。

四、 整改措施

合理安排系统运行方式，尽可能不让两台主变压器并列运行。对断路器跳闸绕组性能进行检验，防止再次发生断路器拒动。运维监控人员加强业务学习，熟悉各种保护、自动装置的基本原理。

案例 6：10kV 线路开关与支持绝缘子 B 相闪络，造成线路跳闸

一、故障前运行状态

某日，14：30，35kV 变电站 A 10kV 111 线路 A 相接地后，10kV 112 断路器与正母隔离开关间支持绝缘子 B 相闪络，导致 111 断路器跳闸，重合不成功。

故障前，35kV 甲变电站，113、114 线路为保供电线路，相关接线方式如图 1-3 所示。

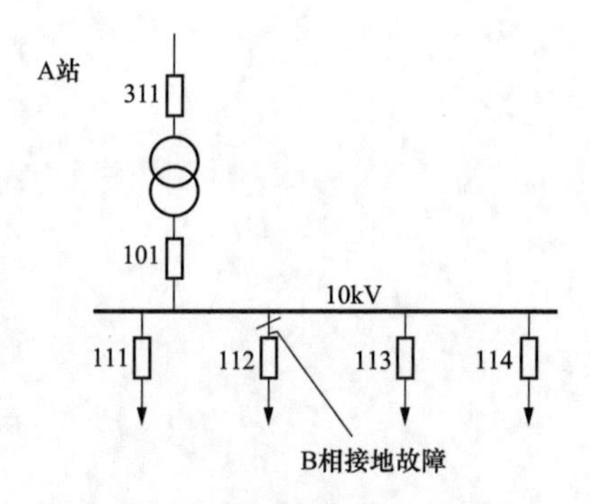

图 1-3 故障发生前 A 站接线方式

二、 故障发生过程及处理步骤

14：30，监控员发现接地告警："10kV 母线接地"、U_a 为 0.17kV，U_b 为 10.28kV，U_c：10.24kV。判断为 10kV 系统 A 相接地，汇报配调同时通知运维操作班。配调发令按拉路顺序进行试拉。

14:35，监控员按拉路顺序进行试拉，经试拉为 111 线路 A 相接地（接地线路找到后仍旧运行）。汇报配调，通知运维操作班。配调要求运维操作班到现场检查、线路巡线。

14:45，监控机发跳闸信号：10kV 111 线路保护动作；1 号主变压器低压后备保护动作；10kV 111 断路器故障分闸；10kV 111 线路保护动作复归；1 号主变压器低后备保护动作复归；10kV 111 重合闸保护动作；10kV 111 断路器合闸；10kV 111 重合闸保护动作复归；10kV 111 线路保护动作；1 号主变压器低后备保护动作；10kV 111 断路器故障分闸；10kV 111 线路保护动作复归；1 号主变压器低后备保护动作复归；"10kV 母线接地"、U_a 为 10.2kV，U_b 为 0.28kV，U_c为 10.23kV。监控员马上汇报配调，通知运维操作班。

14:48，监控员接配调口令按拉路顺序进行试拉（跳过保供电线路 113、

114)，试拉 112 断路器接地信号未消失。

14:55，配调通知客户经理用户检查，特别是保电场所做好故障停电准备。

15:00，配调通知操作班现场检查，未发现接地点。

15:10，客户经理告保电线路做好停电准备后，调度发令监控分别试拉 113、114 断路器，仍未找到故障点。

15:20，再次通知变电站现场检查寻找接地点，无发现。

15:30，请示领导、通知客户经理后调度发令监控逐条线路停电寻找接地点。

15:35，监控拉开 112 断路器接地无变化，拉开 113、114 断路器接地无变化。

15:45，调度发令拉开 1 号主变压器 101 断路器，接地消失。

17:50，现场运维值班员告母线停电检修打耐压试验，找到故障点：10kV 112 断路器与正母闸刀间支持绝缘子 B 相闪络。

17:58，调度发令合 101 恢复送电，送 113、114、112 断路器检修，111 线根据巡线情况处理。

三、 故障原因分析

根据监控接地告警，可判断为 10kV 系统 A 相接地，经试拉为 111 线（接地线路找到后仍旧运行）。111 线路 A 相接地后，10kV 112 断路器与正母隔离开关间支持绝缘子 B 相闪络，导致 111 断路器跳闸，重合不成。因 112 线路故障接地点在断路器与母线间，112 断路器开关 TA 中无故障电流流过，因此不会跳闸。主变压器后备保护带延时，111 断路器跳闸后，故障电流消失，保护返回，所以主变压器后备保护发信但没有出口，10kV 系统转为 B 相单相接地。

四、 整改措施

（1）加强运维人员单相接地处理流程的学习，掌握接地点的判断方法。

（2）现场运维人员应加强站内接地点的查找。

（3）监控值班员发现小电流接地系统接地告警时，应及时通知运维人员现场检查，防止多条线路同时接地，造成故障扩大。

（4）严格按变电运行规程要求进行接地试拉。保供电线路，不得随意试拉，要汇报配调，征得配调同意。

案例7：220kV甲变电站10kV线路单相接地造成TV避雷器爆炸，导致故障范围扩大

一、故障前运行状态

某日13:37，220kV甲变电站2号主变压器10kV系统发生单相接地，由于该站10kV配电电缆线路较长，10kV线路发生单相接地时，不平衡电压导致TV避雷器爆炸，并发生三相短路。短路故障电流产生的气流将TV手车柜柜门冲开，导致10kV Ⅱ段母线、10kV Ⅳ段母线上所有出线保护测控装置共计15个面板不同程度损坏，扩大了故障范围。

故障发生前，2号主变压器10kV侧运行方式如图1-4所示。

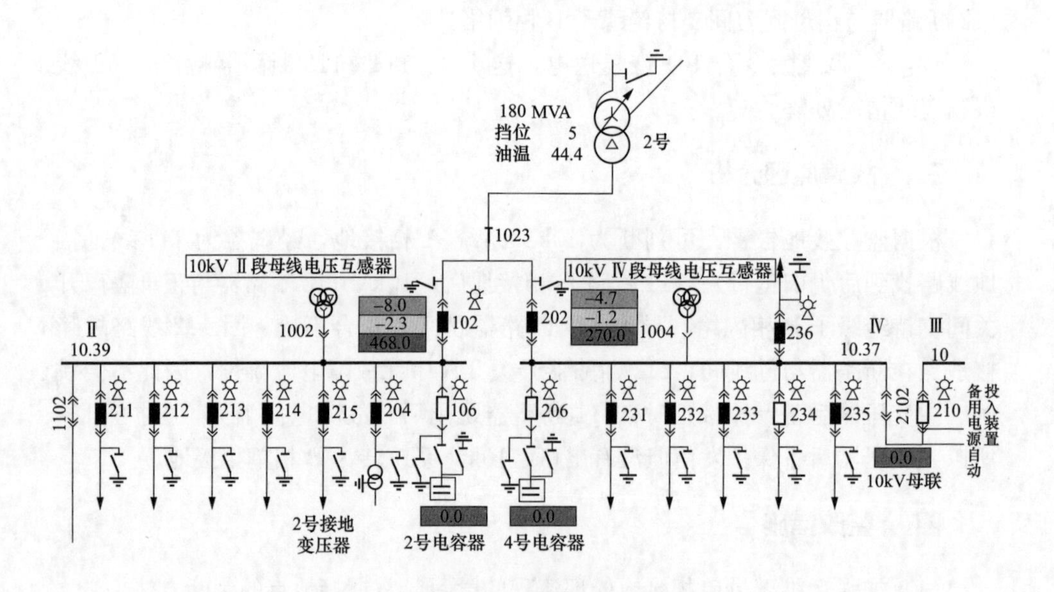

图1-4 220kV甲变电站接线图

二、故障发生过程及处理步骤

某日14:37，220kV甲变电站2号主变压器低压侧复压过电流保护动作，2号主变压器低压侧202断路器跳闸。

跳闸前，13:32:36，236线路保护装置失电、236线路保护装置告警，13:32:41 10kV Ⅱ、Ⅳ段母线出线保护装置告警信号动作，10kV Ⅱ、Ⅳ段母线B相电压降低为3.25kV。10kV Ⅱ、Ⅳ段母线所有出线预告总均动作。

跳闸时：13:34:50，A 柜高后备保护启动、B 柜中后备保护启动、2 号主变压器低压后备保护动作、202 断路器分闸，同时 13:34:59 火灾报警动作，站用电Ⅱ段母线失压，10kV Ⅳ段母线失电。

跳闸后：13:43:09，2 号充电机空气开关脱扣或熔断器熔断、235、234、232 断路器分闸，231 和 236 线路保护测控装置通信中断。

监控值班员立即仔细查看该厂站断路器遥信变位、遥测变化等情况，汇报配调：14:37，220kV 甲变电站 2 号主变压器低压侧复压过电流保护动作，2 号主变压器低压侧 202 断路器跳闸，站用电Ⅱ段母线失压，10kV Ⅳ段母线失电；220kV 甲变电站火灾报警动作；235、234、232 断路器分闸，231 和 236 线路保护测控装置通信中断。同时通知相关运维班检查处理。

10kV Ⅳ段母线 TV 避雷器爆炸，并发生三相短路。短路故障电流产生的气流将 TV 手车柜柜门冲开，导致 10kV Ⅱ段母线、10kV Ⅳ段母线上所有出线保护测控装置共计 15 个面板不同程度损坏。

三、 故障原因分析

（1）由于该站 10kV 配电电缆线路较长，10kV 线路发生单相接地时，不平衡电压导致 TV 避雷器爆炸，造成 10kV 母线故障，扩大了故障范围。

（2）从异常信号中可以，看出该站 10kV 母线接地信号未发出，通过检修人员现场检查，13:20～13:24，10kV Ⅱ、Ⅳ段母线 B 相电压降低，但是未达系统判断接地信号值，该站 10kV 线路间隔均通过 $3U_0$ 进行判断且并入间隔预告总信号，因而所有出线预告总均动作。

（3）保护失电判据为直流电源电压下降 30%。TV 开关柜内一般都有直流回路（TV 手车位置接入电压并列装置回路，TV 手车位置信号回路），由于当时Ⅳ母 TV 避雷器燃弧波及直流回路，最终造成直流空气开关跳开，导致 236 保护失电动作。

四、 整改措施

（1）对于城区变电站，电缆线路普遍使用，容性无功功率较大，需要考虑接地变中性点，增加接地阻抗当发生单相接地线路时，跳开接地线路。

（2）线路接地信号需要区分判别原因，有些线路接地信号是通过零序电压判断，因而此类线路接地信号只能表示对应母线接地，不能确定为具体线路接地。

（3）更换保护面板。

(4) 将测控装置备品进行实验室检验，合格后现场更换。

(5) 完善母线接地报警信号。将 236 线接地信号改为母线接地发送后台及调度，便于主站能够直接判断 10kV 母线接地情况。

(6) 加强变电站视频监控在线管理，运维单位应定期检查视频在线情况。

案例8：无人机跌落引起35kV线路A相引线与避雷线之间接地故障

一、故障前运行状态

220kV系统运行方式：高221、高星1、高中1运行于220kV南母，高222、高悦1、高石1运行于220kV北母，高220断路器处于运行状态。高1号主变压器高、中压侧中性点不接地运行，高2号主变压器高、中压侧中性点接地运行。

110kV系统运行方式：高112、高河1、高好1运行于110kV北母；高111、高北1、高书1运行于110kV南母，高110断路器处于运行状态。

35kV系统运行方式：高351、高山1、高辉1、高能1运行于35kV东母；高352、Ⅱ高山1、Ⅱ高辉1、Ⅱ高能1运行于35kV西母，高350断路器处于热备用状态。

二、故障发生过程及处理步骤

某日14:21:05，由于喷洒农药的无人机跌落，在35kV线路高山线A相引线与避雷线之间造成A相接地故障；35kV东母A相电压降为零，B、C相电压升高至线电压，一次值为35kV，零序电压$3U_0$二次值为100V。

14:56:18，单相接地故障持续35min后，C相电压开始降低，14:56:24，35kV东母C相电压降为零，35kV线路高山线A相与35kV东母TV的C相发生相间短路，母差保护启动。此时高山1的A相流过故障电流，故障点对避雷线放电，故障电流二次值为55A，一次值为8800A（大于过电流Ⅰ段电流定值26A），放电瞬间由于电弧原因形成了非金属性接地，A相电压升高，但未恢复至正常相电压，14:57:22:875，线路13保护启动。C相差流为34.367A，制动电流为34.533A，判断C相故障为区内故障，14:57:22:876，母差保护动作，14:57:22:880时高山线1过电流Ⅰ段动作。14:57:22.886，35kV东母B相电压开始衰减，此时B相二次电压已由100V降低到89V。14:57:22:926，东母各间隔开关跳开，三相相电压降为0。

三、故障原因分析

35kV高山线单相接地持续35min后，非故障相电压值因产生谐振过电压而升高，C相电压值超过其励磁特性曲线拐点时，励磁电流骤然增大，熔断器内部熔体熔断，由于磁路互通原理，C相二次侧仍感应出一定的电压，电压跌落至45V左右。根据C相熔断器铜帽氧化情况，推断C相熔断器内部石英砂受潮，灭弧能力降低，导致C相熔断器内部熄弧时间延长，内部热量积累造成熔断器熔管炸裂，熔断器炸裂后熔管搭接至B相避雷器金属底座上，造成C相金属性接地，35kV高山线的A相与东母TV的C相发生相间短路，导致母线失压，母线上所有负荷无法继续供电，损失负荷7200kW。

经过以上分析得知，无人机挂在35kV高山线上，引起A相接地为该事件直接原因，熔断器质量不良未有效保护TV且自身炸裂是造成故障扩大的主要原因。

四、整改措施

1. 暴露问题

(1) 无人机非法无证飞行，35kV线路巡视不到位。农药喷洒无人机无证运行挂线引起单相接地。35kV架空线路巡视不到位，架空线下作业整改措施宣传不到位。

(2) 35kV东母TV手车熔断器质量不良。35kV东母TV的C相熔断器在出厂或运输环节造成密封不良，导致内部受潮，熔断器内部未可靠熄弧，由于热量积累造成熔断器炸裂，TV间隔产生C相接地，造成35kV东母不同间隔异名相短路，导致35kV东母失压。

(3) 35kV单相接地线路未及时拉开。从14:21 35kV高山线的A相接地，到14:56 35kV东母失压，接地故障持续35min，如及时采取有效措施，可有效避免35kV东母失压。

2. 整改措施

(1) 加强线路巡视及线下无人机作业安全防范宣传，尤其是在无人机作业前的一段时间必须宣传到位。在春耕农忙季节，无人机喷洒农药日渐普遍，架空线路要加强巡视工作，做好线下无人机作业整改措施宣传，避免因无人机作业引起线路故障。

(2) 加强TV柜熔断器运维管理，提高熔断器可靠性。加强熔断器到货验收检查，存放环境温湿度按照产品说明书要求执行，使用前对熔断器外观、电气参数进行检查。结合母线停电对熔断器进行检查，所有外露金属件的防腐蚀层应表面光洁、无锈蚀，对老化熔断器及时进行更换。当三相回路中有一相或两相熔断器熔断，宜将三相熔断器全部更换。

(3) 优化中性点不接地系统单相接地故障处理流程。当中性点不接地系统出现单相接地故障，应及时采取有效措施，减少母线单相接地故障持续时间，

避免扩大故障。

（4）制定计划，尽快排查同型号设备，推进同型号 TV 改造进度。由于该 TV 存量较大，现多结合技改、大修对 TV 进行改造，下一步将对存在熔断器多次熔断、三相电压不平衡、中性点电压偏移变电站进行统计，申报母线停电计划，加快推进 TV 改造工作。

案例9：220kV甲变电站某35kV线路开关弹簧未储能，造成线路故障跳闸重合不成功

一、故障前运行状态

某日07:20，运维人员执行220kV甲变电站调度操作命令，操作“375线路由检修改为运行”后，375断路器“弹簧未储能”信号未复归。运维操作班人员未及时发现，监控值班员信息监控不到位也遗漏了该信号，同时变电运维人员操作前、后均未与监控值班员联系。09:20，375线路发生故障，造成断路器不能重合。

故障前，220kV甲变电站35kV 375断路器检修状态，所带线路检修。35kV乙变电站374断路器检修状态，326线路运行供全所负荷，35kV备用电源自动投入装置停用。一次系统图如图1-5所示。

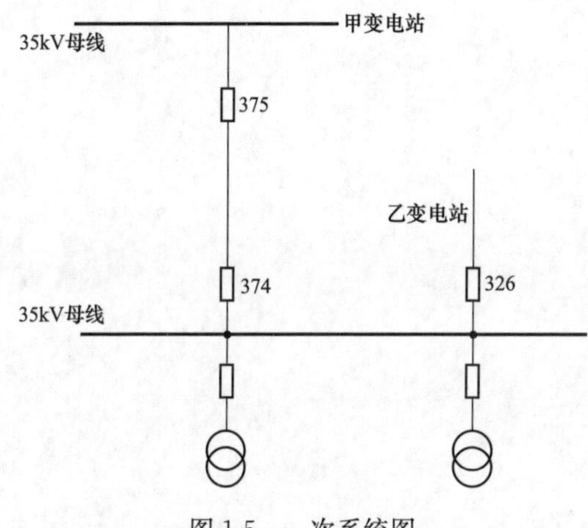

图1-5 一次系统图

二、故障发生过程及处理步骤

1. 故障发生过程

某日，天气晴，风力3～4级。07:20，调度发令变电运维人员：

(1) 乙变电站：将374断路器由检修改为冷备用。

(2) 甲变电站：将375断路器由检修改为冷备用。

(3) 甲变电站：将375断路器由冷备用改为运行。

(4) 乙变电站：将374断路器由冷备用改为运行（合环）；将326断路器由运行改为热备用（解环）；将35kV备用电源自动投入装置启用。

运维人员在07:55完成所有操作，此时该变375断路器“弹簧未储能”信号未复归。变电运维操作人员未及时发现，监控值班员信息监视不到位也未及时发现该信号。

09:20，220kV甲变375断路器过电流Ⅰ段动作，重合闸动作，375断路器无合闸信号，断路器分闸位置。35kV乙变电站备用电源自动投入装置动作，乙变电站374断路器分闸，326断路器合闸。

2. 处理步骤

（1）监控人员将故障及异常信息迅速汇报了相关调度，并通知相应运维人员去现场检查汇报。

（2）运维人员到达220kV甲变电站，检查发现375断路器过电流Ⅰ段动作，重合闸动作，375断路器“弹簧未储能”信号未复归，375断路器重合不成功。

（3）35kV乙变电站现场备用电源自动投入装置动作成功，乙变电站374断路器分闸，326断路器合闸。

三、故障原因分析

375线路由检修改为运行后，操作班人员未能及时发现甲变电站375断路器“弹簧未储能”信号未复归，而监控值班员也因为信息监控不到位而忽略了该信号。在变电运维人员操作前后，均未与监控值班员联系，从而又缺少了一次核对设备状态的机会，造成375线路故障后断路器无法完成重合。

四、整改措施

（1）针对信息监控不到位情况认真分析，加强监控值班纪律，避免再次遗漏异常信号。

（2）及时对光字牌进行清闪，防止对监控正常巡视工作造成干扰。

（3）严格执行地区监控通用运行规程。现场执行操作任务，变电运维人员操作前、后均应及时告知监控人员，加强现场和监控值班员对异常信号的及时沟通和处理。

（4）加强监控值班纪律，保证监控巡视质量，及时现场核实未复归信号。

（5）应及时对未复归的信息进行确认，把开关分合时的伴随的“控制回路断线”“弹簧未储能”等遥信动作加延时上传。防止对监控正常巡视工作造成干扰。

案例 10：35kV 消弧线圈故障，造成 110kV 母线失电

一、故障前运行状态

故障发生前，220kV 甲变电站供电系统事件发生前运行方式如图 1-6 所示。1 号主变压器经 110kV 正母线供 732 线、733 线；经 35kV 正母线供 333 线等 35kV 线路。1 号主变压器为三绕组变压器，且三侧绕组均为星形接线（Y/Y0/Y），中性点运行方式为 220kV 侧不接地，110kV 侧直接接地，35kV 侧经消弧线圈接地。

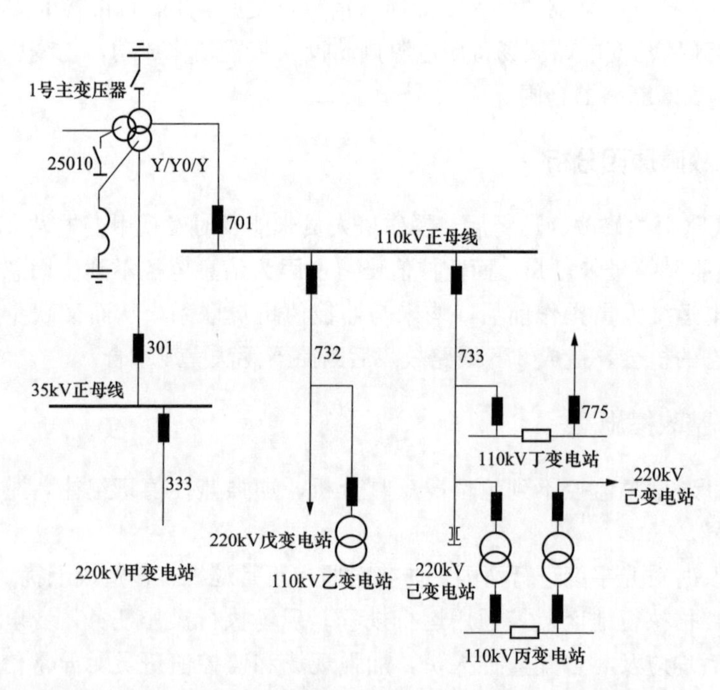

图 1-6　故障发生前甲变电站 1 号主变压器及相关系统运行方式

二、故障发生过程及处理步骤

某日，220kV 甲变电站 35kV 的 333 线路发生瞬时单相接地故障，接地电流造成 1 号主变压器 35kV 侧消弧线圈分接开关烧坏，并对地放电，导致消弧线圈对地短接，一方面，引起 333 线路瞬间相间短路，333 断路器过电流Ⅲ段保护动作，333 断路器跳闸；另一方面，1 号主变压器 35kV 侧消弧线圈对地短接后，35kV 系统由不接地系统变为接地系统，主变压器接线从 Y/Y0/Y 变成 Y/Y0/

Y0，110kV与35kV零序网络构成回路，35kV系统的零序电流通过零序网络在110kV侧形成分流，110kV侧产生零序电流，1号主变压器110kV侧零序过电流Ⅱ段动作，701断路器跳闸，110kV正母线失电，故障范围扩大。

18:32，监控系统发出如下信息：

时间	告警信息
18:32:02:238	35kV正母接地（动作）
18:32:02:499	35kV正母接地（复归）
18:33:50:009	1号主变压器35kV低压侧零序过压报警
18:33:50:825	1号主变压器中压侧后备保护动作
18:33:50:869	1号主变压器110kV侧701断路器分闸
18:33:51:692	35kV 333线保护过电流Ⅲ段动作
18:33:51:711	35kV 333断路器故障分闸
18:33:53:348	35kV 333线路重合闸动作
18:33:53:428	35kV 333断路器合闸

监控值班员立即对220kV甲变电站厂站画面进行检查，发现35kV正母线电压正常；35kV的333断路器变位闪烁，线路有电流；1号主变压器110kV侧701断路器分位，电流、有功功率、无功功率指示为0；110kV正母线失电，110kV乙变电站1号主变压器失电；110kV丙变电站、丁变电站备用电源自动投入装置动作成功。

18:35，监控值班员汇报地调调度员：220kV甲变电站35kV的333断路器过电流Ⅲ段保护动作，断路器跳闸，重合闸成功；1号主变压器35kV低压侧零序过压报警；1号主变压器110kV侧后备保护动作，701断路器跳闸，110kV正母线失电。110kV乙变电站1号主变压器失电；110kV丙变电站、丁变电站备用电源自动投入装置动作成功。同时汇报配调及运维操作班。

18:40，220kV甲变电站现场运维人员汇报：220kV甲变电站35kV的333断路器过电流Ⅲ段保护动作，断路器跳闸，重合闸成功；1号主变压器110kV侧零序过电流Ⅱ段动作701断路器跳闸，110kV正母线失电。现场检查35kV 1号消弧线圈有焦味，110kV正母及1号主变压器110kV侧回路无异常，可以送电；1号消弧线圈申请改检修。

事件发生后运行人员检查确认1号消弧线圈分接断路器处有电弧放电痕迹，如图1-7所示。消弧线圈柜内其他设备外观检查正常，如图1-8所示。

图 1-7　分接开关处有电弧放电痕迹

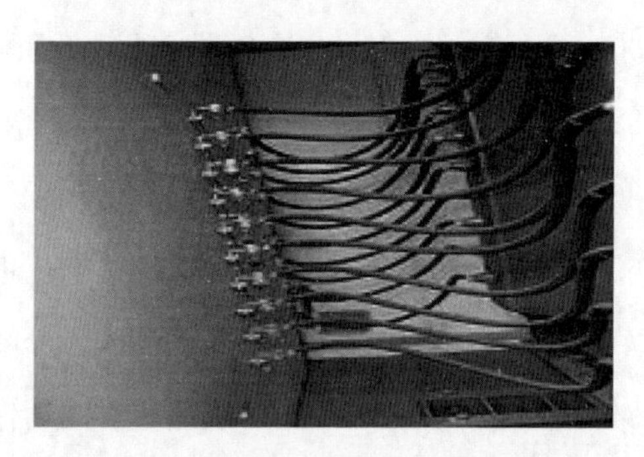

图 1-8　柜内其他设备外观

18:48，地调口令：合上 220kV 戊变电站 110kV 的 732 断路器（乙变电站 1 号主变压器恢复送电）。

18:53，地调口令：合上 220kV 己变电站 110kV 的 733 断路器（丙变电站、丁变电站运行方式恢复正常）。

18:55，系统运方复常，1 号消弧线圈改为检修，监控员在 1 号消弧线圈上挂“检修”牌，并与变电运维人员核对运方正常。

三、故障原因分析

正常经消弧线圈接地系统发生单相接地故障，线路不会跳闸，接地电流为电容电流，数值很小，一般为几十安培，达不到保护定值。这起故障中 35kV 的 333 线路 B 相接地时，由于 1 号消弧线圈分接开关有烧坏痕迹，造成其对地放电短接消弧线圈，将 35kV 不接地系统变为接地系统，故产生 12.9A（1548A）的故障电流。35kV 的 333 断路器过电流Ⅲ段保护整定值为 7.5A（900A），动作时间为 2s；过电流Ⅱ段保护整定值为 15A（1800A），动作时间为 0.6s。由此可知，35kV 的 333 断路器过电流Ⅲ段保护动作正确。

故障前 1 号主变压器为三绕组变压器，中性点运行方式为 220kV 侧不接地，110kV 侧直接接地，35kV 侧经消弧线圈接地，构成的零序网络如图 1-9 所示，零序网络不构成回路。正常情况下，35kV 发生单相接地故障，110kV 侧均不产

生零序电流，110kV 侧零序后备保护不会动作。

当 1 号主变压器 35kV 侧消弧线圈发生故障，放电击穿后，35kV 系统由不接地系统变为接地系统，主变压器接线从 Y/Y0/Y 变成 Y/Y0/Y0，110kV 与 35kV 零序网络构成回路，如图 1-10 所示。当 35kV 的 333 线路单相接地后，35kV 系统的零序电流通过零序网络在 110kV 侧形成分流，110kV 侧产生零序电流 1.6A（384A）。1 号主变压器 110kV 侧零序过电流Ⅱ段定值整定为 1.5A（360A），动作时间为 1.1s。由此可知，110kV 侧零序Ⅱ段保护动作出口跳闸时间（1.1s）小于 333 断路器过电流Ⅲ段保护动作出口跳闸时间（2s），因此 1 号主变压器 110kV 侧零序过电流Ⅱ段保护动作正确。

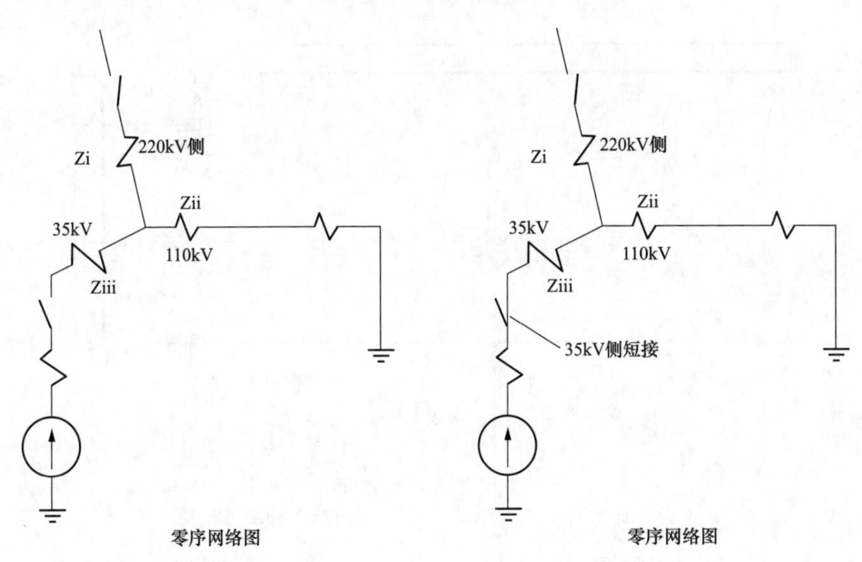

图 1-9　故障前零序网络图　　图 1-10　消弧线圈故障后零序网络图

四、整改措施

（1）结合设备停电检修，定期检查消弧线圈分接开关状态。

（2）运维监控人员应严格按照典型监控信息采集规范，对消弧线圈异常信号直采，并把好验收关口，防止消弧线圈异常信号漏发。

（3）运维监控人员应对“消弧线圈调谐异常”“消弧线圈有载开关拒动”等异常信号重点检查分析，发现异常要及时进行现场检查，防止消弧线圈对地短接引起故障范围扩大。

案例 11：220kV 甲变电站 35kV 线路弧光接地引起 TV 绝缘击穿，导致主变压器断路器跳闸

一、故障前运行状态

故障发生前，35kV 系统运行方式：301 断路器、413 断路器、35kV Ⅰ段电容器 150 断路器，35kV Ⅰ段母线 TV、1 号站用变压器在运行中。1 号主变压器中性点消弧线圈未投入使用。220kV 甲变电站故障前系统运行方式如图 1-11 所示。

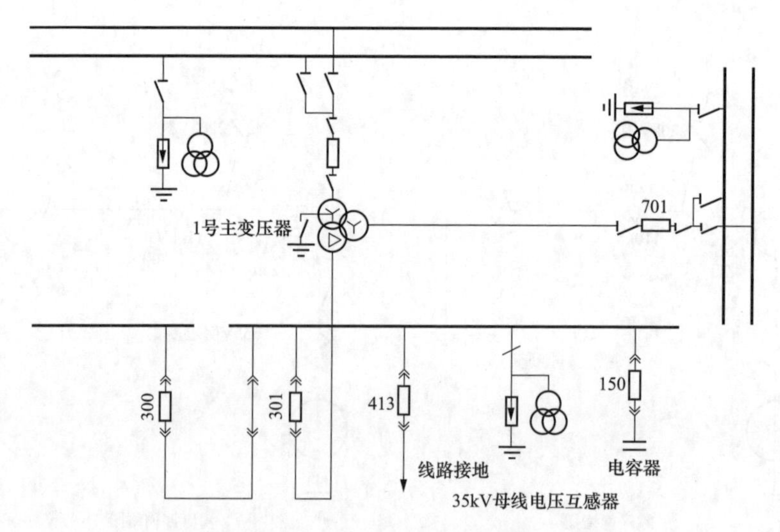

图 1-11　220kV 甲变电站故障前系统运行方式

二、故障发生过程及处理步骤

220kV 甲变电站由于 35kV 线路多次弧光接地，导致 35kV 母线 TV 绝缘击穿、起火，1 号主变压器低压侧复合电压闭锁过电流保护动作跳开 1 号主变压器 301 断路器，35kV Ⅰ段母线失压。35kV 的 413 线路失电，负荷损失 20.95MW。

某日 18:34，雷雨天气，220kV 甲变电站 35kV 三相电压分别为 U_a=36.4kV，U_b=40kV，U_c=10.3kV，显示为 C 相接地。

19:13，1 号主变压器低压侧复合电压闭锁过电流保护动作，1 号主变压器低压侧 301 断路器故障跳闸。监控主站端相关接地报文频发情况如图 1-12 所示。

根据此频繁接地现象，监控值班员初步判断属于典型的弧光接地现象，立即通知运维人员：35kV 系统发生单相接地，迅速至现场检查汇报。

起始时间:2012-08-09 18:00:00 结束时间:2012-08-09 23:59:59,当前页共 1000 记录

3,2012 年 08 月 09 日 18:34:15 220kV 变电站 消弧线圈中心柜系统单相接地 动作
4,2012 年 08 月 09 日 18:34:15 220kV 变电站 35kV I 段母线接地 动作
5,2012 年 08 月 09 日 18:34:15 220kV 变电站 35kV I 段母线计量电压消失 动作
6,2012 年 08 月 09 日 18:34:15 220kV 变电站 35kV I 段母线计量电压消失 复归
7,2012 年 08 月 09 日 18:34:15 220kV 变电站 35kV I 段母线计量电压消失 动作
8,2012 年 08 月 09 日 18:34:15 220kV 变电站 35kV I 段母线接地 复归
9,2012 年 08 月 09 日 18:34:15 220kV 变电站 35kV I 段母线接地 动作
10,2012 年 08 月 09 日 18:34:14:190 220kV 变电站 35kV I 段母线计量电压消失复归(SOE) (接收时间 2012 年 08 月 09 日 18:34:16)
11,2012 年 08 月 09 日 18:34:14:315 220kV 变电站 35kV I 段母线计量电压消失动作(SOE) (接收时间 2012 年 08 月 09 日 18:34:16)
12,2012 年 08 月 09 日 18:34:14:516 220kV 变电站 消弧线圈中心柜系统单相接地 动作(SOE) (接收时间 2012 年 08 月 09 日 18:34:16)
13,2012年08 月 09 日 18:34:14:564 220kV 变电站 35kV I 段母线接地 复归(SOE) (接收时间 2012 年 08 月 09 日 18:34:16)
14,2012年08 月 09 日 18:34:14:647 220kV 变电站 35kV I 段母线接地 动作(SOE) (接收时间 2012 年 08 月 09 日 18:34:16)
15,2012年08 月 09 日 18:34:13:655 220kV 变电站 35kV I 段母线接地 动作(SOE) (接收时间 2012 年 08 月 09 日 18:34:16)
16,2012 年 08 月 09 日 18:34:13:748 220kV 变电站 35kV I 段母线计量电压消失动作(SOE) (接收时间 2012 年 08 月 09 日 18:34:16)

图 1-12 监控主站端相关接地报文频发情况

运维人员至现场检查发现，35kV 母线 TV 已经击穿、起火，413 线路在运维人员到达前已多次发生 C 相间隙性接地现象，且频次极高。在 TV 击穿前 30 多分钟时间内，多次弧光接地电压超过了设备耐压值，使得 35kV 母线设备绝缘被击穿，形成短路故障，引起设备起火，导致主变压器低压侧复合电压过电流保护动作，跳开了 1 号主变压器 301 断路器。

三、 故障原因分析

（1）为校验当时 TV 承受的过电压情况，采用如图 1-13 所示的 35kV 中性点不接地系统模拟弧光接地故障，进行仿真计算。

此系统由 220kV 系统电源、220/35kV 降压变压器、电流互感器、电力电容器、35kV 线电压互感器、413 线路距离 35kV 母线 1km 处的接地故障点及 413 线组成。

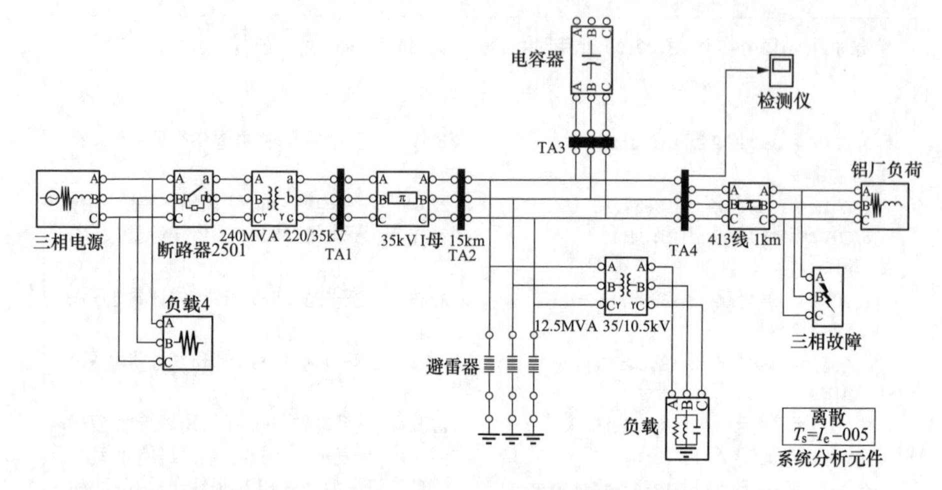

图 1-13　弧光电压仿真原理图

仿真结果可以看出在 C 相接地的情况下，A 相电压最高值达到了 80.5kV，远远超过了设备的耐压值。

(2) 35kV 母线 TV 被击穿分析：根据现场报告，发现 35kV 母线隔离开关的绝缘子耐压为 85kV，隔离开关耐压（固体绝缘）为 75kV，而 35kV 电压互感器的出厂耐压试验值为 72kV，这就成为整个回路的绝缘耐压薄弱点。

根据试验记录，35kV 母线 TV 是在 2 倍额定电压水平下，即保持 70kV 的耐压水平下，保证在 60min 时间内不被击穿，视为合格。而经过故障仿真试验得知，在消弧线圈未投入的情况下，35kV 母线 TV 承受了多次的弧光过电压，且电压值最高达到 80.5kV。这样的情况，设备很容易被击穿，不用达到单相接地规定的 2h 内，即便在数分钟内，也会将绝缘击穿，造成设备损坏，这也是引起本次故障中 35kV 母线 TV 起火的原因。

(3) 从告警信息的历史查询得知，每 3～4s 的断续接地次数，达到了 7～8 次，而平均在间隔 3～4min 就会发生此频繁接地现象，这属于典型的弧光接地现象。

四、整改措施

(1) 采用中性点经消弧线圈接地方式，能有效减少弧光重燃次数。由于消弧线圈的电感电流与电网流过的电容电流相补偿，减少了电弧的重燃，也降低了故障电流，使得弧光过电压值大大减少。

(2) 需要注意的是，在雷雨、台风时，线路多次接地、复归的情况下，有较高的概率存在着弧光接地的可能。通过对该地区一年来 143 条接地线路的分析，有 7 条线路是弧光接地，并且伴随有跳闸和设备损坏的现象存在。因此发

生接地后，值班员及时、有效地进行查找、拉路，保证正常设备的运行，显得尤为重要。

（3）运维监控人员应加强技能学习，能及时发缺陷和异常，对故障进行分析后汇报，给相关部门及班组处理，提供依据。

（4）对老旧变电站应及时加大技术改造力度，如消弧线圈的投入会大大降低弧光过电压的存在。

案例12：66kV电缆故障停电

一、故障前运行状态

某公司电网处于全接线、全保护方式运行，市区负荷420万kW。220kV海湾变电站带66kV海水左线、海水右线共T接3座66kV变电站，分别为A变电站、B变电站、C变电站。66kV水青左右线为220kV凌水变电站、220kV青云变电站的联络线，共T接5座66kV变电站（D变电站、E变电站、F变电站、J变电站、G变电站未投）。电网接线图如图1-14所示。

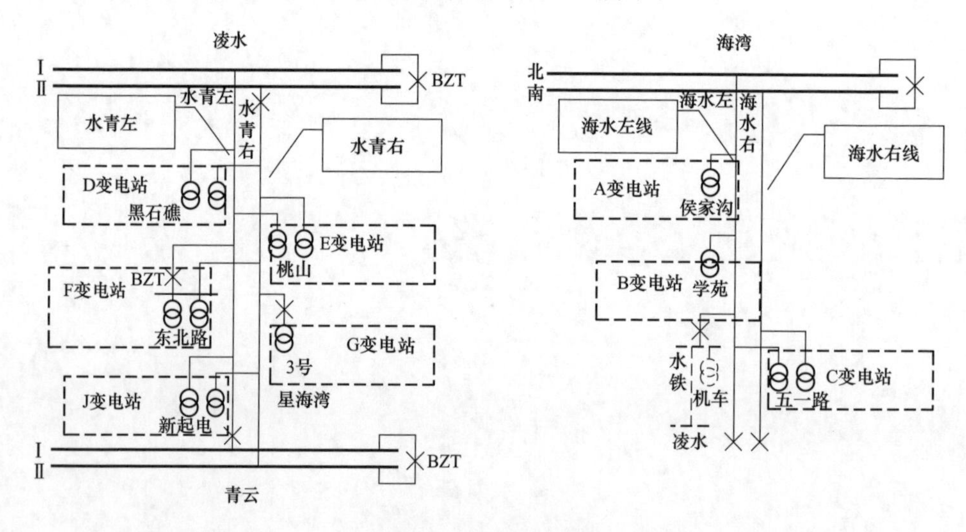

图1-14　电网接线图

二、故障发生过程及处理步骤

某日，某供电公司66kV电缆故障，弧光引起同沟敷设的4条66kV电缆烧损短路跳闸，造成7座66kV变电站停电，损失负荷9.2万kW。电缆故障点位于某大学南门电缆隧道，隧道全长2.53km，2009年投运，隧道内敷设4回66kV电缆（海水左、右线，水青左、右线）和1回10kV电缆（海创线）。66kV系统均为中性点经消弧线圈接地。

事件发生经过：

05:45，66kV海水左线B相接地。

05:51，66kV海水左线AB相故障跳闸，重合不成功，66kV B变电站、A变电站全停。

06:04，遥控拉开220kV海湾变电站66kV海水右线断路器，66kV C变电

站全停。

06:47，66kV 水青右线三相故障跳闸，重合不成功，66kV D 变电站、E 变电站、F 变电站、J 变电站 10kV 分段备用电源自动投入装置动作，水青右线负荷备至水青左线。

07:03，66kV 水青左线 AC 相故障跳闸，重合不成功，66kV D 变电站、E 变电站、F 变电站、J 变电站全停。

至此，共有 7 座 66kV 变电站全停，损失负荷 92MW，停电范围主要位于某城区西南部。

故障发生后，某供电公司立即启动应急响应，及时发现并隔离故障点，迅速组织故障抢修和恢复供电，至 11:56，所有停电用户全部恢复供电。

三、故障原因分析

海水右线 A 相电缆中间 2 号接头绝缘不良，接地弧光引起海水左线 B、A 相相继接地短路起火，造成相间故障跳闸。接地弧光先后导致水青右线 ABC 三相、水青左线 AC 相绝缘受损起火，线路跳闸。受损情况如图 1-15 和图 1-16 所示。

图 1-15 海水右线电缆受损情况

四、整改措施

（1）电缆防火反措执行不到位。按照《国家电网有限公司十八项电网重大反事故措施（2018 修订版）》要求，电缆密集区域电缆接头，应加装防火槽盒或隔板；对重要电缆通道，应分段设置防火墙。该电缆通道属于某公司重要高压电缆通道，但是防火措施执行反措不彻底，仅在接头上缠绕防火包带，未加装防火隔板或槽盒，电缆通道内缺乏烟雾报警、温度监测装置。

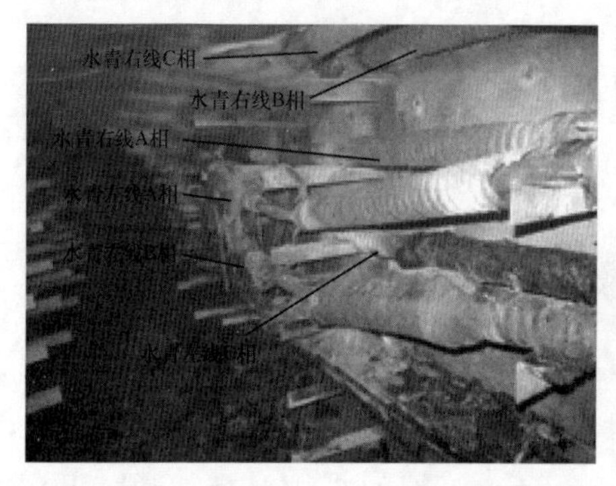

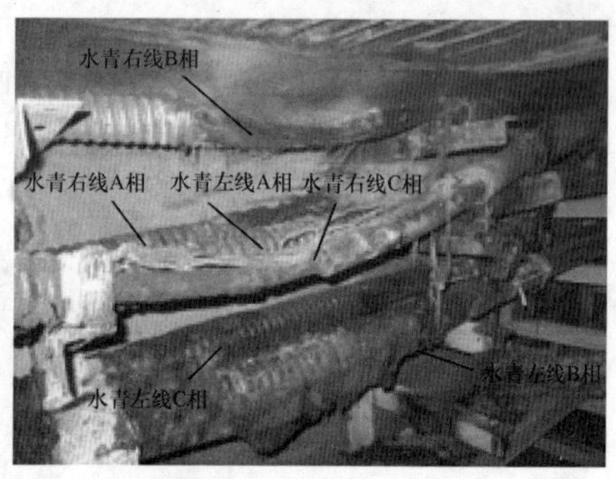

图 1-16　水青左右线电缆受损情况

（2）66kV 中性点接地方式有待优化。按照现有规程规定，66kV 系统单相接地允许运行 2h，但是随着城市电缆增多，电容电流增大，故障后弧光接地容易引起电缆燃烧。

（3）局部城区电网存在薄弱环节，需改进运行方式。66kV 水青左、右线为城区 220kV 凌水和青云变电站的联络线，但是 T 接了 5 座 66kV 变电站，运行方式薄弱，互供能力差。同时，该线路为同塔并架、同隧道敷设，一旦发生线路（电缆）故障，容易造成双回线同停、多个 66kV 变电站失压、城区较大范围停电。

案例13：断路器合闸时B相断线造成保护动作

一、故障前运行状态

220kV系统运行方式：秋辉1、秋纪1、秋能1、秋221运行于220kV南母，Ⅱ秋辉1、Ⅱ秋纪1、Ⅱ秋能1、秋222运行于220kV北母，秋220断路器处于运行状态，秋1号主变压器高、中压侧中性点接地运行，秋2号主变压器高、中压侧中性点接地运行。

110kV系统运行方式：秋安1、秋昱1、秋石1运行于110kV北母；秋111、Ⅱ秋安1、Ⅱ秋昱1、Ⅱ秋石1运行于110kV南母，秋110断路器处于运行状态，秋112断路器处于热备用状态。

10kV系统运行方式：Ⅰ秋站1运行于10kV北母；秋101、Ⅱ秋站1运行于10kV南母，秋100断路器处于运行状态，秋102断路器处于热备用状态。

二、故障发生过程及处理步骤

某日23:17:01，220kV变电站秋112断路器遥控合闸后，1号主变压器两套保护，2号主变压器两套保护同时启动，中压后备零序过电流Ⅲ段保护动作，1时限跳开秋110断路器。经检查后发现110kV北母B相无压，秋112及110kV北母各出线间隔B相均无流，判断110kV北母缺相运行。

故障发生后，现场保护人员随即对后台机、保护装置告警信号进行核查，发现110kV西母B相所有出线间隔无流，B相电压为30V。初步判断秋112断路器可能发生B相断线故障。根据故障录波可知，1、2号主变压器双套保护动作时中性点均流过4.2A零序电流（1号主变压器、2号主变压器TA变比均为600/5，对应的一次零流有效值约为540A）。经过进一步分析，当秋110断路器跳闸后，因秋112断路器B相断线导致的零序保护动作立即返回（断线故障产生的零序电流无法通过秋110断路器与1号主变压器中压侧中性点构成回路）。根据上述情况，基本可以判定本次故障是一起由秋112断路器B相断线造成的保护动作事件。

根据保护装置定值可知，中压侧零序过电流Ⅲ段定值为3A，动作时间2.3s，满足保护动作条件，主变压器保护中零流Ⅲ段1时限动作，保护动作正确。

经检修人员现场检查，秋112甲、秋112东、秋112西刀闸、秋112断路器机构箱正面连杆、线夹及引线，未发现合闸不到位、连杆或引线断裂等情况，初步判断为112断路器机构存在问题。运维人员向调度汇报，申请112断路器停运解备，在秋112甲接地刀闸、秋112母接地刀闸合上后，检修人员对112断路器进行检查，打开断路器三联箱后盖板，发现B相传动拐臂与导电杆下部垂直连杆连接的短连板（约20cm长）脱落。经过检修人员紧急处理后，汇报调度，接调度令，112断路器恢复备用于110kV东母，加入运行。

三、故障原因分析

该变电站110kV断路器已运行15年以上，打开封闭式三联箱后，发现三相机构的轴销、卡口销等存在不同程度锈蚀，且轴销上均未加装开口销进行二次防脱。在本次定检预试工作中，高压及保护人员进行了多次断路器传动试验，112断路器各项高压试验均合格，断路器动作特性符合相关标准。因此检修人员推测112断路器因出厂时未加装开口销且卡口销的卡槽较浅，112断路器经多次传动后，卡口销可能在送电前已经处于脱落的临界状态。112断路器在送电时，机械振动再次对卡口销形成冲击，导致112断路器B相卡口销脱落，B相未能正常合闸。随后检修人员在现场发现轴销及卡口销掉落在三联箱底部。

四、整改措施

1. 暴露问题

（1）断路器厂家产品工艺控制标准不规范。112断路器的三相轴销上留有安装开口销的孔，但三相轴销均未安装，导致设备质量无法得到保证。

（2）断路器例行试验工作存在盲区。

2. 整改措施

（1）开展同类型开关排查。故障发生后，该公司立即安排检修人员，根据台账，梳理出所有在运同批次、同型号、同厂家开关，并制定检修计划，结合停电计划对存在三相轴销未安装开口销的开关加装开口销，防止类似故障再次发生。

（2）强化设备管理。在设备全过程管理过程中，加强断路器及重要部件的关键点见证、监造抽检和设备验收，把好入网设备质量关，保证设备安全可靠运行。

（3）加强老旧开关维护力度，完善补充相应的技术检验手段和制定相应的质量检验标准。在常规维护项目基础上对投运超10年的老旧开关增加维护项目，对此类开关的检查应修编标准化作业指导书（增加断路器传动短连板附件

的精益化检查），确保设备正常运行。

（4）断路器关键配件应保证其材质、制造工艺符合相关国家标准。要求开关厂家在与其配套厂家签订技术协议时，对部分辅助部件在协议中指定优质供应商或补充相关约束性技术条件。

（5）申报该高压开关厂相同批次及型号断路器家族性缺陷。

案例14：110kV甲变电站桑1001保护测控装置压板误投造成保护误动

一、故障前运行状态

110kV甲变电站110kV母线采用单母分段接线方式，韩桑2、桑111运行在110kV北母，钧桑2、桑112运行在110kV南母，桑110做母联；10kV母线采用单母分段接线方式，桑101运行在10kV Ⅰ母，桑102运行在10kV Ⅱ母，桑1001做母联；桑1号主变压器、桑2号主变压器并列运行，主接线图如图1-17所示。

二、故障发生过程及处理步骤

某日，值班人员接到调度电话，说甲变电站桑15岗马线故障跳闸，桑1001断路器跳闸，桑10kV Ⅰ段母线失压。接到调令后驱车前往甲变电站。

甲变电站当时的运行方式为，110kV钧桑线带全站负荷，桑1号主变压器停运，110kV禹桑线为禹县站备用，2号主变压器带10kV Ⅰ、Ⅱ段母线运行。10kV桑1001分段备用电源自动投入装置退出。

到站后检查后台机SOE信息，后台机报“桑15岗马线过电流ⅡⅠ段动作”“重合闸动作”“桑1001过电流Ⅱ段动作”。检查后台机遥信，桑15岗马线断路器在分位，桑1001断路器在分位，桑10kV Ⅰ段母线三相电压为零。

之后去高压室检查保护装置动作信号，发现桑15岗马线保护测控装置报“过电流ⅡⅠ段动作”“重合闸动作”，桑1001保护测控装置报“过电流Ⅱ段动作”。检查10kV Ⅰ母所有间隔断路器实际位置与后台机显示一致。检查主变压器低压侧及高压室设备无异常。

将上述检查情况汇报调度，接调度令合上桑1001断路器。桑1001断路器合上后10kV Ⅰ段母线恢复运行，母线电压正常。

经调度告知，桑15岗马线断路器为监控班人为断开。

三、故障原因分析

检查桑1001保护测控装置软压板投退情况，发现桑1001保护软压板“过电流Ⅰ段软压板投入”“过电流Ⅱ段软压板投入”“过电流加速软压板投入”。经与保护定值单核对，桑1001保护定值单注明“当桑1001断路器在合位时，退出本装置备用电源自动投入装置及保护所有功能”。

本次越级故障损失负荷4MW，造成越级故障的继电保护动作情况分析如下：

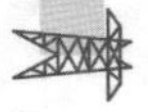

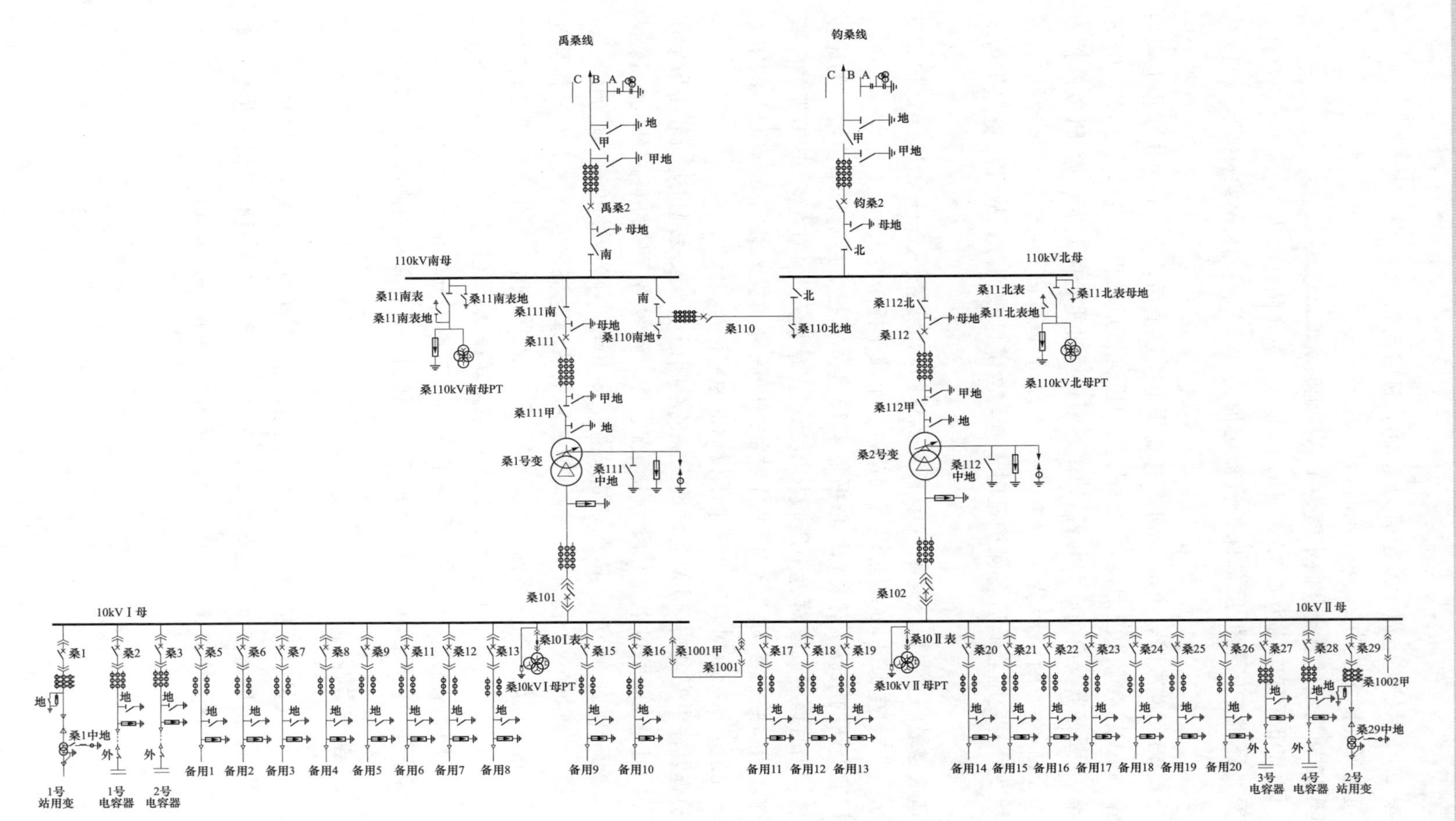

图1-17 110kV甲变电站一次接线图

桑1001保护过电流Ⅰ段定值为7.5A，延时为0.3s。

过电流Ⅱ段定值为2.5A，延时为0.6s。

桑15岗马线过电流Ⅱ段定值为17A，延时为0.3s。

过电流ⅡⅠ段定值为6.5A，延时为0.6s；重合闸延时为1s。

桑2号主变压器低后备保护复流定值为4.8A，1.1s跳桑1001，1.4s跳桑102。

当桑15线路故障，电流达到过电流ⅡⅠ段定值后，桑15过电流ⅡⅠ段启动，桑1001过电流Ⅱ段启动，桑2号主变压器低后备保护启动；经过0.6s延时，桑15断路器及桑1001断路器动作跳闸，经过重合闸延时，桑15断路器重合，由于桑1001断路器跳开，桑10kV Ⅰ段母线失压，故桑15断路器重合成功；桑2号主变压器低后备保护延时未到，故障已被切除，故低后备保护可靠返回。

造成越级的主要原因是桑1001断路器保护功能误投入——桑1001保护“过电流Ⅰ段”“过电流Ⅱ段”“过电流加速”三个软压板误投入。

甲变电站的压板核对表制作依据是2015年4月投运后建设单位给出的压板核对表，当时该压板核对表中压板标识为“正常投入”。但在桑1001保护压板核对时，未参照编号为“桑1001分段备用电源自动投入装置201409”的定值单，因此造成压板核对表中该三个压板标识为“正常投入”。

检查以往甲变电站10kV各线路间隔的跳闸记录，未发现过电流ⅡⅠ段动作的情况。但存在线路过电流Ⅱ段动作情况。注意到线路TA的变比为600/5，桑1001TA的变比为4000/5，因此，如果需要桑1001断路器过电流Ⅰ段动作，一次电流最少为6000A，假如全部折算为线路的故障电流，线路二次电流需要达到50A，这已经超过的线路保护过电流Ⅰ段的保护定值，因此会由线路过电流Ⅰ段动作0s切除故障，不会造成桑1001断路器误动。经计算，当线路故障电流大于6.5A时，有可能造成桑1001断路器误动，以上分析正确。

故障发生后，已退出该误投入的三个软压板，并重新核查修改压板核对表。

四、整改措施

由于运维人员对保护功能和压板作用的理解不到位，造成压板误投入，引起保护误动，所以需要加强运维人员对于保护原理、二次回路和保护装置的理解与应用，确保二次设备运行状态与现场一次设备状态相一致。

案例15：压板漏投造成断路器拒动引起10kV母线失压

一、故障前运行状态

110kV白变电站110kV运行状态：Ⅰ锁白2热备用于110kV西母，Ⅱ锁白2运行于白110kV东母，110kV旗白2并网运行于白110kV东母，白110断路器械运行，白110kV备用电源自动投入装置投入。

白1号主变压器运行于白110kV西母，白2号主变压器运行于白110kV东母，白1号主变压器和白2号主变压器三侧并列运行。

白10kV Ⅰ母带白1号接地变压器运行，白10kV Ⅱ母带白2号接地变压器运行。

二、故障发生过程及处理步骤

某日07:48，监控发现110kV白变电站白101、白102、白1001断路器跳闸，白10kV母线失压。文殊运维班值班员通过视频监控系统查看到110kV白变电站10kV高压室有浓烟，视频监控中看不清设备状态。

08:40，变电运维值班人员到达110kV白变电站，发现站用交流电源失电，高压室排风扇无法打开，随即打开10kV高压室东门进行排烟。

同时运维值班人员检查110kV白变电站监控后台，发现白101、白102、白1001断路器跳闸变位，10kV设备全部通信中断。随即检查室外设备外观无异常，检查站内交流电源全部失电，蓄电池带站内直流系统、UPS运行。

经检查发现，10kV Ⅰ段母线TV柜烧毁严重，C相互感器严重受损，相邻10kV白8党寨线开关柜有灼烧痕迹，轻微受损。

10kV高压室设备布置如图1-18所示。受损设备情况如图1-19、图1-20所示。

保护动作情况：经监控后台及保护装置信息检查发现，白1号主变压器低压后备装置过电流Ⅴ段动作、过电流ⅤⅠ段动作；白2号主变压器后备保护装置低压1复流Ⅰ段1时限动作、低压1复流Ⅰ段2时限动作；白1001备用电源自动投入装置过电流Ⅰ段动作；白101、白102、白1001断路器跳闸。

具体保护动作和监控告警信息时序见表1-1。

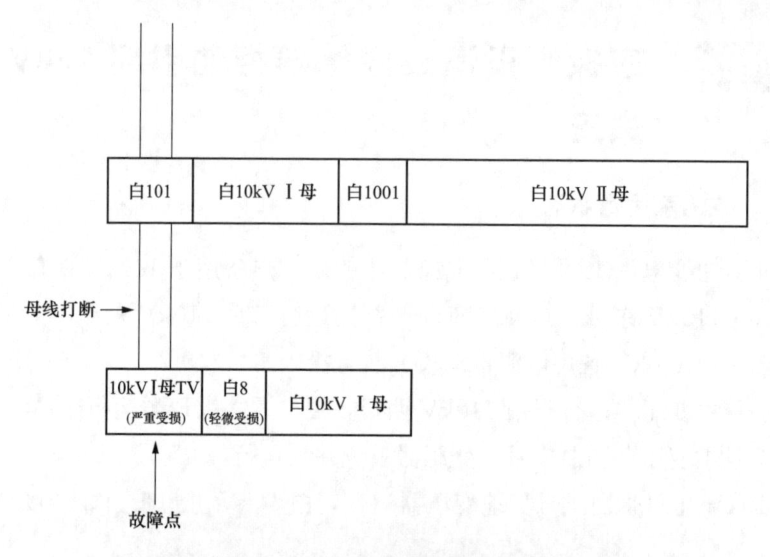

图 1-18　10kV 高压室设备布置

图 1-19　受损设备情况（一）

图 1-20　受损设备情况（二）

表 1-1　　　　　　　　保护动作和监控告警信息时序表

时间	设备	信息	备注
2023-09-02 07:45:03:391	白 1 号主变压器低压后备保护装置	过电流Ⅴ段动作	动作电流 13.63A
		过电流ⅤⅠ段动作	动作电流 13.59A
2023-09-02 07:45:03:391	白 2 号主变压器 B 套保护装置	低 1 复流Ⅰ段 1 时限动作	动作电流 16.305A
		低 1 复流Ⅰ段 2 时限动作	动作电流 16.305A
2023-09-02 07：45：03:391	白 1001 备用电源自动投入装置	过电流Ⅰ段动作	定值 4.6A，1s

白 1、2 号主变压器低压后备保护动作信息如图 1-21、图 1-22 所示。白 1001 断路器备用电源自动投入装置动作信息如图 1-23 所示。

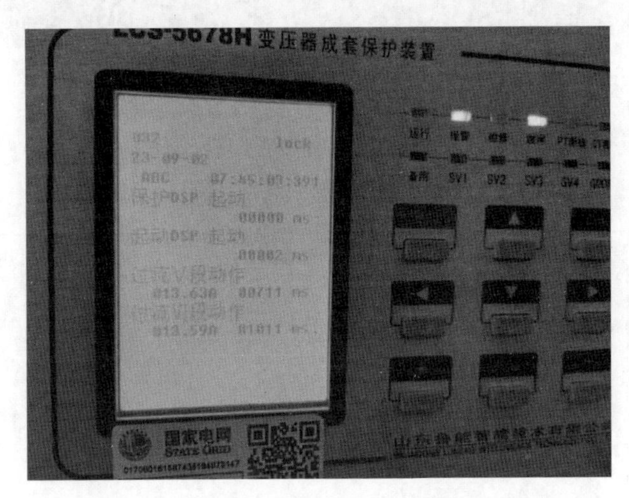

图 1-21　白 1 号主变压器低压后备保护动作信息

图 1-22　白 2 号主变压器低压后备保护动作信息

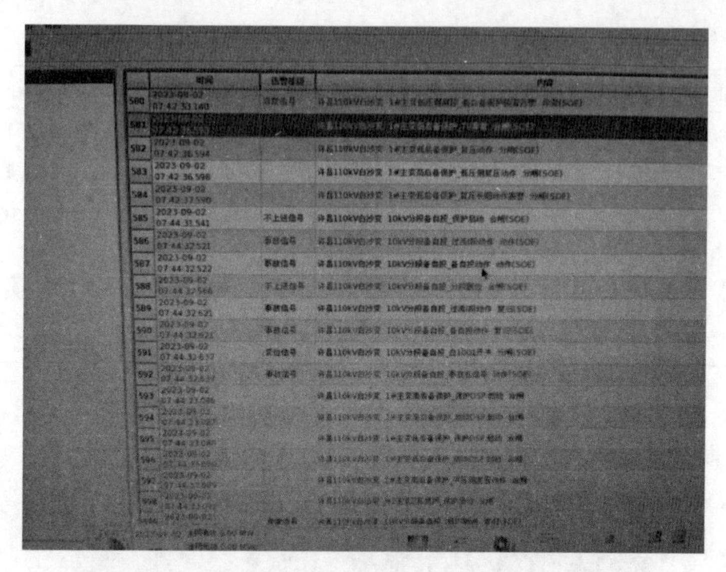

图 1-23　白 1001 断路器备用电源自动投入装置动作信息

保护动作、定值、跳闸开关信息见表 1-2。

表 1-2　　保护动作、定值、跳闸开关信息表

时间	保护装置	保护动作	定值	跳闸开关	备注
07:45:03:3910	白 1 号主变压器低后备；白 2 号主变压器 B 套保护；白 1001 备用电源自动投入装置	保护启动	—	—	—
07:45:03:706	白 2 号主变压器 B 套保护	低 1 复流 Ⅰ 段 1 时限	9A，0.7s	跳低分段	—
07:45:03:711	白 1 号主变压器低压后备	过电流 Ⅴ 段	9A，0.7s	跳低分段	—
07:45:03:1006	白 2 号主变压器 B 套保护	低 1 复流 Ⅰ 段 2 时限	9A，1s	跳低压侧	—
07:45:03:1011	白 1 号主变压器低压后备	过电流 Ⅵ 段	9A，1s	跳低压侧	—
07:45:03:391	1001 备用电源自动投入装置	过电流 Ⅰ 段	4.6A，1s	跳低分段	—

经过现场实际检查、分析，决定采用如下处理方式：①由临时发电车接入站内交流母线，站用交直流电源系统由临时发电车供电运行；②将10kV白101开关柜与白10kV Ⅰ母TV开关柜之间母线打断；③将10kV Ⅱ段母线开关柜设备进行检查，并进行母线耐压试验，试验合格后10kV Ⅱ段母线送电，10kV Ⅱ段母线设备投入运行；④将高压室北侧10kV Ⅰ段母线一次和二次设备进行检查清擦；⑤对打断后高压室北侧10kV母线进行耐压试验，试验合格后高压室北侧10kV母线设备投入运行。

某日22:37，上述抢修工作结束后，110kV白变电站10kV Ⅰ段、Ⅱ段母线带电运行，高压室北侧设备投入运行，高压室南侧开关柜停运。

三、故障原因分析

白10kV Ⅰ母TV柜故障，白1号主变压器低压后备保护装置过电流Ⅴ段、白2号主变压器B套（后备）保护装置低1复流Ⅰ段1时限动作，0.7s延时后跳白1001断路器，白1001断路器拒动。

1s延时后，白1号主变压器低压后备保护装置过电流ⅤⅠ段动作，跳白101断路器；白2号主变压器B套（后备）保护装置低1复流Ⅰ段2时限动作，跳白102断路器；白1001备用电源自动投入装置装置过电流Ⅰ段动作，跳白1001断路器；白101、白102、白1001断路器分闸变位，白10kV Ⅰ母和Ⅱ母均失压。

电压互感器故障是本次故障的主要原因。由于主变压器低压后备跳白1001断路器拒动，最终导致故障越级至白2号变压器保护动作，造成白101、白102断路器动作跳闸，110kV甲变电站站10kV母线失压。

造成白1001断路器拒动的原因如下：白1001配置10kV备用电源自动投入装置一台，采用常规采样常规跳闸方式；主变压器后备保护跳白1001断路器通过光纤连接至10kV备用电源自动投入装置中实现GOOSE跳闸。通过检查发现，10kV备用电源自动投入装置内跳分段断路器软压板未投入，而主变压器后备保护跳白1001断路器需要经过该软压板实现跳闸，因此压板漏投造成主变压器后备跳白1001断路器拒动。同时10kV备用电源自动投入装置内保护跳闸软压板投入，该压板为10kV备用电源自动投入装置内的过电流保护功能出口压板，因此10kV备用电源自动投入装置过电流Ⅰ段动作，将白1001断路器跳开。白1001备用电源自动投入装置动作信息如图1-24所示。

四、整改措施

(1) 对于运维专业，需要加强对保护压板投退的理解，尤其是对于智能变电站各软、硬压板的功能和投退要求做到心中有数，能够熟练掌握智能变电站

图 1-24　白 1001 备用电源自动投入装置动作信息

保护动作逻辑，并将变电站保护配置情况和软、硬压板功能和投退说明写入该站现场专用规程中，开展定期培训。

（2）对于二次专业，严格审核装置入网，对于不符合设计规范的二次设备严禁入网运行，对于不满足运行要求的在运的二次设备逐步开展更换技改更换工作。严把设备验收关，对于装置功能逐项验收，确保设备无带病运行。

案例16: 保护改造后接线错误造成110kV备用电源自动投入装置动作失败

一、故障前运行状态

110kV甲变电站一次设备的运行方式为：110kV蒋葡线带110kV甲变电站全站负荷，薛蒋2断路器热备用，蒋110分段断路器在运行状态，蒋110kV备用电源自动投入装置投入，备投方式一充电完成。变电站一次接线图如图1-25所示。

二、故障发生过程及处理步骤

某日23:31，蒋葡线路故障，蒋葡2断路器跳闸，重合不成功。

23:31:30:32，蒋110kV备用电源自动投入装置动作，进线1备投跳主电源开关。

23:31:30:867，进线1备投合备用电源开关。

23:31:35:868，1DL开关拒合告警。

23:31:35:868，进线1备投失败。

现场检查一次设备，蒋葡1断路器在分闸位置，薛蒋2断路器在分闸位置，蒋110断路器在合闸位置。

三、故障原因分析

(1) 备用电源自动投入装置硬压板3LP8蒋葡1跳、3LP9蒋葡1合、3LP10薛蒋跳、3LP11薛蒋合，这4个硬压板标识有问题。硬压板标识问题如图1-26所示。

(2) 备用电源自动投入装置开关量，跳2DL开出141-105的电缆与合2DL开出141-135的电缆回路接反，如图1-27所示。

具体分析省略，现场实际接线示意图如图1-28所示。

设计图纸如图1-29所示。

正确接线示意图如图1-30所示。

四、整改措施

(1) 110kV薛蒋2原先并无配置保护装置，只有一台测控装置。2018年保护改造时，增加了一台线路保护装置。因此造成备用电源自动投入装置的二次接线改动。针对类似二次设备改造时，可能造成对原有保护和自动化装置造成影响的工作，需要运维人员明确改造内容，掌握改造前后设备的不同，严格落实改造验收环节的精细度和准确度。

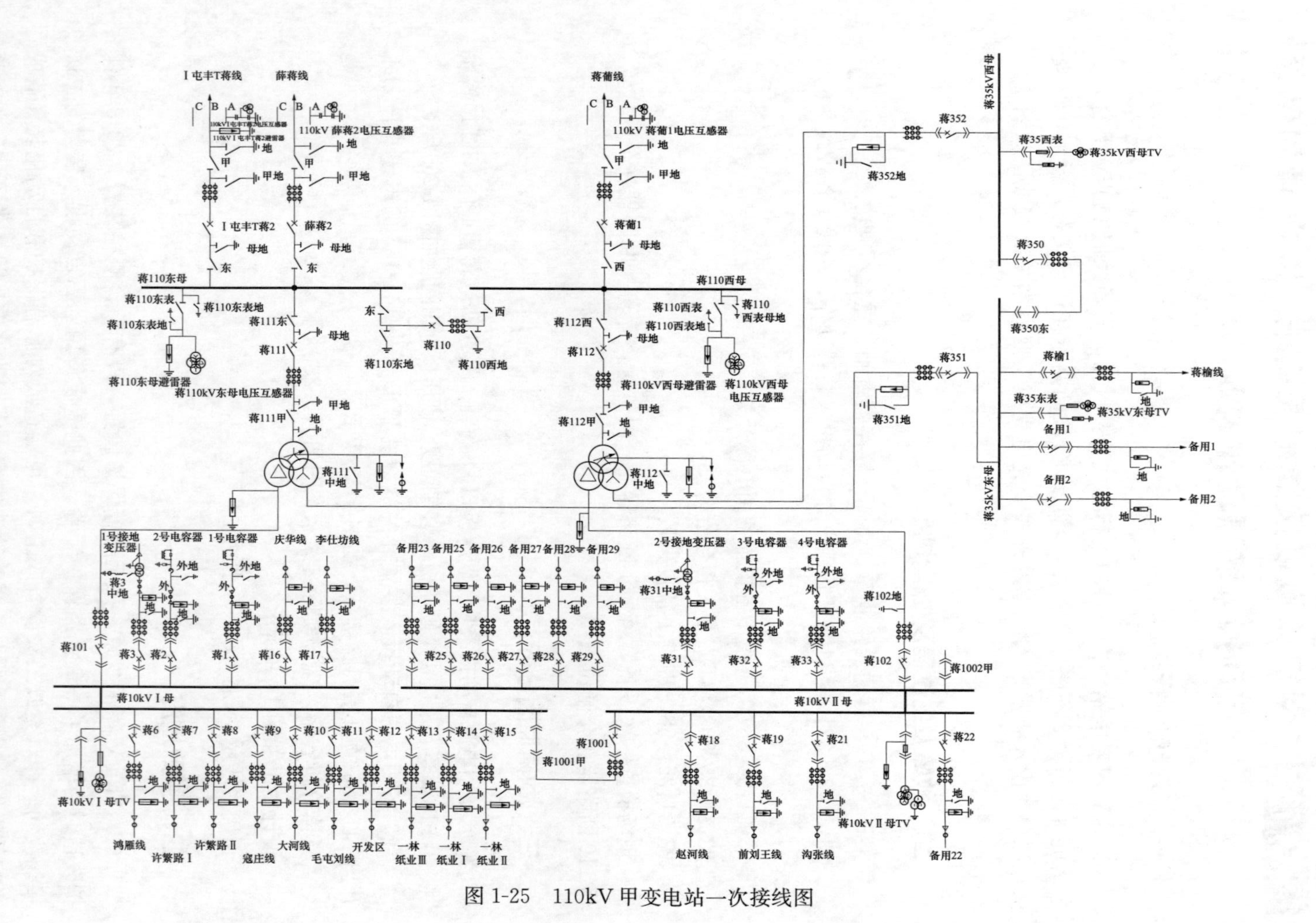

图 1-25 110kV 甲变电站一次接线图

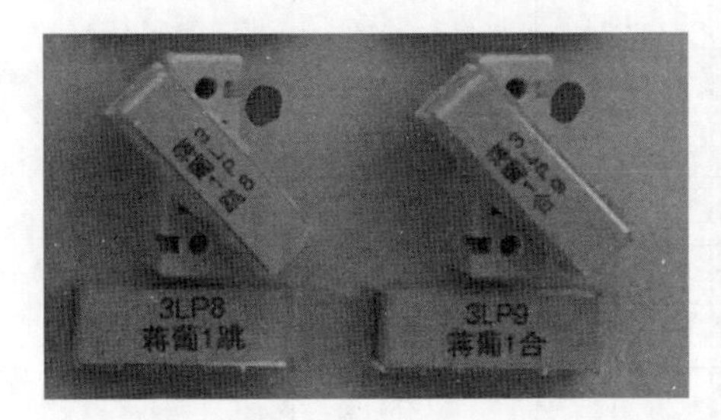

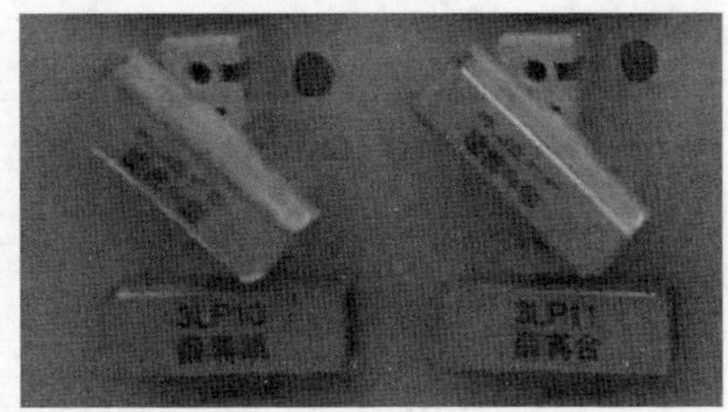

图 1-26 硬压板标识问题

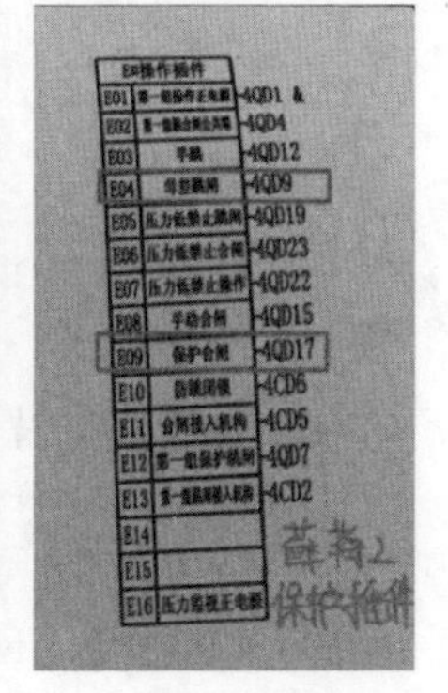

图 1-27 电缆回路接反

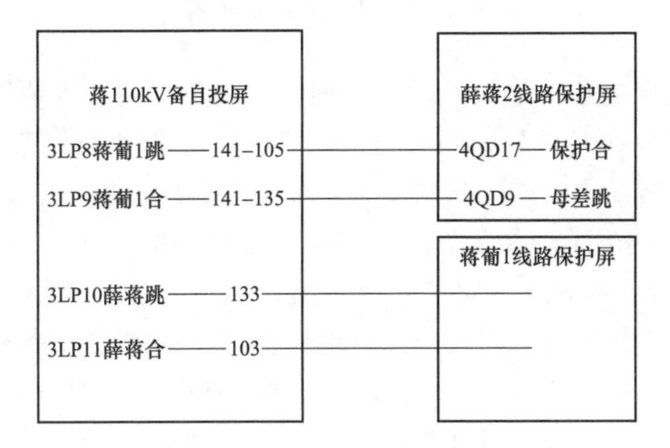

图 1-28 现场实际接线示意图

		14	
		15	
3LP2–1	合分段3DL	16	ICD10
3LP8–1	跳进线1DL	17	135
3LP9–1	合进线1DL	18	105
3n4P6	闭锁进线1DL重合	19	
3LP10–1	跳进线2DL	20	133
3LP11–1	合进线2DL	21	103
3n4P12	闭锁进线2DL重合	22	
		23	
		24	
		25	

图 1-29　设计图纸

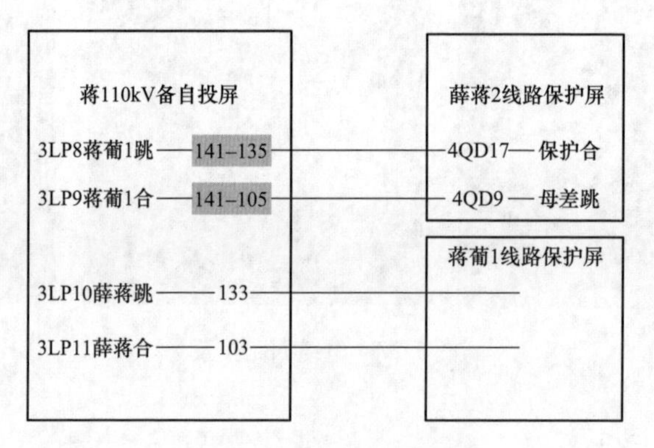

图 1-30　正确接线示意图

(2）以智能变电站扩建新间隔，增加备用电源自动投入装置为例。由上述所说的备用电源自动投入装置的采集信息可知，当扩建一个间隔时，增加备用电源自动投入装置的电气施工和调试的工作流程如下：

1）扩建新间隔的合并单元、智能终端等二次设备。

2）完成新增备用电源自动投入装置与直流电源屏（提供装置直流电源）、与时钟同步屏（提供装置对时）、与站控层交换机（完成新增备用电源自动投入装置与站控层设备的通信）、与监控后台（数据库制作及对点）、与数据通信网关机（远动转发表下装及与调度对点）、与扩建新间隔的合并单元（采集扩建间隔的开关电流、线路电压、母线电压）、与扩建新间隔的智能终端（提供分闸和合闸的开出、采集开关分闸和合闸的位置）等的接线和配置下装。

(3）完成新增备用电源自动投入装置与监控后台（数据库制作及对点）、与

数据通信网关机（远动转发表下装及与调度对点）、与分段开关的合并单元（采集分段开关的电流）、与分段开关的智能终端（提供分闸和合闸的开出、采集分段开关分闸和合闸的位置）等的接线和配置下装。

（4）扩建新间隔的充电试运行。

（5）原间隔停运后，完成新增备用电源自动投入装置与监控后台（数据库制作及对点）、与数据通信网关机（远动转发表下装及与调度对点）、与原间隔的合并单元（采集原间隔的开关电流、线路电压、母线电压）、与原间隔的智能终端（提供分闸和合闸的开出、采集开关分闸和合闸的位置）等的接线和配置下装。

（6）备用电源自动投入装置整组调试。

（7）依据调度方案，原间隔恢复送电，备用电源自动投入装置带开关传动。

案例 17：110kV 主变压器并列运行时后备保护配合导致全站失压

一、故障前运行状态

以 110kV 锦变电站为例，锦 1 号和 2 号主变压器三侧并列运行。

1 号、2 号主变压器高压后备保护复压过电流ⅡⅠ段动作电流定值 4.5A，动作延时 2.3s，出口跳主变压器三侧断路器，TA 变比为 300/5。

中压后备复压过电流Ⅰ段动作电流定值 3.85A，动作延时 1.7s，出口跳锦 350 断路器，方向元件退出，TA 变比为 1000/5。

低压后备复压过电流Ⅰ段动作电流定值 4.7A，动作延时 1.1s，出口跳锦 100 断路器，TA 变比为 3000/5，复压过电流Ⅱ段动作电流定值 4.7A，动作延时 1.4s，出口跳锦 101(102) 断路器。

二、故障发生过程

110kV 锦变电站 10kV 西母母线故障，锦 100 断路器跳闸时发生爆炸，爆炸威力将柜内铁板炸至 10kV 东母，造成 10kV 东母母线故障，分析保护动作过程。

实际动作过程为：

锦 1 号主变压器低压后备保护复压过电流Ⅰ段（12:04:08:668）（经 1.1s 延时出口跳锦 100）；锦 2 号主变压器低压后备保护复压过电流Ⅰ段（12:04:08:668）（经 1.1s 延时出口跳锦 100）。

锦 1 号主变压器低压后备保护复压过电流Ⅱ段（12:04:08:954）（经 1.4s 延时出口跳锦 101）。

锦 2 号主变压器低压后备保护复压过电流Ⅰ段（12:04:09:815）（经 1.1s 延时出口跳锦 100）。

锦 1 号主变压器高压后备保护复压过电流ⅡⅠ段（12:04:09:996）（经 2.3s 延时出口跳锦 111、锦 351、锦 101）。

锦 2 号主变压器高压后备保护复压过电流ⅡⅠ段（12:04:10:11）（经 2.3s 延时出口跳锦 112、锦 352、锦 102）。

三、故障原因分析

110kV 锦变电站仿真模型图如图 1-31 所示。

采用 PSCAD 电磁暂态仿真软件进行故障复现仿真，通过分析故障时的电压电流波形和数值大小，研究主变压器跳闸保护动作逻辑。为了仿真方便，定义

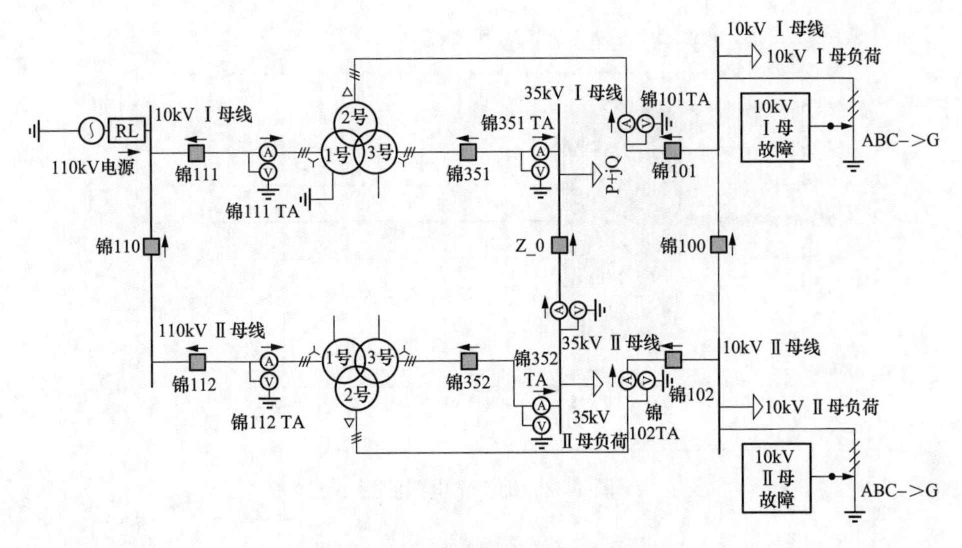

图 1-31 110kV 锦变电站仿真模型图

0.4s 故障开始，0.5s 跳锦 100，0.8s 跳锦 101，1.7s 跳锦 111、锦 351、锦 112、锦 352、锦 102。

重要参数：0.4s 西母（BUS_5）故障发生；0.5s 跳锦 100 断路器；0.52s 东母（BUS_6）故障发生；0.8s 跳锦 101 断路器；0.8s 西母故障消失；1.7s 跳锦 111、锦 351、锦 112、锦 352、锦 102 断路器；1.7s 东母故障消失。

电压读数方法：110/38.5/10.5 除以$\sqrt{3}$，再乘以$\sqrt{2}$等于波形示数，单位为 kV。

电流读数方法：波形示数除以$\sqrt{2}$，即为线电流有效值，单位 kA。

1. 锦 101 电流波形

在锦 100 跳闸后到东母故障时，锦 101 电流上升的原因：此时 2 号主变压器向 101 提供短路电流。东母故障后，短路电流重新分配，锦 101 的电流下降。锦 101 电流波形如图 1-32 所示。

2. 锦 102 电流波形

锦 102 电流波形如图 1-33 所示。

锦 100 跳闸前后，0.5s 电流波形如图 1-34 所示。

锦 102 的电流在锦 100 跳闸后到东母故障时降低，造成低压后备保护返回。

3. 锦 111 电流波形

锦 111 电流波形如图 1-35 所示。

1 号主变压器高压后备不返回的原因：锦 111 在锦 100 跳闸后到东母故障时电流有所下降，但仍高于动作值，因此高压后备保护不返回。

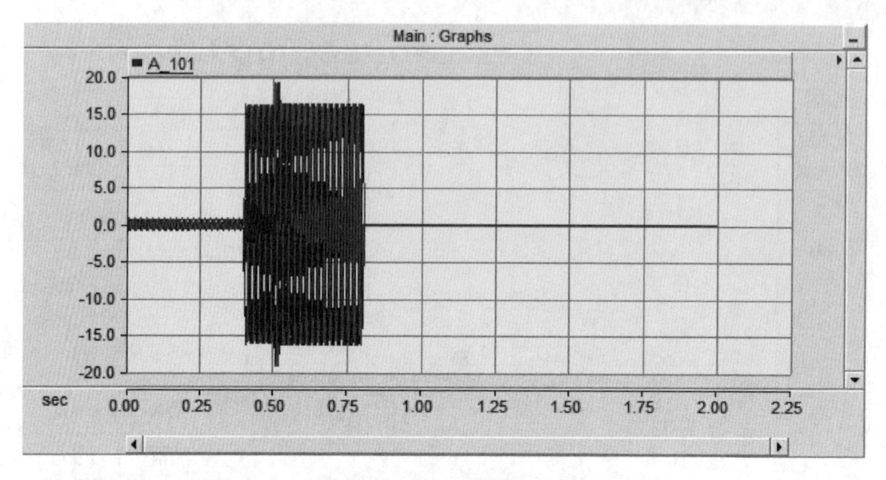

图 1-32　锦 101 电流波形

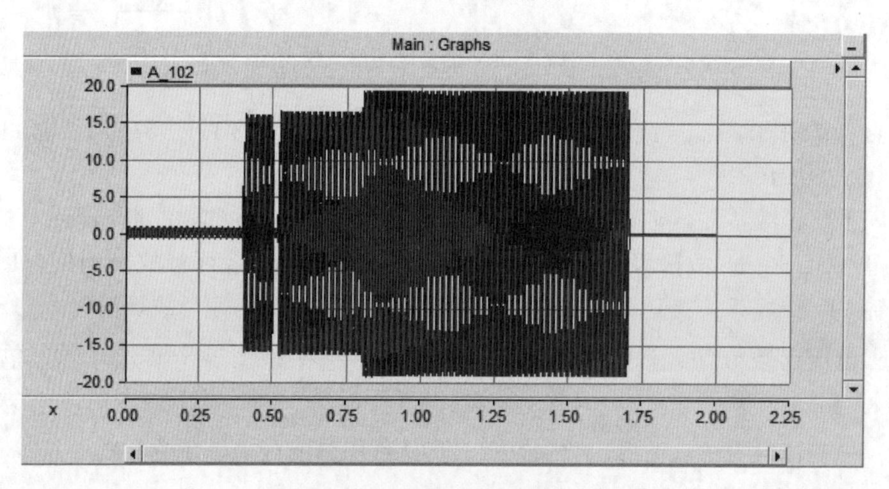

图 1-33　锦 102 电流波形

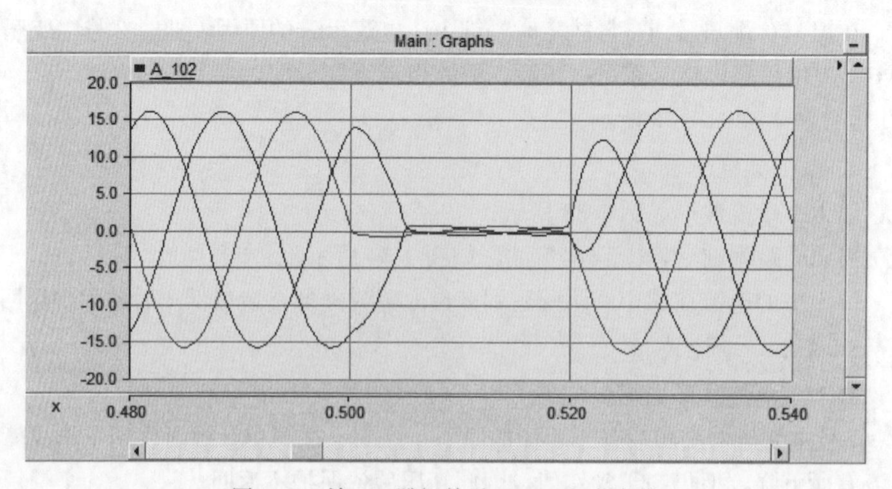

图 1-34　锦 100 跳闸前后，0.5s 电流波形

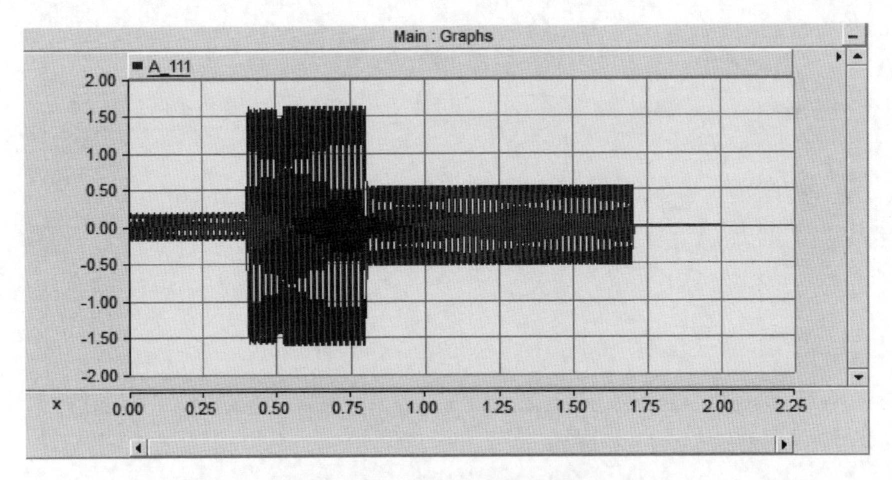

图 1-35　锦 111 电流波形

电流下降的原因：西母故障时流经故障点的电流是锦 111（101）和锦 112（102）提供，锦 100 跳闸后西母故障点电流是锦 111 和 112 提供给锦 101，所以锦 101 的电流减去锦 112 的电流即为锦 111 的电流。

4. 锦 112 电流波形

锦 112 电流波形如图 1-36 所示。

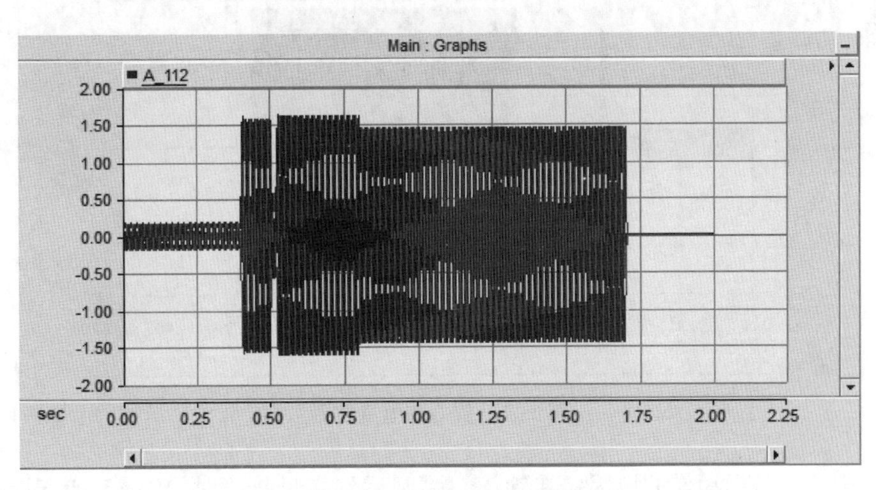

图 1-36　锦 112 电流波形

锦 100 跳闸前后，0.5s 时电流波形如图 1-37 所示。

2 号主变压器高压后备不返回的原因：锦 112 在锦 100 跳闸后到东母故障时电流有所下降，但仍高于动作值，因此高后备保护不返回，动作值为 4.5A。

电流下降的原因：西母故障时流经故障点的电流是锦 111（101）和锦

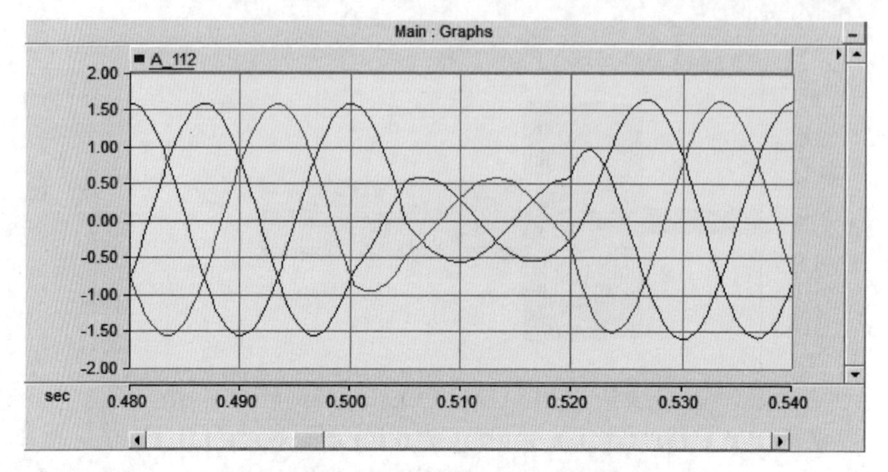

图 1-37 锦 100 跳闸前后，0.5s 电流波形

112(102) 提供，锦 100 跳闸后西母故障点电流是锦 111 和 112 提供给锦 101，所以锦 101 的电流减去锦 112 的电流即为锦 111 的电流。

5. 锦 351 电流波形

锦 351 电流波形如图 1-38 所示。

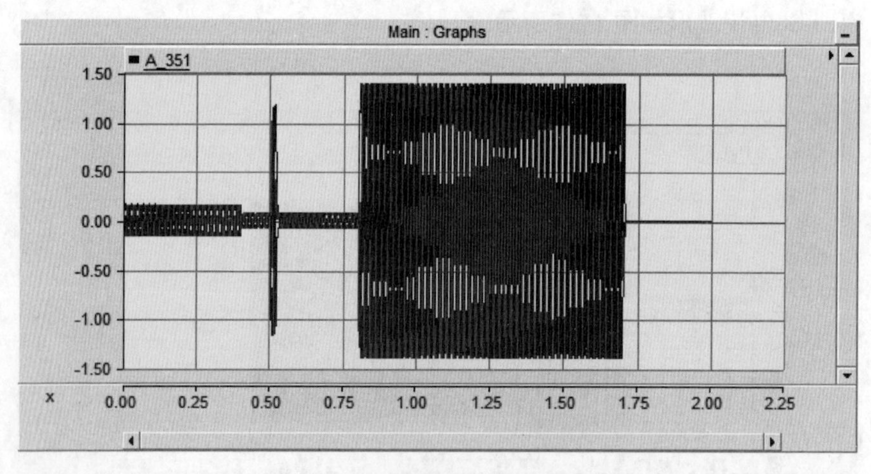

图 1-38 锦 351 电流波形

中压后备不动作的原因：在锦 100 跳闸后到东母故障时，锦 351 出现高电流，此电流为 112-352-350-351-101 的电流，持续时间未达到定值，所以此时中压后备不动作。在东母故障时，电流重新分配，锦 351 电流下降，保护返回。在锦 101 跳闸后，锦 351 出现高电流，此电流为 111-351-350-352-102，同样持续时间未达到定值，所以中压后备不动作。

6. 锦 352 电流波形

锦 352 电流波形如图 1-39 所示。

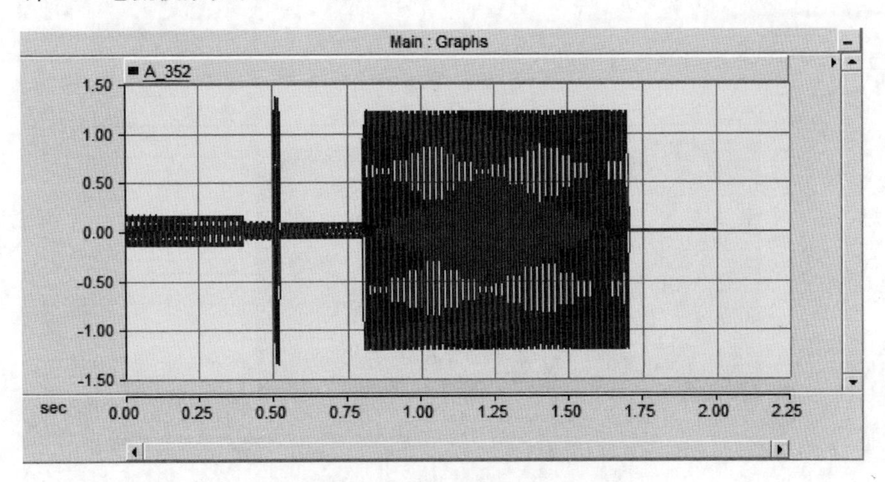

图 1-39　锦 352 电流波形

中压后备不动作的原因：在锦 100 跳闸后到东母故障时，锦 352 出现高电流，此电流为 112-352-350-351-101 的电流，持续时间未达到定值，所以此时中压后备不动作。在东母故障时，电流重新分配，锦 351 电流下降，保护返回。在锦 101 跳闸后，锦 352 出现高电流，此电流为 111-351-350-352-102，同样持续时间未达到定值，所以中压后备不动作。

7. 锦 350 电流波形

锦 350 电流波形如图 1-40 所示。

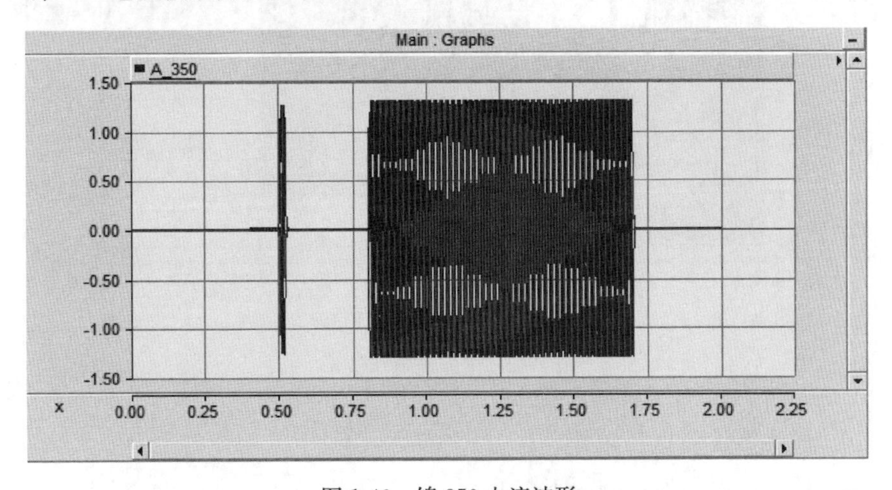

图 1-40　锦 350 电流波形

8. 高压侧电压波形

高压侧电压波形如图 1-41 所示。

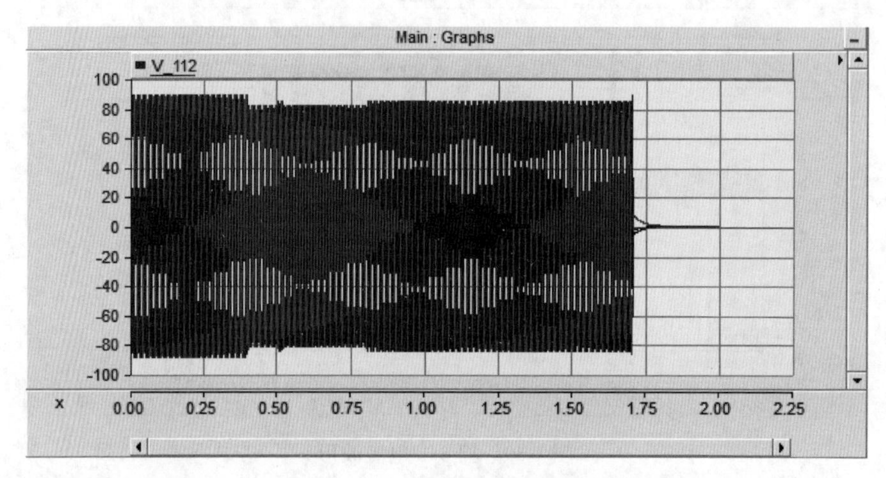

图 1-41　高压侧电压波形

9. 中压侧电压波形

中压侧电压波形如图 1-42 所示。

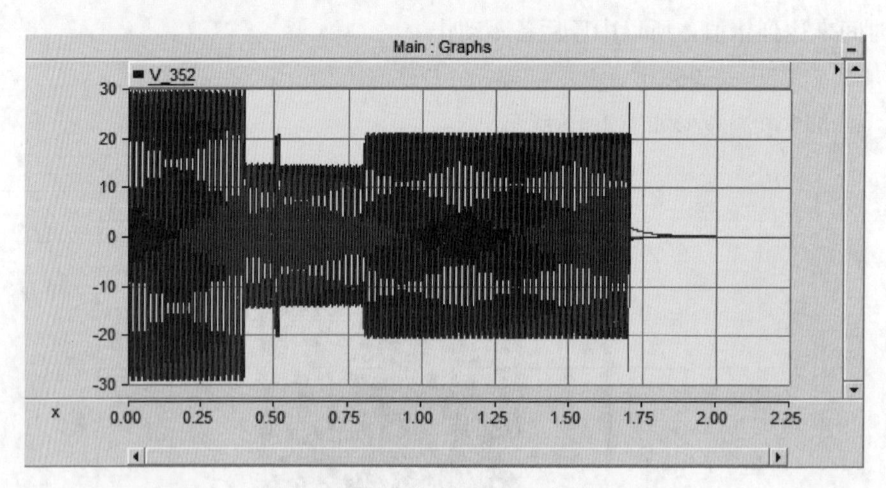

图 1-42　中压侧电压波形

10. 东母低压侧电压波形

东母低压侧电压波形如图 1-43 所示。

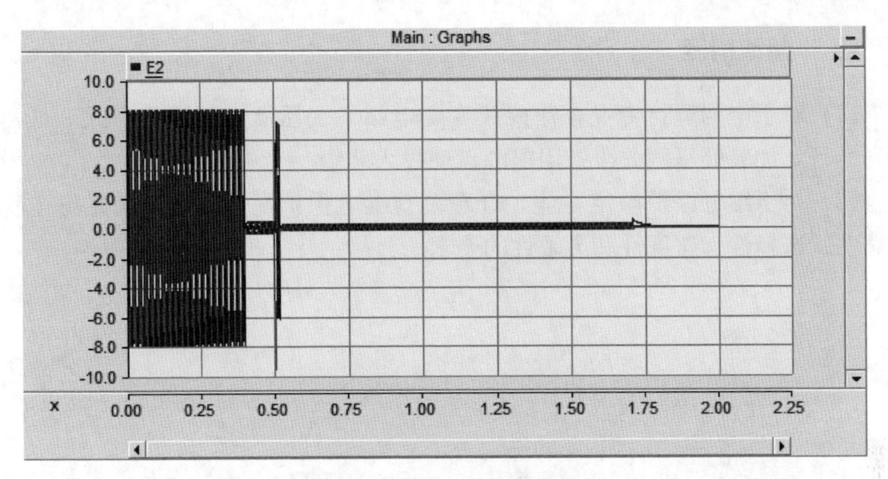

图 1-43 东母低压侧电压波形

11. 西母低压侧电压波形

西母低压侧电压波形如图 1-44 所示。

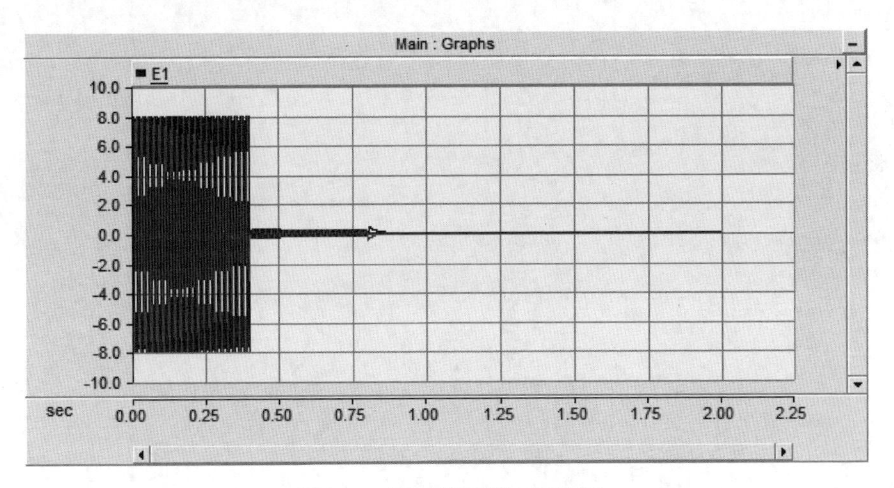

图 1-44 西母低压侧电压波形

因为仿真使用理想断路器，所以会有截流现象，电压波形的尾巴为截流时电压突变，不用考虑。

对于三侧并列运行的变电站，如果低压后备跳 100 的延时加中压后备跳 350 的延时大于高后备跳三侧的延时，则在发生主变压器低压侧母线故障，低压侧主进断路器拒动的情况时，会因为电流的重新分配，造成两台主变压器跳闸失压。

四、整改措施

（1）对于电网运行专业，建议改变变电站主变压器并列运行方式，低压侧分列运行，加装低压侧分段备用电源自动投入装置。

（2）对于继电保护整定专业，合理调整继电保护配合整定，满足继电保护可靠性、选择性、速度性和灵敏性的要求。

案例18：110kV线路瞬时性故障，因断路器合闸绕组烧毁导致重合不成功

一、故障前运行状态

某日10:43，220kV甲变电站110kV 781线瞬时故障，781断路器跳闸，781断路器重合时，由于断路器机构箱内防跳销钉卡滞，顶住脱扣杆，使其无法向下运动撞击脱扣器，导致断路器合闸绕组长时间通流烧毁，781断路器重合不成。

二、故障发生过程及处理步骤

某日10:43:02，监控系统发出“220kV甲变电站故障跳闸”语音信息，主站系统屏发：“220kV甲变电站781断路器保护动作”“220kV全站故障总动作”“220kV甲变电站781断路器分闸”“220kV甲变电站781断路器重合闸动作”“220kV甲变电站781断路器控制回路断线动作”“220kV全站故障总复归”，同时甲变电站110kV 781线781断路器变位闪烁，该线路电流、有功功率、无功功率指示为零。

处理步骤如下：

监控值班员结合遥信变位和遥测变化，初步分析为220kV甲变电站781线路故障，重合闸失败。

10:43:38，监控员向地区调度汇报：220kV甲变电站781断路器保护动作，781断路器故障跳闸，重合闸不成功，“781断路器控制回路断线动作”信号一直未复归，初步判断可能是781断路器控制回路出现了问题，致使断路器没合上。同时通知相关运维班以上情况，并让其去现场检查一、二次设备。

11:03:28，运维班值班员检查汇报：781线保护屏液晶显示781线接地距离Ⅰ段保护动作，781线零序Ⅰ段保护动作，781断路器重合闸动作，A相故障，故障测距10.53km。现场巡线检查，线路无明显故障点，重合不成是由781断路器合闸绕组烧毁所致。

11:15:12，运维人员汇报781断路器要改为检修处理，监控值班员在监控系统220kV变一次接线图781断路器上挂“检修”牌。

15:20:23，运维班人员汇报：经过检修班处理，781断路器控制回路已正常，现要恢复对781线的供电，监控值班员拆掉781断路器上“检修”牌。

15:35:12，781线正常运行，“781断路器控制回路断线动作”信息复归，值班员做好各种记录，异常处理结束。

三、故障原因分析

故障发生时，监控值班员结合遥信变位和遥测变化，有重合闸动作信息，但718断路器没有分闸—合闸—分闸的过程，同时“718断路器控制回路断线动作”信号，一直没有复归，初步怀疑可能是781断路器控制回路出现了问题，导致重合闸失败。

通知运维人员现场检查后发现，718断路器合闸绕组内有烟冒出，合闸绕组变色烧毁。781断路器为CQ6-Ⅰ型气动操动机构，合闸铁芯下部有一脱扣杆，在脱扣杆下方是防跳销钉。正常合闸过程为：合闸绕组励磁，合闸铁芯带动脱扣杆向下撞击脱扣器，使脱扣器逆时针转动，解除对分闸保持擎子的约束，使断路器合闸，同时脱扣杆压下防跳销钉。

经检修人员检查，由于781断路器机构箱顶部密封不严，机构箱内部已进水受潮，当时驱潮加热器未投入，导致防跳钉销锈蚀卡涩。781断路器跳闸后重合时，由于防跳销钉卡滞，顶住脱扣杆，使其无法向下运动撞击脱扣器，导致断路器合不上，其防跳回路如图1-45所示。

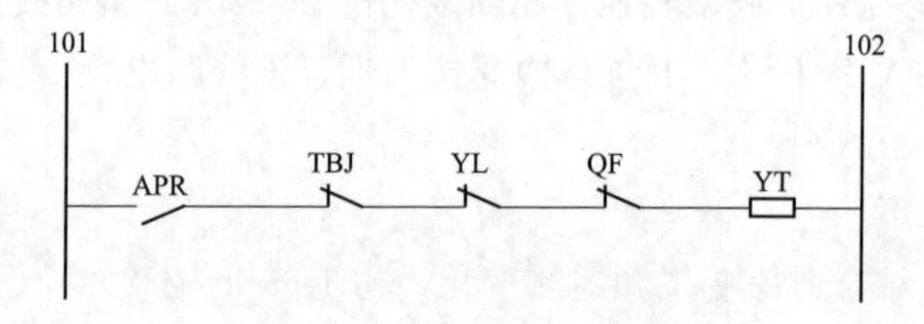

图1-45　781断路器防跳回路

重合闸装置发出合闸信号，合闸绕组受电动作，但断路器却未合上，故断路器辅助触点QF未打开，而断路器动合辅助触点未闭合，防跳继电器绕组未动作，串于合闸回路中的动断触点TBJ未打开，重合闸出口继电器动合触点APR在重合闸动作后闭合，气动操作机构合闸压力闭锁触点YL，压力降低后闭合，接通101正电源—APR—TBJ—YL—QF—YT—102负电源的合闸回路，直至合闸绕组长时间通电烧毁后断开合闸回路。

四、整改措施

(1) 变电运维人员加强对断路器机构箱、端子箱的密封情况检查，发现进水及时处理，严密封堵各处接口，防止潮气进入。

(2) 变电运维人员定期检查驱潮加热器的工作状态，确保其正常工作。

(3) 结合设备停电检修，定期检查断路器操动机构，对各转动部位进行点油，确保转动灵活。

（4）监控值班员对于“断路器加热器故障”“交流回路失电”等信号，要加强重视，及时通知运维人员检查处理，并跟踪消缺，防止缺陷长期遗留，造成开关机构进水受潮，开关机构卡涩。

（5）“断路器控制回路断线”信号正常操作时也会发出，但应很快复归。如果该信号长时不复归，监控值班人员应及时和现场运维人员核对一、二次设备状态，防止开关分合闸闭锁，引起故障扩大。

案例 19：变电站站内直流失去，导致故障越级跳闸

一、故障前运行状态

110kV 甲变电站于 1995 年 11 月投运，为某供电公司自筹资金所建变电站，由某县公司运维一班驻地。事发当日站内值班人员 7 人，其中站长 1 人，副站长 1 人，技术员 1 人（白班人员）；值班长 1 人，正值 1 人，副值 2 人（运行班人员）。

甲变电站现有主变压器 2 台，型号均为 SFSZ8-31500/110，生产厂家均为某变压器厂。其中，苗 1 号主变压器于 1995 年 11 月投运；苗 2 号主变压器于 1999 年 12 月投运。

甲变电站站内 110kV 侧为单母分段接线，有 2 回进线，分别为 110kV 翟苗线、洪苗线，由地调调度（其余设备由县调调度）；35kV 侧为室外敞开式布置，单母分段带旁母接线；10kV 侧为单母分段接线，开关柜型号为 KYN-10，断路器型号 ZN16-10，操作机构型号 CD10-Ⅰ，额定合闸电流 99A，额定分闸电流 2.5A，生产厂甲变电站直流系统配置方式为“一充一蓄”，充电模块正常运行时最大稳定输出电流 50A。蓄电池组容量 200AH-108 节，为太行易通 2015 年生产的 GFM-200 型铅酸蓄电池，2015 年 12 月投运。

甲变电站 1 号站用变压器 1995 年 11 月投运。2 号站用变压器 1993 年 1 月投运。低压交流系统为许继电气生产的 PK-21 型，1995 年 11 月投运，无低压备用电源自动投入装置。

Ⅰ苗王线和Ⅱ苗王线均为架空与电缆混合线路，其中Ⅰ苗王线 2～28 号与Ⅱ苗王线同杆架设。

Ⅱ苗王 1 保护装置型号为 LCS-612F，生产厂家为山东鲁能。苗 1 号主变压器低压后备保护为山东鲁能生产的 LCS-982F 变压器后备保护测控装置。站内未配置故障录波器。厂家为湖北开关厂。

110kV 系统运行方式：翟苗 2、苗 111 运行于苗 110kV 东母，洪苗 2、苗 112 运行于苗 110kV 西母，苗 110 备用。主变压器中性点均不接地运行。

35kV 系统运行方式：苗 35kV 东西母分裂运行。

10kV 系统运行方式：苗 101、苗站 1、Ⅰ苗王 1、Ⅱ苗王 1 等 9 个间隔运行于东母，苗 102 等 9 个间隔运行于西母，苗 100 备用，汉苗 2 备用（由汉苗 1 带 2 号站用变压器运行）。

交流系统：苗 1 号站用变压器经 401 带 380 V Ⅰ母、Ⅱ母运行，402 备用。事发前带有负荷 2.7 万 kW。

二、 故障发生过程及处理步骤

某日15:01，甲变电站值班员魏某、张某发现主控室内照明灯闪亮一次，随即所有保护装置黑屏、照明灯熄灭。随即听到室外放电声，值班员胡某发现设备区有浓烟，设备区值班员王某看到10kV出线Ⅰ苗王1甲刀闸处有弧光。随后魏某、张某尝试远方断开苗1号主变压器高压侧断路器，断开失败。

15:04，主控室人员撤离到楼下，发现10kV高压室冒出浓烟并伴有放电声。15:05，值班员胡某打119报火警。

15:06，县调值班员王某接到甲变电站魏某汇报：1号主变压器故障，需断开苗111（由县调调度）、翟苗2，站内无法操作。

15:09，地调李某接到甲变电站值班员王某汇报：甲变电站起火，站内无法操作，申请断开110kV进线断路器（由地调调度）。

15:10，地调苗某接到县调王某汇报：甲变电站苗1号主变压器故障，申请断开翟苗1。地调苗某与县调王某核实断开翟苗1断路器，且询问甲变电站站内无备用电源自动投入装置。

15:12，苗1号主变压器10kV母线桥放电，苗2号主变压器中地处有火花和浓烟产生。

15:13，地调苗某下令监控班值班员王某远方断开110kV翟苗1断路器。

15:14，洪门变电站洪3号主变压器113断路器、洪1号主变压器三侧断路器、洪110断路器依次跳开，洪10kV东母、中母，洪110kV北母（洪温1、洪段1、Ⅱ洪城1、洪肥1、洪牵1、洪苗1、洪桥1、洪旭1）失压。除洪苗1间隔外，其余线路对端变电站备用电源自动投入装置均正确成功。

15:14:35，地调监控人员断开翟苗1断路器。

事后检查发现，甲变电站控制室内所有二次设备处于掉电状态，直流馈线屏及交流屏相关空气开关、熔断器均检查无异常，蓄电池组电压测量整体电压为零，72号、81号单体断格。高压室开关柜全部烧毁，2号变压器外部变形，1号变压器低压母线桥烧熔。

三、 故障原因分析

1. 事件起始，10kV Ⅱ苗王线故障及保护动作分析

根据110kV甲变电站保护启动信息、220kV翟坡变电站110kV翟苗1保护故障录波和220kV洪门变电站110kV洪苗1故障录波分析，事件过程及保护动作时序如图1-46所示。

（1）15:01:44:033，10kV Ⅱ苗王线48号杆距站内约2.5km处开鸿置业小

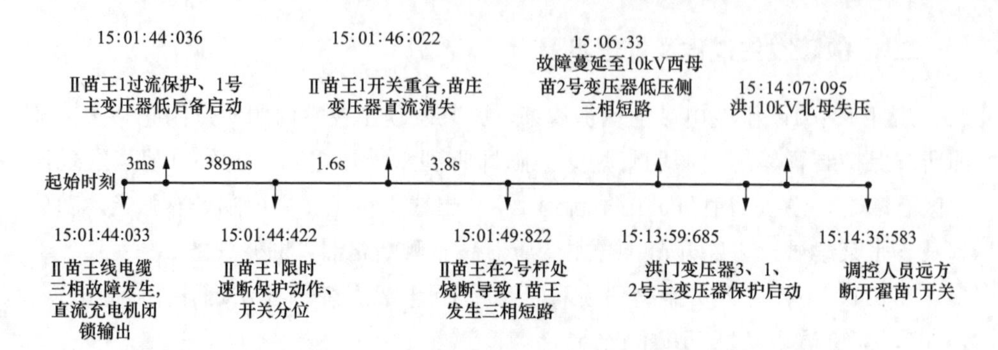

图 1-46　事件过程及保护动作时序

区用户电缆发生三相短路故障（用户使用钩机施工，造成用户电缆损伤），如图1-47、图 1-48 所示。

图 1-47　Ⅱ苗王线电缆损伤图（一）

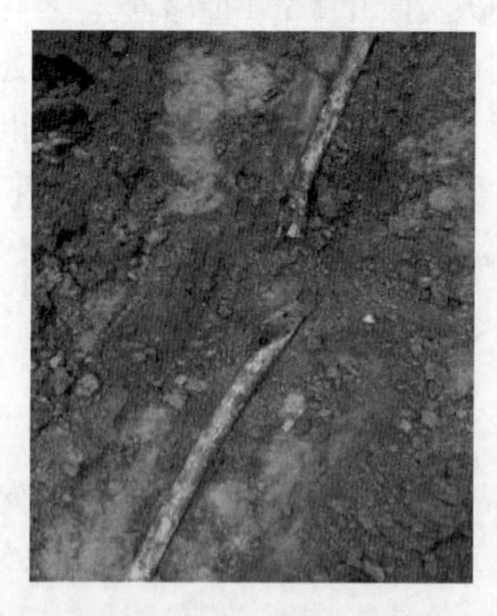

图 1-48　Ⅱ苗王线电缆损伤图（二）

(2) 15:01:44:036，Ⅱ苗王1限时速断保护启动，苗1号变压器低压后备保护启动，跳开Ⅱ苗王1断路器。

(3) 15:01:46:032（故障切除后1.6s），Ⅱ苗王1线路保护重合闸动作，断路器重合于故障，由于直流失去，使得故障电流持续约13min。

(4) 故障发生时，10kV母线电压降至额定电压约60%，造成直流充电机闭锁输出，直流负荷转由蓄电池组供电。

2. 直流失电导致故障扩大原因分析

(1) 15:01:46，在Ⅱ苗王1断路器重合时，蓄电池组72号、81号蓄电池存在断格现象，如图1-49、图1-50所示。某日，电科院对断格蓄电池解体试验，发现断格蓄电池负极板极耳与汇流排连接处断裂，负极汇流排腐蚀严重。本次故障发生前Ⅱ苗楼线故障跳闸重合后，直流监测系统多次报“电池异常”信号，未能得到及时处理，蓄电池已“带病”运行。由于在Ⅱ苗王重合时受到99A较大合闸电流的冲击，造成蓄电池组开路，变电站失去直流电源。

图1-49　72号蓄电池解体后图片

图1-50　81号蓄电池解体后图片

(2) 在Ⅱ苗王1线路保护重合后约3.8s，Ⅱ苗王线弓子线经受两次大电流发生熔断，跌落至同杆下方的Ⅰ苗王线上，导致Ⅰ苗王线三相短路，如图1-51、图1-52所示。

(3) 由于直流系统失电，Ⅰ、Ⅱ苗王线路故障一直无法切除，造成10kV出线电缆及开关柜着火，故障发展至洪苗线、苗号2主变压器、苗10kV西母系统

图 1-51　Ⅰ、Ⅱ苗王线号 2 杆塔仰视图

图 1-52　Ⅰ、Ⅱ苗王线号 2 杆塔平视图

一侧。

综合以上情况，分析得出：

（1）10kV Ⅱ苗王线因施工外力破坏造成电缆短路故障，是造成本次事件的起因。

（2）甲变电站直流蓄电池质量差，在线路故障断路器动作后开路，导致全站保护及控制回路失去直流电源，是造成本次事件扩大的直接原因。

（3）甲变电站站用交流低压母线运行方式不合理，未分列运行，且不具备自动切换功能，导致整流模块闭锁直流输出，是造成本次事件扩大的直接原因。

四、整改措施

（1）站用交流存在隐患，站用变压器低压母线间应安装自投装置。站用变压器运行方式安排不合理、站用变压器低压母线间未安装自投装置、低压交流设备管理不到位，不符合《国家电网有限公司十八项电网重大反事故措施

(2018修订版)》第5.2.1.4条“当任意一台站用变压器退出时，备用站用变压器应能自动切换至失电的工作母线段”要求。苗庄2号站用变压器一直使用的是1993年基建时所用变压器，电源T接站外10kV公共线路，可靠性差。

(2) 直流专业管理不到位，应加强直流设备日常维护检测和技术监督。蓄电池组质量差，运行状态不稳定。直流充电机定值管理缺失，仅依靠出厂设置运行，未结合实际校核。直流设备日常维护检测和技术监督不到位，运维人员及调控值班人员对直流告警信号敏感性较差，未能及时发现处理蓄电池异常情况，使直流系统设备“带病”运行。

(3) 反措执行不彻底，主变压器近区应进行绝缘化处理，同时按反措要求配置消弧线圈。甲变电站主变压器近区未进行绝缘化处理，违反第9.1.4条“变电站出口2km内的10kV线路应采用绝缘导线”。甲变电站10kV系统未进行电容电流测试，且未配置消弧线圈，违反第14.5.1条“对于中性点不接地或谐振接地的6～66kV系统，应根据电网发展每1～3年进行一次电容电流测试。当单相接地电容电流超过相关规定时，应及时装设消弧线圈”的要求。甲变电站未安装火灾自动报警系统，违反第18.1.2.4条“各单位生产生活场所、各变电站(换流站)、电缆隧道等应根据规范及设计导则安装火灾自动报警系统”。

(4) 隐患排查走过场，应加强安全隐患排查治理。安全隐患排查治理未按要求开展，且近年来在多次季节性安全大检查和专项隐患排查中，工作不认真、流于形式，对蓄电池、主变压器低压侧绝缘化等方面存在的问题没有及时发现和处理，致使隐患升级失控。

(5) 完善运行规程，针对变电站全停等事件开展故障案例处置演练。甲变电站现场运行规程，仅有针对常见故障的处置预案，未涉及直流电源故障、火灾故障等较大故障。事件预想缺乏针对性，未针对变电站全停等事件开展故障案例处置演练。

(6) 二次管理需加强。继电保护定值整定原则不结合实际，保护失去选择性导致越级跳闸。低电压等级继电保护装置质量管控不严。甲变电站站内未配备故障录波器，不利于后期故障分析，违反第15.1.9条“110(66)kV及以上电压等级变电站应配置故障录波器”。

(7) 人员业务素质差，须加强人员培训。人员不熟悉技术规程和运行规程，对设备日常运维要求掌握不足，对设备异常状态下处理流程和应对措施不了解。在故障发生后，值班人员未能及时报告调度。调控人员接到运行人员报告后，没有有效应对。

(8) 加强对县公司管理。某公司长期把县域内变电站交给县公司维护，技术监督和专业指导不力，疏于管理。对属于县公司资产的变电站，专业管理更少，甚至不管不问。

(9) 提高专业培训质效。培训管理重量不重质，缺乏针对现场人员实操能力培训。未组织运维人员对站用直流系统开展针对性技术培训，在故障发生时，运行人员不能根据装置显示屏全灭及时研判直流系统运行状态，缺乏在直流消失后的应对能力。

(10) 专业管理应到位。设备部、调控中心专业管理履责不到位，未认真落实公司年度安全工作意见，没有抓住管理要害，对专业人员技能培训不力。

案例 20： 330kV 甲变电站停电

一、 故障前运行状态

变电站共有 3 台主变压器，编号为 1、2、3 号，为 330/110/35kV 三绕组变压器。330kV 系统接线为 3/2 接线，共有 6 回出线。110kV 系统接线为双母线带旁母，共有 14 回出线，连接 16 座 110kV 变电站，其中 13 座由南郊变电站作为主供电源。1、2 号主变压器 35kV 侧带避雷器，3 号主变压器 35kV 系统接线为单母线接线，带补偿装置。

所用系统：1、2 号站用变压器分别取自 35kVⅠ、Ⅱ段母线，Ⅲ段带无功补偿设备。

二、 故障发生过程及处理步骤

某日 16 时，330kV 甲变电站 110kV 嘉汉线、果汉线故障跳闸，330kV 甲变电站 110kV 系统保护和控制直流电源失去，330kV 甲变电站所供 15 座 110kV 变电站、5 座铁路牵引变停电，地区损失负荷 9.2 万 kW，停电用户 17.227 万户。

某日 16 时，某市出现强对流、雷暴雨天气，局部出现龙卷风。16:19，同杆架设的 110kV 嘉汉线（53～54 号）、果汉线（28～29 号）杆导线上搭挂彩钢板，造成三相短路。当日 15:53，330kV 甲变电站 110kV 设备直流电源总开关故障，110kV 保护、控制直流电源失电，在 110kV 嘉汉线、1100 母联断路器失去保护的情况下，330kV 1、2、3 号主变压器中压侧后备保护动作，中压侧断路器跳闸，110kV Ⅰ、Ⅱ母线失压。

三、 故障原因分析

1. 保护动作情况

甲变电站 110kV 嘉汉线首先发生 AB 相间故障，1.9s 后转换为 AB 相间接地故障，2.1s 后 C 相也出现接地故障；此前 26min，甲变电站站内 110kV 保护和控制电源失电，110kV 嘉汉线路失去保护，故障发生 2.5s 后，1、2、3 号主变压器中压侧阻抗保护动作跳 110kV 母联 1100 断路器，由于母联控制电源失电未跳开；故障发生 2.8s 后 3 台主变压器中压侧阻抗保护动作跳开主变压器中压侧 3 台断路器，110kV 双母线失压；110kV 嘉汉线线路相间距离Ⅰ段保护动作断路器跳闸。故障期间各继电保护装置动作行为均正确。

2. 直流接线分析

甲变电站于 1995 年投入运行，其间经历 8 次改造，2003 年将全站直流系统由原单电单充方式改为两电三充方式供电，但110kV直流系统始终没有进行改造，仅更换了直流总空气开关，保持原有的单段运行方式，所有110kV直流回路均由同一个总电源空气开关供电，且未将控制和保护直流负荷分开。本次事件中，由于总电源空气开关故障，造成110kV直流保护、控制电源全部失去。110kV直流馈电示意图如图1-53所示。

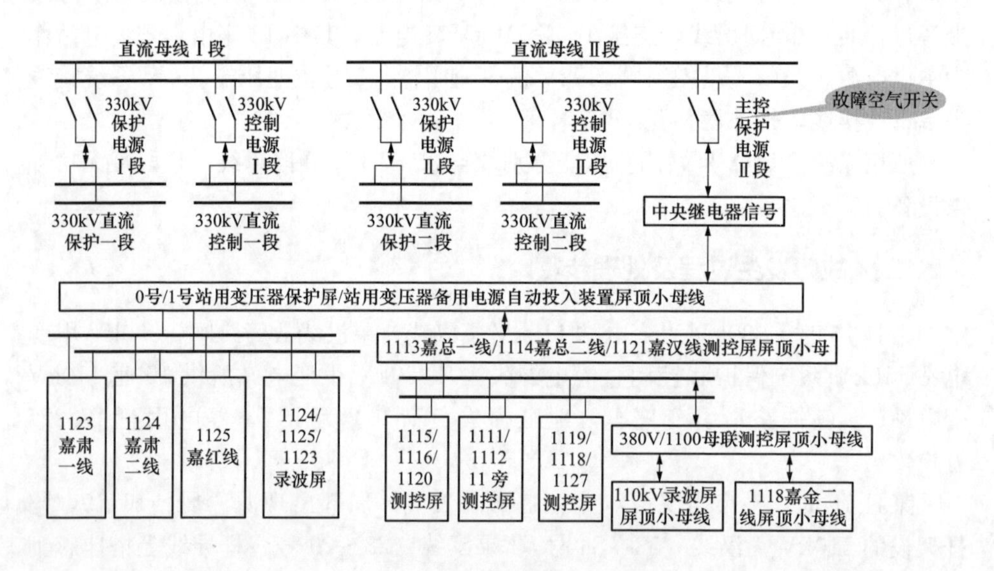

图1-53　110kV直流馈电示意图

3. 空气开关故障分析

110kV直流系统总空气开关为西门子公司生产（型号为5SX5C25），2003年7月出厂，自2003年投入运行以来空气开关长期运行。通过对故障空气开关通断试验和解体检查，发现空气开关的正极接点烧损，负极接点正常，初步分析空气开关故障原因为在长期运行情况下，因接触点接触不良，在运行过程中出现拉弧，最终导致正极接点烧损。

四、整改措施

（1）深刻吸取甲变电站直流系统故障导致故障扩大、造成110kV变电站停电教训，在全系统开展一次变电站直流系统隐患排查工作，严格落实《国家电网有限公司十八项电网重大反事故措施（2018修订版）》要求，全面排查各电压等级变电站直流系统接线方式，重点解决直流系统小母线供电、环状供电、保护控制电源合用、寄生回路、图实不符等隐患，杜绝直流系统故障导致故障扩大、变电站全停等事件。将直流系统改造纳入技改项目，按照辐射状供电方式

要求进行改造。

（2）加强二次设备运行维护，加强蓄电池、直流系统等定期巡视检查，特别要认真开展低压空气开关和接线端子红外测温，提前发现处理过热缺陷。

（3）加强无人值班变电站信息监控，完善变电站二次装置和回路、直流电源等辅助系统告警信息，及时消缺，保证重要信息上传到监控中心。

（4）严把设备扩建、改造验收关，确保一、二次设备图实相符，及时拆除变电站内改造遗留的功能退运的老旧盘柜和设备，对暂时不能安排拆除的退运设备要规范退运标示。

案例21： 母线失压

一、 故障前运行状态

220kV系统运行方式：Ⅰ果城2、1号主变压器221在220kV东母运行；Ⅱ果城2、2号主变压器222在220kV西母运行；220母联断路器运行。

110kV系统运行方式：1号主变压器111、Ⅰ科农1、Ⅰ经纬1在110kV上母运行；2号主变压器112、Ⅱ科农1、Ⅱ经纬1在110kV下母运行；110母联断路器运行。

10kV系统运行方式：101带10kV Ⅰ段母线运行，1021带10kV Ⅱ母Ⅰ段运行带21板，其他分路解备、1022带10kV Ⅱ母Ⅱ段运行分路解备、120母联断路器备用、230Ⅱ手车在合闸位置。12板1号站用变压器、34板2号站用变压器运行。18、19、20、23、24、38板1～6号电容器备用、15、16、25、36板1～4号电抗器备用。

二、 故障发生过程及处理步骤

1. 一次象征

甲变电站：112、110、Ⅱ科农1、Ⅱ经纬1断路器跳闸，110kV下母失压。

科农变电站：科农120备用电源自动投入装置动作成功。

2. 保护灯光等

Ⅱ经纬线保护报：距离Ⅰ段动作、故障相C相、测距2.6km，甲变电站110kV母差保护动作。

112、110、Ⅱ科农1、Ⅱ经纬1断路器跳位灯亮，保护装置报警灯亮。

3. 后台主要信号描述

Ⅱ经纬线保护报：距离Ⅰ段、故障相C相、测距2.6km。

甲变电站110kV母差动作，跳开下母范围内开关。

4. 检查处理步骤

(1) 地调通知甲变电站经纬线跳闸，到甲变电站检查设备。

(2) 地调通知甲变电站经纬线跳闸，科农变电站自投动作。

(3) 汇报站长、工区，同时启动故障处理预案，并通知人员到站处理故障。

(4) 相关人员到位后现场检查并汇报调度。

甲变电站：检查110kV母差保护动作，112、110、Ⅱ科农1、Ⅱ经纬1断路器跳闸，110kV下母失压，检查站内其他设备未发现异常，汇报地调，地调下令Ⅱ经纬1、Ⅱ经纬线解除备用。

科农变电站：检查科120备用电源自动投入装置动作成功，站内设备正常，汇报地调，地调下令解除科120充母线保护及备用电源自动投入装置，Ⅱ科农2、Ⅱ柳科2、科112停止运行。

5. 处理操作

（1）将Ⅱ经纬线解备，推上112中地；推上Ⅱ经纬1地刀闸；110、110kV下母解除备用，Ⅱ科农1解除备用，112解除备用；110kV下母作安措。

（2）将Ⅱ柳科1、Ⅱ柳科线加入运行。

三、 故障原因分析

（1）Ⅱ经纬线线路C相接地故障，距离保护Ⅰ段动作出口，跳开Ⅱ经纬1断路器，Ⅱ经纬1断路器C相分闸不到位，出现击穿扯弧现象。

（2）故障电流继续存在，导致甲变电站110kV下母母差保护动作，切除上级电源，隔离了故障。

四、 整改措施

（1）对于室内GIS设备，断路器实际位置难以检查，只能通过间接指示检查，制造厂家应改善产品质量，确保断路器分闸正确。

（2）加强对运行中的GIS设备的定期检修维护，如除尘、除锈、去污以及转动部件增加润滑剂等措施。

（3）运维人员应加强对GIS设备超声波、特高频局放检测，并及时对操作后的开关气室进行红外测温及气体组分测试，确保提早发现内部缺陷。

案例 22：500kV 甲变电站 220kV 线路 A 相跳闸

一、故障前运行状态

500kV 甲变电站 220kV 侧采用双母单分段接线方式。

500kV 甲变电站师南 220 断路器运行、师北 220 断路器、师西 220 断路器运行；师 222 断路器、Ⅰ光师线、师名线、Ⅰ师创线、Ⅰ师曹线运行于 220kV 东母；Ⅰ师曹线、Ⅰ师桂线、师 221 断路器运行于师 220kV 西母南段；Ⅰ师创线、师 223 断路器、Ⅱ光师线运行于西母北段。

220kV Ⅰ光师线第一套保护型号为 WXH-803，220kV Ⅰ光师线第二套保护型号为 RCS-902，双套线路保护相关定值如表 1-3 所示。

表 1-3　甲变电站 220kV Ⅰ光师线保护相关定值

序号	整定项目	单位	定值
1	TV 二次额定电压	V	57.7
2	TA 二次额定电流	A	1
3	TA 变比	—	2500
4	差动启动电流	A	0.24
5	接地距离Ⅰ段定值	Ω	15.10
6	投距离保护Ⅰ段	—	控制字投 1
7	投入母差保护	—	控制字投 1

二、故障发生过程及处理步骤

1. 故障发生概况

某日 16:33，220kV Ⅰ光师线 A 相故障，Ⅰ光师 2 断路器 A 相跳闸，重合闸动作成功。220kV Ⅰ光师线第一套保护（WXH-803）纵联差动保护动作，距离Ⅰ段动作，故障测距 20.4km，A 相跳闸，重合闸动作，动作成功；220kV Ⅰ光师线第二套保护（RCS-902）纵联距离保护动作，接地距离Ⅰ段动作，故障测距 19.229km，A 相跳闸，重合闸动作，重合成功。

监控端 D5000 系统信息：16:33 监控系统故障喇叭响，Ⅰ光师线双套保护动作，第一组出口跳闸信号、第二组出口跳闸信号、重合闸信号动作。

站端后台机系统信息：220kV Ⅰ光师线第一组出口跳闸动作，220kV Ⅰ光师线第二组出口跳闸动作，220kV Ⅰ光师 2 断路器 A 相分闸，220kV Ⅰ光师 2 断路器合闸，220kV Ⅰ光师线压力降低禁止重合闸复归。

2. 故障处理过程

(1) 监控值班长立即汇报省调。汇报内容主要包括：16:33，甲变电站220kV Ⅰ光师线A相故障，双套线路保护动作，220kV Ⅰ光师2断路器A相跳闸，重合动作，重合成功。

(2) 监控值班长明确当值人员分工：值长负责故障处理，主要负责联系现场运维、各级调度并汇总信息；其他分区监控员负责所有其他受控站监视，附近受控站负荷、电压等关键信息重点监视，发现异常及时汇报、处置；故障分区监控员辅助值长进行信息收集及其他临时性事务。

(3) 通知运维人员检查，并询问站内天气、有无检修工作。站内天气阴天，无检修工作。

(4) 监控值班长带领故障分区监控员对故障情况进行进一步的分析与判断，一方面，借助D5000系统的故障查询功能，调阅故障报文详细内容包括：光字、告警直传，线路保护动作情况等，结合断路器变位情况，得出较为详细的故障分析结论；另一方面，与现场运维人员汇报信息结合，进行信息的初步整理分析。最后，将以上故障信息分析、汇总后，尽快将此次检查结果补充汇报省调。

(5) 值长再次向现场运维收集以下信息：

1) 现场一次设备检查情况。现场一次设备无异常，设备外部无明显缺陷及故障象征。

2) 现场二次设备检查情况。Ⅰ光师线第一套光纤差动保护WXH-803动作，A相故障，保护测距11.47km。Ⅰ光师线第二套光纤距离保护RCS-902动作，A相故障，保护测距11.5km。Ⅰ光师线重合闸成功。线路全长64.15km。

3) 故障相别：第一套跳A相，第二套跳A相。

4) 重合闸动作情况：重合闸动作，重合成功。

5) 保护测距。Ⅰ光师线第一套光纤差动保护WXH-803测距11.47km。Ⅰ光师线第二套光纤距离保护RCS-902测距11.5km。

6) 保护型号、厂家。Ⅰ光师线第一套光纤差动保护WXH-803许继。Ⅰ光师线第二套光纤距离保护RCS-902南瑞。

7) 线路全长：64.15km。

(6) 监控值班长将运维汇报的变电站设备检查情况向省调作详细汇报，必要时随时询问运维人员变电站设备情况。30min内向省调详细汇报如下内容：

1) 220kV Ⅰ光师线双套线路差动保护动作，A相跳闸，重合闸动作成功。

2) 现场检查220kV Ⅰ光师线站内设备外部无明显缺陷及故障象征。

3) 故障相别：A相。

4) 故障测距：Ⅰ光师线第一套光纤差动保护WXH-803测距11.47km。Ⅰ光师线第二套光纤距离保护RCS-902测距11.5km。

5）线路全长：64.15km。

（7）故障处理完毕，与现场运维人员核对设备状态。确认已复归的故障和异常信号。

（8）做好故障跳闸记录。

三、 故障原因分析

从故障象征可以初步判断出为220kV Ⅰ光师线A相瞬时性故障，线路保护动作，220kV Ⅰ光师线断路器A相跳闸，重合闸动作，重合成功。

设备异常、外力破坏、恶劣天气等都可能造成输电线路故障，常见线路故障有单相接地短路、两相相间短路、两相接地短路、三相短路故障。

四、 整改措施

（1）该事件是线路单相瞬时性接地故障，输电作业应加强线路巡线，对输电线路通道周围塑料大棚、高大树木等开展排查，并列入重点防范范围。

（2）防止输电线路通道周围高大树木影响输电线路安全，需定期开展线路巡线、开展树木修剪工作。

（3）输电通道附近有河、湖、鱼塘等水塘的，在线路杆塔上设置“高压危险　禁止垂钓”明显标识，并加强宣传，防止发生人身故障、发生电力线路跳闸故障。

（4）加强宣传，禁止在架空电力线路导线两侧各300m的区域内放风筝，防止发生人身故障、发生电力线路跳闸故障。

（5）加强宣传，禁止在高压线附近开展吊装作业，防止发生吊车误碰输电线路情况，防止发生人身故障、发生电力线路跳闸故障。

案例23： 500kV甲变电站220kV Ⅰ郑丽线A相跳闸

一、故障前运行状态

500kV甲变电站220kV侧采用双母双分段接线方式。郑丽线在220kV Ⅱ母运行，电缆线路重合闸不投。220kV Ⅰ郑丽线第一套保护型号为PRS-753A，220kV Ⅰ郑丽线第二套保护型号为CSC-103A，双套线路保护相关定值见表1-4。

表1-4　甲变电站220kV Ⅰ郑丽线保护相关定值

序号	整定项目	单位	定值
1	TV二次额定电压	V	57.7
2	TA二次额定电流	A	5
3	TA变比	—	2400
4	差动启动电流	A	0.52

二、故障发生过程及处理步骤

1. 故障发生概况

某日18:08，500kV甲变电站220kV Ⅰ郑丽线（PRS-753，CSC-103）双套主保护动作，分相差动保护动作，故障相别为A相，故障测距为PRS-75 311.8km，CSC-10 311.63km，Ⅰ郑丽1断路器跳闸红灯点亮。

监控端D5000系统信息：18:08监控系统故障喇叭响，Ⅰ郑丽线双套保护动作，第一组出口跳闸信号、第二组出口跳闸信号。

站端后台机系统信息：18:08后台机警铃喇叭响，“Ⅰ郑丽1断路器第一组出口跳闸”“Ⅰ郑丽1断路器第二组出口跳闸”“220kV Ⅰ郑丽线第一套保护PRS-753A保护动作”“220kV Ⅰ郑丽线第二套保护CSC-103A保护动作”“Ⅰ郑丽1断路器分位”。

2. 故障处理过程

（1）监控值班长立即汇报省调。汇报内容主要包括：18:08，甲变电站220kV Ⅰ郑丽线A相故障，双套线路保护动作，220kV Ⅰ郑丽1断路器三相相跳闸，重合未动作。

（2）监控值班长明确当值人员分工：值长负责故障处理，主要负责联系现场运维、各级调度并汇总信息；其他分区监控员负责所有其他受控站监视，包括汇报主任，附近受控站负荷、电压等关键信息重点监视，发现异常及时汇报、处置；故障分区监控员辅助值长进行信息收集及其他临时性事务。

（3）通知运维人员检查Ⅰ郑丽线跳闸情况，值班人员设备区现场检查一次设备无异常，Ⅰ郑丽1断路器三相在断开位置。

（4）监控值班长带领故障分区监控员对故障情况进行进一步的分析与判断，一方面，借助D5000系统的故障查询功能，调阅故障报文详细内容包括光字、告警直传，线路保护动作情况等，结合断路器变位情况，得出较为详细的故障分析结论；另一方面，与现场运维人员汇报信息结合，进行信息的初步整理分析。最后，将以上故障信息分析、汇总后，尽快将此次检查结果补充汇报省调。

（5）值长再次向现场运维收集以下信息：

1）现场一次设备检查情况：现场检查一次设备无异常，Ⅰ郑丽1断路器三相在断开位置，无明显故障象征。

2）现场二次设备检查情况：Ⅰ郑丽线第一套光纤差动保护PRS-753动作，A相故障三跳，保护测距11.8km。Ⅰ郑丽线第二套光纤距离保护CSC-103动作，A相故障三跳，保护测距11.63km。

3）故障相别：第一套跳A相，第二套跳A相。

4）重合闸动作情况：重合闸不投，Ⅰ郑丽1断路器三跳不重合。

5）保护测距：Ⅰ郑丽线第一套光纤差动保护PRS-753测距11.8km。Ⅰ郑丽线第二套光纤距离保护CSC-103测距11.63km。

6）保护型号、厂家。Ⅰ郑丽线第一套保护PRS-753长园深瑞。Ⅰ郑丽线第二套保护CSC-103四方。

（6）监控值班长将运维汇报的变电站设备检查情况向省调作详细汇报，必要时随时询问运维人员变电站设备情况。30min内向汇报省调详细汇报如下内容：

1）220kV Ⅰ郑丽线双套线路差动保护动作，A相跳闸，重合闸未投，Ⅰ郑丽1断路器三跳不重合。

2）现场检查220kV Ⅰ郑丽线站内设备外部无明显缺陷及故障象征。

3）故障相别：A相。

4）故障测距：Ⅰ郑丽线第一套保护PRS-753测距11.8km；Ⅰ郑丽线第二套保护CSC-103测距11.63km（综合考虑现场天气，一、二次设备情况，测距范围等）。

（7）等待巡线结果、做好故障跳闸记录。

三、故障原因分析

从故障象征可以初步判断出为220kV Ⅰ郑丽线A相故障，线路保护动作，220kV Ⅰ郑丽线断路器A相跳闸，由于重合闸未投（电缆线路），保护三跳不重合，故障可能发生在电缆段内，也可能由于外力破坏等造成线路瞬时性接地，

从故障测距看，故障发生在非电缆段内，应为线路瞬时性接地故障。

四、 整改措施

(1) 该线路为部分电缆线路，调度规程规定“电缆线路故障或者故障可能发生在电缆段范围内不能开展试送”，需查明原因并处理后再送电。

(2) 输电作业应加强线路巡线，对输电线路通道周围塑料大棚、高大树木等开展排查，并列入重点防范范围。

(3) 防止输电线路通道周围高大树木影响输电线路安全，需定期开展线路巡线、开展树木修剪工作。

(4) 输电通道附近有河、湖、鱼塘等水塘的，在线路杆塔上设置“高压危险、禁止垂钓”明显标识，并加强宣传，防止发生人身故障、发生电力线路跳闸故障。

(5) 加强宣传，禁止在架空电力线路导线两侧各 300m 的区域内放风筝，防止发生人身故障、发生电力线路跳闸故障。

(6) 加强宣传，禁止在高压线附近开展吊装作业，防止发生起重机误碰输电线路情况，防止发生人身故障、发生电力线路跳闸故障。

案例 24： 500kV 甲变电站 220kV 北母西段跳闸

一、故障前运行状态

500kV 甲变电站 220kV 侧采用双母双分段接线方式。

甲变电站 220kV 北母西段、北母东段、南母东段运行，220kV 南母西段冷备用状态。Ⅰ燕雪线、Ⅱ燕雪线、Ⅰ燕友线、Ⅰ燕南线运行于燕 220kV 北母西段；Ⅰ燕松线、燕 223 运行于北母东段；Ⅱ燕友线运行于南母东段；Ⅰ燕宁线未投运。

母联断路器燕东 220、分段断路器燕北 220 运行；分段断路器燕南 220 解备（联络南母西段、南母东段）；母联断路器燕西 220 解备（联络南母西段、北母西段），正在执行燕西 220 转检修操作。

500kV、35kV 设备及低压交直流系统为正常运行方式。甲变电站系统接线图如图 1-54 所示。

220kV 北母西段第一套保护型号为 PCS-915A，220kV 北母西段第二套保护型号为 SGB-750A，双套母线保护相关定值见表 1-5。

表 1-5　　乙变电站 220kV 北母西段保护相关定值

序号	整定项目	单位	定值
1	TV 二次额定电压	V	57.7
2	TA 二次额定电流	A	1
3	TA 变比	—	4000
4	充电过电流Ⅰ段定值	A	0.15

二、故障发生过程及处理步骤

1. 故障发生过程

某日 14:53，甲变电站现场操作合上燕西 220 北地后，220kV 南/北母西段（PCS-915A、SGB-750A）双套主保护动作，Ⅰ燕雪 1、Ⅱ燕雪 1、Ⅰ燕友 1、Ⅰ燕南 1、燕北 220 断路器三相跳闸，Ⅰ燕雪线、Ⅱ燕雪线、Ⅰ燕友线、Ⅰ燕南线无保护出口信息，故障相别为 A 相，天气阴，现场无检修工作。

跳闸时Ⅰ燕雪、Ⅱ燕雪、Ⅰ燕友、Ⅰ燕南 4 条线路所带负荷为 230.41MW。

监控端 D5000 系统信息：14:53 监控系统故障喇叭响，220kV 北母西段双套保护动作，Ⅰ燕雪 1、Ⅱ燕雪 1、Ⅰ燕南 1、Ⅰ燕友 1、燕北 220 断路器跳闸动作，220kV 北母西段失压。

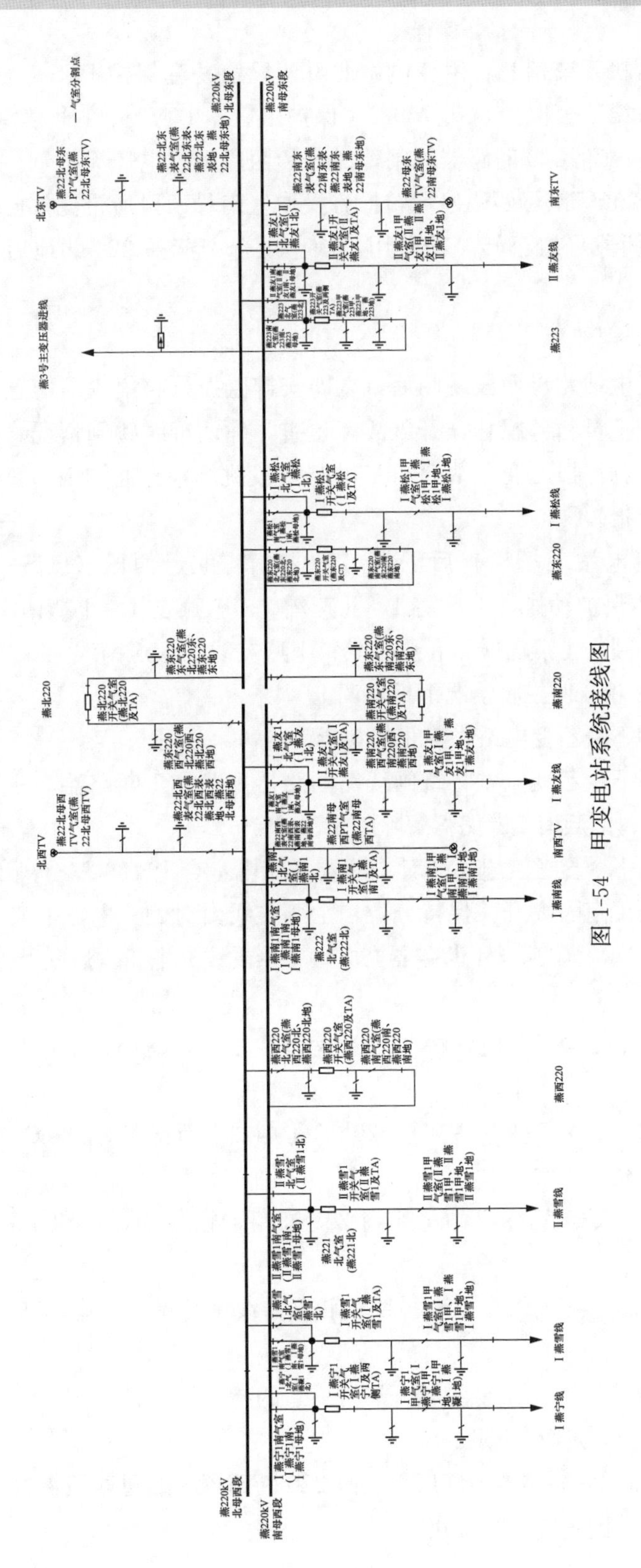

图1-54　甲变电站系统接线图

站端后台机系统信息：甲变电站北母西段第一套保护 PCS-915A 主保护出口、北母西段第二套保护 SGB-750A 主保护出口；Ⅰ燕雪 1、Ⅱ燕雪 1、Ⅰ燕南 1、Ⅰ燕友 1、燕北 220 断路器跳闸，220kV 西段母线电压无指示。跳闸时甲变电站正执行 220kV 南母西段停运转检修操作（南母西段所带元件已倒至北母西段带），南母西段母线已转至冷备用，操作至合上燕西 220 北地后，北母西段跳闸。

2. 故障处理步骤

(1) 乙变电站北母西段跳闸后，立即安排监控员收集跳闸信息，电话通知乙变电站运维人员暂停操作，开展故障检查，确认母线跳闸情况。确认后，监控员立即向省调汇报乙变电站 220kV 北母西段跳闸，已通知现场暂停操作，详细情况稍后汇报。

(2) 乙变电站现场检查后汇报：220kV 南/北母西段（PCS-915A、SGB-750A）双套主保护动作，Ⅰ燕雪 1、Ⅱ燕雪 1、Ⅰ燕友 1、Ⅰ燕南 1、燕北 220 断路器三相跳闸，Ⅰ燕雪线、Ⅱ燕雪线、Ⅰ燕友线、Ⅰ燕南线无保护出口信息，故障相别为 A 相。监控将情况汇报省调。

(3) 省调下令乙变电站将燕北 220 断路器解除备用。

(4) 省调下令乙变电站将跳闸线路断路器Ⅰ燕雪 1 断路器、Ⅱ燕雪 1 断路器、Ⅰ燕友 1、Ⅰ燕南 1 断路器解除备用。

(5) 省调下令至乙变电站变对Ⅰ燕友线充电：合上 220kV Ⅰ燕友 1 甲隔离开关，Ⅰ燕友 1 南隔离开关保持分位，Ⅰ燕友线由对侧充电，Ⅰ燕友线路充电正常后合上 220kV Ⅰ燕友 1 断路器充电；Ⅰ燕友线充电正常后断开 220kV Ⅰ燕友 1 断路器。

(6) 省调下令至乙变电站将 220kV 南母西段恢复备用、Ⅰ燕友 1 断路器恢复备用于 220kV 南母西段。

(7) 省调下令至乙变电站合上 220kV Ⅰ燕友 1 断路器对 220kV 南母西段充电，南母西段充电正常。

(8) 省调下令至乙变电站将燕南 220 断路器恢备加运，220kV 南母西段、南母东段联络运行。

(9) 依次将Ⅰ燕南线、Ⅰ燕雪线、Ⅱ燕雪线恢复送电（南母西段带）。（该段修改）

(10) 现场对燕西 220 断路器开展进一步的检查处理。

(11) 填写事故障碍记录。

(12) 燕西 220 断路器大修后将燕西 220 断路器、北母西段恢复送电，南母西段、北母西段倒正常运行方式。

三、 故障原因分析

经检查，此次跳闸由燕西220北隔离开关A相GIS隔离开关气室内部放电引起。燕西220北隔离开关C相正常分闸使机构内辅助接点切换，但未能反映B相、A相实际位置，在电气联锁和五防闭锁均满足要求的情况下，合上燕西220北接地隔离开关时燕西220北隔离开关A相气室内部放电，造成双套母线保护动作，为本次故障的直接原因。

四、 整改措施

（1）加强设备质量管控，及时发现设备存在的故障隐患，把好设备入网质量关，做好相关验收工作，确保设备健康投运。

（2）提升设备运维管理水平，应加强培训工作，提升运维人员培训质量，增强运维人员巡视、操作及故障处理能力。此次故障操作过程中运维人员未能发现燕西220北隔离开关三相机械联动位置指示器仍为合位，操作整体检查内容不全面。

（3）提升设备管理水平，定期开展设备专业化巡视和设备维护工作。

案例 25：GIS 隔离开关气室内部放电引起跳闸

一、故障前运行状态

某日，甲变电站执行 220kV 南母西段停电，计划开展新建线路间隔接入、母线间隔定检例试、备用间隔消缺工作。

二、故障发生过程及处理步骤

13:45，南母西段操作至冷备用状态。14:53，220kV 南母西段负荷转移至 220kV 北母西段，西 220、南 220 断路器解备，监控后台遥控合上西 220 北地隔离开关时，220kV 北母西段-南母西段双套母线保护动作，跳开北 220 及连接线路断路器。

14:53:25:291，220kV 南母西段-北母西段第一套母线保护（PCS-915A）、220kV 南母西段-北母西段第二套母线保护（SGB-750A）动作，4 条线路、北 220 断路器跳闸。结合现场检查情况，判断保护动作正确，故障相别 A 相，故障电流为 35.9kA。

16:16，调度员下令将北 220 断路器及 4 条线路解除备用，隔离故障点。

17:40，220kV 北母西段解除备用。

18:00，开始恢复对 220kV 南母西段送电，用Ⅰ某友线对Ⅰ某友 1 断路器及Ⅰ某友 1 甲隔离开关气室进行充电。

20:11，用Ⅰ某友线对 220kV 南母西段充电正常。

22:08，4 条线路送电完成。

三、故障原因分析

经检查分析确认，此次跳闸由西 220 北 A 相 GIS 隔离开关气室内部放电引起，如图 1-55 所示。某日 23:40，西 220 北隔离开关故障气室更换后，设备恢复送电。

检测发现西 220 北刀闸气室（三相连通）SF_6 组分超标，SO_2 含量达到 640μL/L（标准值不大于 1μL/L），西 220 南刀闸（三相连通）、西 220 开关气室（三相独立）及相邻母线气室 SF_6 组分未见异常。

220kV GIS 刀闸三相联动传动结构的外部安装有防雨罩。打开西 220 北隔离开关传动轴防雨罩，检查发现 C 相（机构相）与 B 相间限位用不锈钢抱箍松动，传动轴连管脱落，如图 1-56 所示。

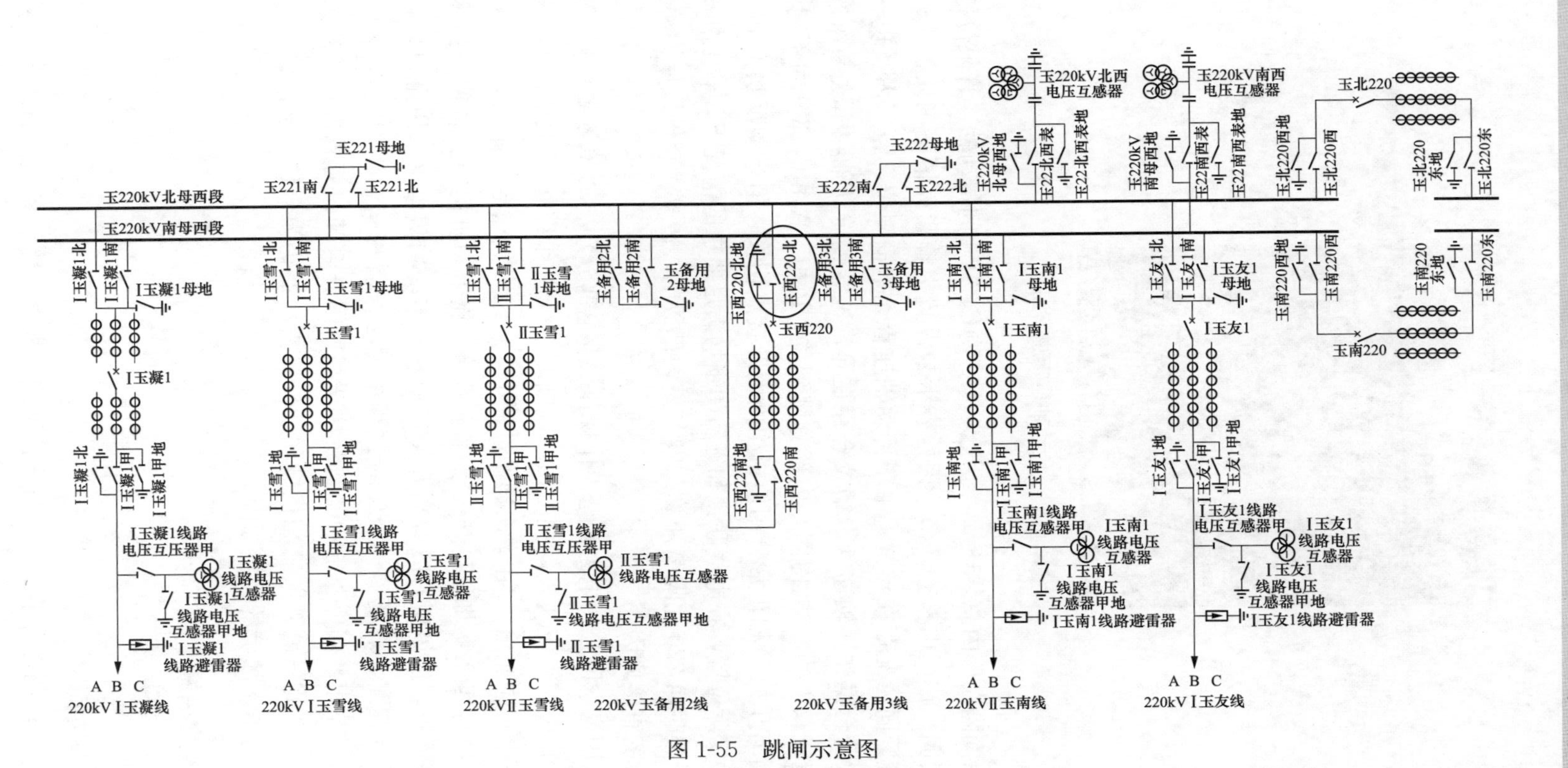
玉220kV北母西段
玉220kV南母西段
玉221南
玉221北
玉221母地
玉222南
玉222北
玉222母地
玉220kV北西电压互感器
玉220kV南西电压互感器
玉220kV北母西地
玉220kV南母西地
玉22北西表
玉22北西表地
玉22南西表
玉22南西表地
玉北220
玉北220西地
玉北220西
玉北220东地
玉北220东
玉南220
玉南220西地
玉南220西
玉南220东地
玉南220东
Ⅰ玉凝1北
Ⅰ玉凝1南
Ⅰ玉凝1母地
Ⅰ玉凝1
Ⅰ玉凝1甲
Ⅰ玉凝1甲地
Ⅰ玉凝1线路电压互感器甲
Ⅰ玉凝1线路电压互感器
Ⅰ玉凝1线路电压互感器甲地
Ⅰ玉凝1线路避雷器
Ⅰ玉雪1北
Ⅰ玉雪1南
Ⅰ玉雪1母地
Ⅰ玉雪1
Ⅰ玉雪1地
Ⅰ玉雪1甲
Ⅰ玉雪1甲地
Ⅰ玉雪1线路电压互感器甲
Ⅰ玉雪1线路电压互感器
Ⅰ玉雪1线路电压互感器甲地
Ⅰ玉雪1线路避雷器
Ⅱ玉雪1北
Ⅱ玉雪1南
Ⅱ玉雪1母地
Ⅱ玉雪1
Ⅱ玉雪1地
Ⅱ玉雪1甲
Ⅱ玉雪1甲地
Ⅱ玉雪1线路电压互感器甲
Ⅱ玉雪1线路电压互感器
Ⅱ玉雪1线路电压互感器甲地
Ⅱ玉雪1线路避雷器
玉备用2北
玉备用2南
玉备用2母地
玉西220北地
玉西220北
玉西220
玉西22南地
玉西220南
玉备用3北
玉备用3南
玉备用3母地
Ⅰ玉南1北
Ⅰ玉南1南
Ⅰ玉南1母地
Ⅰ玉南1
Ⅰ玉南地
Ⅰ玉南1甲
Ⅰ玉南1甲地
Ⅰ玉南1线路电压互感器甲
Ⅰ玉南1线路电压互感器
Ⅰ玉南1线路电压互感器甲地
Ⅰ玉南1线路避雷器
Ⅰ玉友1北
Ⅰ玉友1南
Ⅰ玉友1母地
Ⅰ玉友1
Ⅰ玉友1地
Ⅰ玉友1甲
Ⅰ玉友1甲地
Ⅰ玉友1线路电压互感器甲
Ⅰ玉友1线路电压互感器
Ⅰ玉友1线路电压互感器甲地
Ⅰ玉友1线路避雷器
A B C
220kV Ⅰ玉凝线
220kV Ⅰ玉雪线
220kVⅡ玉雪线
220kV玉备用2线
220kV玉备用3线
220kVⅡ玉南线
220kV Ⅰ玉友线

图 1-55 跳闸示意图

图 1-56 传动轴连管脱落图

西 220 间隔在厂内总装环节，装配人员安装 C、B 相间传动轴连管限位抱箍时未进行紧固。在厂内检查环节，因检查卡未设置抱箍紧固情况确认栏，未能检查出抱箍紧固情况存在异常。由于传动轴连管无抱箍限位，经厂内及现场安装调试多次分合操作，轴连管卡槽咬合存在异常，导致传动轴在本次操作过程中脱落，造成仅 C 相（机构侧）内部分闸到位，B 相、A 相内部分闸不到位。西 220 北隔离开关 C 相正常分闸使机构内辅助接点切换，但未能反映 B 相、A 相隔离开关实际位置，在电气联锁和五防闭锁均满足要求的情况下，合上西 220 北地隔离开关时西 220 北隔离开关 A 相气室内部放电，造成双套母线保护动作，为本次故障的直接原因。

按照《国家电网公司电力安全工作规程（变电部分）》5.3.6.6 要求，“对无法看到实际位置时，应通过间接方法，判断时至少应有两个非同样原理或非同源的指示发生对应变化。”在本次操作过程中，运维人员遥控操作西 220 北隔离开关分闸后，对西 220 北隔离开关遥信位置、汇控柜和机构箱分合位置指示器位置进行了检查，但该型 GIS 隔离开关三相联动传动轴防雨罩采用全包裹式结构，厂内进行装配，现场调试及运维过程中无法查看相间轴连抱箍紧固状态，可通过尾相（A 相）侧位置指示器判断从动相刀闸分合闸位置情况。运维人员未能发现西 220 北隔离开关三相机械联动位置指示器仍为合位，整体检查内容不够全面，为本次故障的间接原因。

四、整改措施

1. 暴露问题

(1) 设备方面。

1）设备生产制造环节工艺质量管控不严。根据故障设备返厂解体分析和厂

内制造阶段资料检查情况，明确西 220 北隔离开关存在装配质量问题，且厂内未能通过有效检测手段检测出抱箍紧固异常情况，造成设备带隐患出厂。

2）设备防雨罩设计不利于观察传动部件状态。GIS 隔离开关传动部件在出厂前进行整体装配，厂内安装防雨罩后运至现场安装调试。防雨罩采用不锈钢材质，将三相联动传动轴遮盖，且未设置观察口，导致在运行阶段存在检查盲区。

（2）管理方面。

1）设备培训工作开展不全面。培训工作针对性不强，日常培训浮于表面。现场人员对设备内部结构和隐蔽部件掌握不够深入，未能全面掌握设备各项指示原理及检查要点。

2）操作现场准备不充分。现场人员对操作过程中的危险点分析不到位，站内未对该环节做重点强调，操作班前会和操作模拟预演不够具体详细，现场操作人员对设备构造认识了解程度存在欠缺，未能考虑到传动轴脱落造成刀闸未实际分闸的潜在风险。

2. 整改措施

深入落实设备主人责任制，提高运维人员设备主人意识，全面提升运维人员参与设备全过程周期的能力水平。

案例26：110kV母线保护支路TA变比错误造成母线保护误动

一、故障前运行状态

某日，110kV甲变电站MY线发生雷击故障，线路两侧线路保护动作跳闸，变电站110kV双套母线保护因MY线TA变比错误动作跳闸，造成甲变电站110kV Ⅱ母、一座110kV变电站及三座35kV变电站失电，损失负荷1MW。

变电站正常运行方式：变电站110kV系统为双母线运行，MGI线、1号主变压器、MW线运行于Ⅰ母；MGII线、2号主变变电站正常运行方式：变电站110kV系统为双母线运行，MGI线、1号主变压器、MY线运行于Ⅱ母。

二、故障发生过程及处理步骤

2022年6月22日，变电站监控后台系统故障跳闸告警，跳闸过程中相关主要故障信号见表1-6。

表1-6　变电站监控后台主要故障信号

时间	事件描述	动作状态
06-22 02:25:52:311	MY线WXH-813B保护	动作
06-22 02:25:52:313	MY线RCS-941A保护	动作
06-22 02:25:52:315	110kV母线保护RCS-915保护	动作
06-22 02:25:52:317	110kV母线保护BP-2B保护	动作

经变电站及线路巡线检查发现，110kV MY线发生雷击故障，线路两侧线路保护动作跳闸，变电站110kV双套母线保护因MY线TA变比错误动作跳闸。

三、故障原因分析

按照110kV母线保护定值，MY线支路TA变比为800/1。由于变电站建设阶段现场施工人员未按工程设计图施工，未拆除110kV MY线汇控柜端子排TA3、TA4的两处S2绕组的预装短接片，S2、S3绕组被短接，造成实际接入两套110kV母线保护的MY线支路TA变比为939/1，与保护定值单要求的800/1不一致，导致母线保护差动计算不平衡形成母线差流。

自2020年6月25日110kV MY线投运以来，线路电流最大没有超过16A，负荷电流小，母差保护计算差流值小，未达到差流越限告警定值，母线保护无法报出差流越限告警信号。2022年6月22日110kV MY线发生C相接地故障时，A、B相电流随C相短路电流增大，两套110kV母线保护计算出不平衡电

流，A 相电流差动计算值达到保护动作值，母线差动保护动作跳闸。

四、 整改措施

（1）施工管理不到位，应加强施工班组负责人、施工项目部对现场施工质量管理。设计单位编制的“110kV 线路 GIS 汇控柜端子排示意图”中，明确标注端子排 TA3、TA4 绕组两处 S2 端子无短接措施，现场施工人员不按图施工，未取下汇控柜厂家预安装的绕组短接片，施工质量失管失控，竣工前自查自验流于形式，施工班组负责人、施工项目部对现场施工质量管理有漏洞、履责不到位，造成严重安全隐患遗留。

（2）严格竣工验收，守信工程建设最后关口。MY 线电流互感器竣工验收试验方案编制不合理，一、二次设备采用物理方式隔离，分别进行通流试验，导致试验单位未能发现 MY 线接入母差保护的实际变比与定值单不对应问题。运维单位参与验收人员虽发现了实际接线与施工图不一致情况，但在得到汇控柜厂家人员“无问题”口头答复后，未深入研究分析回路原理，验收把关不严不实，未守住工程建设“最后一道关”。

（3）应加强二次人员专业培训，提高二次人员技能水平。启动投运阶段，运检单位二次专业人员在带负荷测试时，对两套 110kV 母线保护中 MY 线支路电流异常情况不敏感，仅以仪器测量误差错误处理，测试工作负责人、运检单位分管负责人专业技能不足，未能发现并指出带负荷试验报告中“电流互感器变比正确”的错误结论。MY 线正式运行后，运检单位每月开展继电保护专业巡检，但受限于巡检人员经验不足、能力不够等原因，仍未能发现 MY 线汇控柜 TA3、TA4 绕组两处 S2 端子存在短接片的异常情况。

案例 27: 220kV 甲变电站××28 线保护误动作引起220kV 线路跳闸

一、 故障前运行状态

某日，甲变电站与电厂间的甲电××65 线路因风筝挂线发生 AB 相间短路，两侧两套主保护（RCS-931/CSC-103）动作，断路器三跳，另外两座变电站间乙丙××28 线 WXH803 保护感受到故障电流，保护启动。紧接着乙丙××28 线 WXH803 保护外部电压突然降低，导致 WXH803 保护误动，距离三段出口，乙丙××28 断路器跳闸，丙变电站全站失电。

故障前，乙变电站正常运行方式：甲乙××15 断路器、1 号主变压器 4601 断路器、3 号主变压器 4603 断路器运行于正母；乙戊××02 断路器、乙丙××28 断路器、2 号主变压器 4602 断路器运行于副母；旁路母联 4620 断路器作母联合环运行。相关变电站网络联络图如图 1-57 所示。

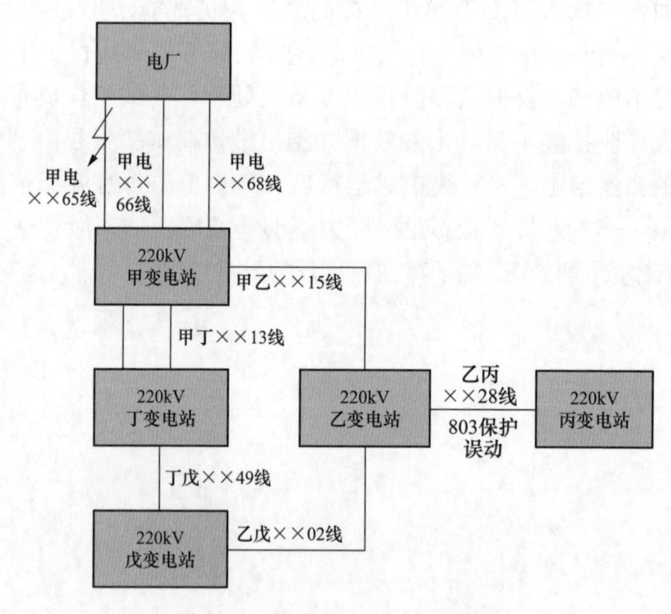

图 1-57　相关变电站网络联络图

二、 故障发生过程及处理步骤

某日，调度主站系统故障跳闸告警，跳闸过程中相关主要故障信号见表 1-7。

表 1-7 调度监控后台主要故障信号

时间	事件描述	动作状态
03-24 02:25:52	220kV 甲变电站 ××65 线断路器 CSC-103B 保护	动作
03-24 02:25:52	220kV 甲变电站 ××65 线断路器 RCS-931A 保护	动作
03-24 02:25:52	220kV 甲变电站 220kV 故障总信号	动作
03-24 02:25:52	220kV 甲变电站××65 线断路器	分闸
03-24 2:25:52	220kV 甲变电站 220kV 故障总信号	动作
03-24 2:25:52	220kV 甲变电站 ××65 线断路器	故障分闸
03-24 02:27:23	220kV 丙变电站××28 线断路器	分闸（备通道补）
03-24 02:27:23	220kV 丙变电所 ××28 线 WXH-803A 保护	动作（备通道补）

故障发生时，乙变电站信号瞬时达到 1800 多条，加之相关 220kV、110kV 变电站的故障和异常信号，当时监控信息量近 4000 条。运维监控人员面对如此海量信息，未能优先考虑从各故障变电站的 SCADA 系统图中查看开关跳闸、遥测量变化、相关变电站备用电源自动投入装置动作和负荷损失情况，而是在海量信息中寻找有效信息并分析，延误了初次汇报的时间。

经变电站及线路巡线检查发现，电厂与甲变电站间的甲电××65 线路因风筝挂线发生 AB 相间短路，两侧两套主保护（RCS-931/CSC-103）正确动作，断路器三跳，故障点距电厂 7.7km（全长 16.859km）。乙丙××28 线 WXH-803 保护距离三段动作，乙丙××28 线断路器跳闸，但乙丙××28 线 PSL-603 保护启动、未动作。由于丙变电站由乙丙××28 线单电源供电，××28 线断路器跳闸导致丙变电站全所失电。同时乙变电站甲乙××15 线、乙戊××02 线、1 号主变压器、2 号主变压器、3 号主变压器、母差保护均启动，断路器未跳闸。

乙变电站与甲变电站间的地理位置非常近，电厂与甲变电站间的甲电××65 线发生 AB 相间短路时，乙变电站 220kV 母线 AB 相电压降至正常电压 50% 左右，35kV 母线电压随之下降。乙变电站 35kV 1 号站用变压器（电压取自本站Ⅰ段母线）、35kV 2 号站用变压器（电压取自丙变电站）低压侧断路器同时失压脱扣跳开，两组充电装置同时失去交流电。此时，全站直流系统由两组蓄电池分别送两段直流母线。其中Ⅰ段直流母线上接有 220kV 线路保护、主变压器保护的第一套保护以及母差保护。Ⅱ段直流母线上接有 220kV 线路保护、主变压器保护的第二套保护以及 TV 并列装置。

由于第二组蓄电池输出存在异常，导致Ⅱ段直流母线电压异常，电压下降为 69.2V。运行中的 220kV 线路保护、主变压器保护的第二套保护均报“直流电源消失”信号。除乙丙××28 线 WXH-803 保护（运行于Ⅰ段直流母线）外的全站第一套保护及母差保护均报“TV 断线”信号。

该站220kV TV并列装置使用的直流电源接于Ⅱ段直流母线，在Ⅱ段直流母线电压异常后，220kV TV并列屏中交流电压切换继电器失去直流电压后导致了全站220kV保护失去母线电压。因为此时第二套保护直流已消失，所以只有第一套保护及母差保护报“TV断线”信号。WXH-803保护因为在区外AB相间短路故障发生后启动未复归，一直处于故障处理程序，不能判TV断线，因此距离三段动作出口跳闸。乙变电站直流系统结构如图1-58所示。

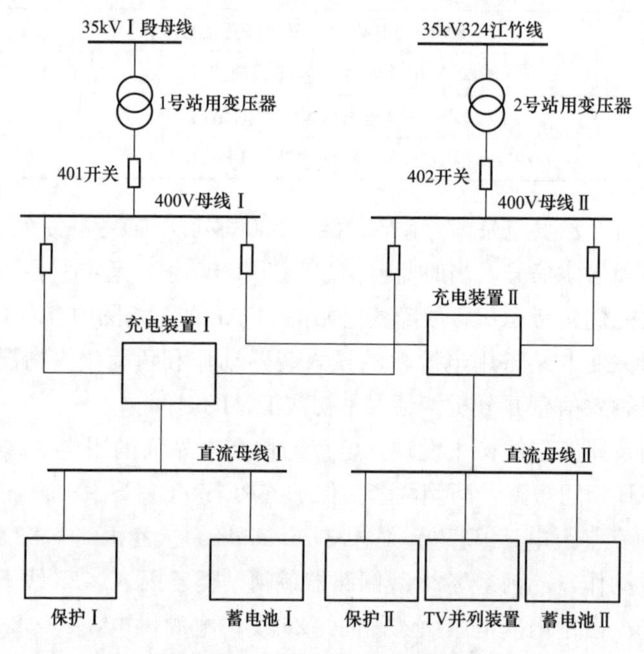

图1-58　乙变电站直流系统结构

三、故障原因分析

故障发生时乙变电站35kV 1号站用变压器（电压取自本站Ⅰ段母线）电压瞬时下降，引起Ⅰ段直流母线电压异常，从而导致全站的测控装置（共28个间隔，全部接在Ⅰ段直流母线上）遥信电源异常，引起测控装置的所有遥信全部刷新了一次，致使故障跳闸过程中出现了几千条告警信号，干扰了监控对故障的判断。

电厂与甲变电站间的甲电××65线发生AB相间故障时，乙变电站与丙变电站间的乙丙××28线WXH-803保护启动，但启动复归时间为7s，在此期间，WXH-803保护三相母线电压突然降低，保护仍处于启动后的故障处理程序中，不判TV断线，故距离三段出口动作跳闸。WXH-803保护外部电压突然降低是此次保护误动的主要原因。因丙变电站由乙变电站单电源供电，乙丙××28线跳开后，丙变电站全停，损失负荷 5MW。

四、 整改措施

（1）将该变电站所用变低压侧断路器失压脱扣装置延时时间调整为 200ms 以上，以躲过系统快速保护动作时间。

（2）变电运维人员对所辖变电站的交直流系统进行安全风险排查，并加强对直流系统的巡视检查。检修人员严格按照试验周期和试验标准定期进行直流电源蓄电池组的充放电实验。

（3）地区监控对监控范围内的交直流系统遥信、遥测缺陷进行排查，按照缺陷级别依次处理。

（4）加强告警信号的离线分析培训，提升监控大量干扰信号中重要信号快速筛选排查技能，提高故障的快速判断、分析、处理的能力。

（5）变电运维人员应对于两台站用电由同一电源供电（同一主变压器、同一网上电源等）的变电站做好相关故障预想，加强这些变电站的交直流系统的监视和日常巡视。

（6）为进一步提升多站同时跳闸情况下的监控故障分析处理速度，除正常分析各站跳闸信号外，首先应对全局跳闸概况有所了解，因此，应完善电网潮流接线图，第一时间掌握电网跳闸和潮流变动情况。

（7）加强对运维、监控人员的日常培训，做到结合理论、结合实际、结合现场，不断提升运维、监控人员人员对电网拓扑结构的掌握，掌握电网结构的薄弱环节，做好相关故障的预想和反故障演习。

案例28：220kV线路因重合闸充电未完成导致线路单相接地三跳出口

一、故障前运行状态

某日19:50，220kV某线路A相故障跳闸，重合成功，但在重合闸充电未完成时，线路C相又发生单相故障，此时重合闸闭锁，保护沟通三跳，造成线路断路器三跳。

故障前，正常方式运行。

保护配置：RCS-931＋PSL-603G。重合闸方式置单重方式，运行中只启用603保护的重合闸，931保护的重合闸出口压板停用，其“至重合闸”压板、“沟通三跳”压板与603保护重合闸配合，实现重合闸功能。

二、故障发生过程及处理步骤

1. 故障发生过程

某日19:50:21，监控机推出220kV甲、乙变电站一次接线图，同时监控机屏发如下信息：220kV××88线RCS-931A保护动作，220kV××88线PSL-603G保护动作，××88线断路器A相故障分闸，220kV××88线重合闸动作，××88线断路器A相合闸。

19:50:27，220kV××88线PSL-603G保护动作，××88线断路器A、B、C相故障分闸。

2. 处理步骤

监控值班员根据××88线遥信、遥测变化和××88线断路器分闸—合闸—分闸的过程，初步判断××88线A相故障，重合不成，断路器三跳，立即汇报相关调度和运维班检查处理。

20:20运维人员现场检查后汇报：220kV××88线断路器A相跳闸，重合成功，后C相故障，断路器三跳。现场检查一次设备正常，RCS-931A及PSL-603G两套分相电流差动保护均正确动作。故障测距RCS-931为1.0km，PSL-603G为1.56和2.0km，故障电流77A（二次值）。

20:32省调口令:带电巡线。

20:57现场汇报省调:××88线路存在瞬时故障点，申请转检修。

21:47省调口令：将××88线断路器由热备用改为冷备用。

22:04省调口令：将××88线路由冷备用改为检修。

三、 故障原因分析

根据监控信号显示，本次故障为一起简单的220kV线路单相故障，重合不成，断路器三跳故障。然而，现场运维人员检查发现现场一次设备正常，在检查故障动作报告时，发现两次故障动作时间间隔为6s多，但是重合闸动作延时为0.8s，重合闸后加速的开放时间是0.5s。以上数据显示这不是重合闸后加速动作造成重合不成，初步分析这次故障不是一次线路故障重合不成的故障，而是线路故障重合成功，但在重合闸充电未完成时，线路又发生故障，保护沟通三跳，根据故障报告，两次都为单相故障。现场汇报领导和调度后，调度发令试送，试送成功，接着调度发令带电巡线，运维人员巡线时发现瞬时故障点，申请线路转检修。

四、 整改措施

（1）加强运维监控人员对保护的各种动作条件、动作行为和动作时间的了解，提高对故障信息进行综合判断的能力。

（2）开关遥信变位满足：分闸—合闸—分闸的过程，并不一定是开关重合闸不成功，也可能是线路发生相继瞬间故障，但时间较短，重合闸充电未完成，重合闸闭锁。

（3）提高自动化系统响应时间，减少信息上传时延，提高信息触发时间精度，便于运维监控人员综合判断故障。

（4）对于220kV线路保护，其主保护如分相电流差动保护，应与后备保护相区别，分相电流差动保护动作应单独采点上传。

（5）本次重合闸动作设置为九统一前的方式，在“九统一”以后采用新的设置方式，在今后监控过程中，要注意区分新老规范下的差距。

案例 29：220kV 线路故障，二次接线错误造成保护单跳失败

一、故障前运行状态

某日 23:06，220kV 甲变电站 91 线发生 A 相单相接地故障。由于断路器 A、B 相位置接反，造成 PSL-602G 主保护判单跳失败，转三跳闭重。同时，线路另一套主保护 WXH-802A 保护电压采集回路断线，保护被闭锁，导致拒动。

故障造成 91 线重合闸未能正确动作，主保护 WXH-802A 拒动。

故障前，甲变电站 220kV 电压等级接线为正常双母线运行方式。

220kV 甲变电站 91 线配置两套线路保护，分别为 WXH-802A 和 PSL602G，两套保护均投跳。

二、故障发生过程及处理步骤

1. 故障发生过程

某日 23:06，运维监控人员发现 220kV 甲变电站“220kV91 线三相故障分闸”“220kV 91 线 PSL-602G 保护动作”信号。91 线路重合闸和 WXH-802 保护未动作。

备注：某日监控后台收到“91 线 GXH-802A-121S 保护柜告警 WXH-802A Ⅱ（不闭锁出口）”信号，该信号由“装置 TV 失压动作”和“保护告警”信号合并后上送；监控通知现场检查，现场运维回复“此信号为常发信号”，不影响运行。

2. 处理步骤

故障发生后，监控值班员及时查看主要保护动作信号和断路器变位信号，及时向省调汇报，通知相应运维人员到变电站现场检查，积极协助上级调度进行故障处理，并向分管领导汇报。

运维人员至现场后发现，PSL-602G 保护接地距离Ⅰ段保护动作 A 跳出口，接地距离Ⅰ段保护单跳失败、三跳出口，纵联保护单跳失败、三跳出口，故障电流约为 15.390A，故障测距 17.97km；WXH-802A 保护未动作。

二次检修人员到达现场，检修人员在抢修工作票许可后，立即对现场后台信息、××91 线保护装置动作信息进行检查，根据初步分析结果又逐一检查了线路电压端子箱和开关机构箱，发现 WXH-802A 保护失压闭锁，PSL-602G 保护开关位置遥信开入 A、B 相接反。检修随即处理。

省调发布带电巡线令，经巡线故障确认为 A 相瞬时故障；省调度下令线路

恢复送电。

三、故障原因分析

(1) ××91 线发生 A 相接地故障，开关 A、B 相位置上送相反，故判单跳失败。经检查线路断路器机构上送的合闸位置 A、B 相反，故障后保护跳 A 相，保护判别该相断路器是否分闸时，收到的断路器位置是 B 相的合闸位置，判单跳失败，断路器三跳出口。对断路器机构箱检查，发现内部 A、B 相合闸监视回路的二次接线接反，如图 1-59 所示。

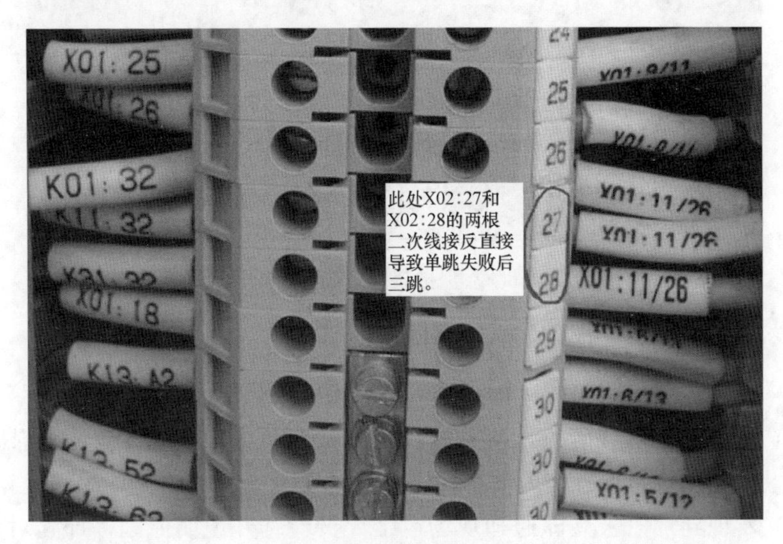

图 1-59　PSL602G 保护装置断路器位置遥信开入端子接线图

(2) WXH-802A 保护用电压采集回路 TV 断线，保护被闭锁导致拒动。经检查该变电站 220kV 出线压变为三相，保护用电压量分别取自线路压变的不同次级。WXH-802A 保护装置的电压二次回路接点接触不良，导致保护装置电压量缺相，判 TV 断线，闭锁全线速动主保护（纵联综合距离保护和零序方向保护）。对××91 线线路压变端子箱检查，发现供第一套保护 WXH-802A 用的电压空气开关下桩头 C 相接触不良，如图 1-60 所示。

PSL-602G 保护单跳失败，三跳出口，同时重合闸闭锁。WXH-802 保护因 TV 断线，保护被闭锁，线路故障时保护拒动。

四、整改措施

(1) 调试单位、现场运维、监控应共同提高对待启动设备，特别是新上设备的验收质量。

(2) 结合停电检修的机会，对该变电站所有 220kV 线路保护进行一次完整

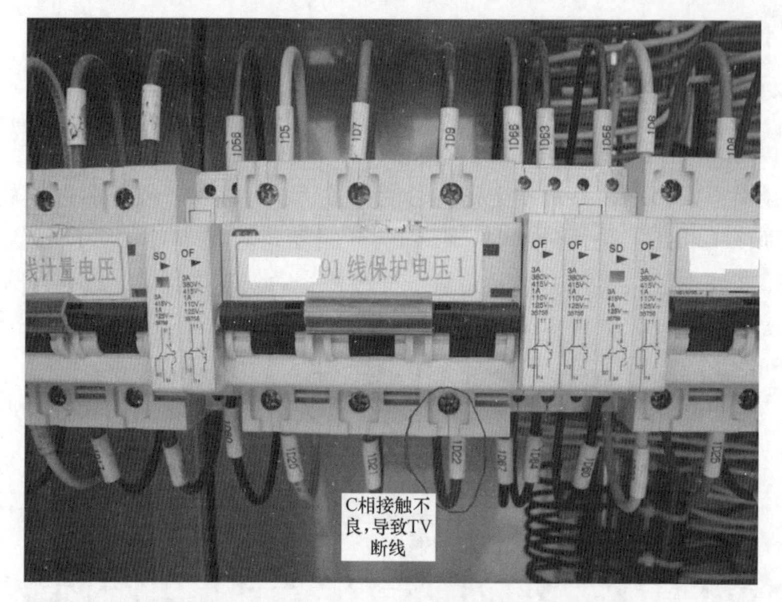

图 1-60　WXH-802A 保护装置交流电压采集端子接线图

的保护校验、开关传动试验工作。

（3）完善运维班的定期巡视制度，把巡视工作做实、做细。

（4）在信息表审核阶段，认真核实其完整性和正确性；在验收环节，提高验收质量，确保所有信息表内信息都经过验收。

（5）发现异常信号立即通知现场运维人员检查并说明原因；加强对归并信号的重视，切实查明其动作原因。

（6）经现场运维检查确认为，不影响运行的常发信号，应立即将该信号的监视职责移交现场。

案例30：软压板投退不当引起保护误动作

一、故障前运行状态

某日，某220kV智能变电站进行220kV分段合并单元更换，在恢复220kV母差保护的过程中，由于操作顺序执行错误，导致Ⅰ-Ⅱ段母差保护动作，跳开母联、2条线路和1台主变压器，故障没有造成负荷损失。

故障前运行状态如图1-61所示。

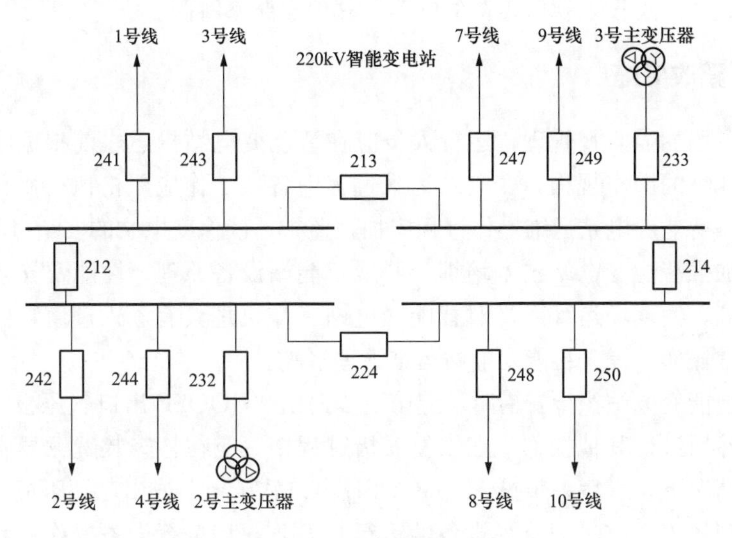

图1-61 故障前运行状态

二、故障发生过程及处理步骤

该220kV智能变电站进行Ⅱ-Ⅳ母分段224断路器合并单元及智能终端更换、调试工作，224断路器处于检修状态。按现场工作需要和调度令，站内退出220kV Ⅰ-Ⅱ段母线及Ⅲ-Ⅳ段母线A套差动保护。现场工作结束后，运行人员按调度令开始操作恢复220kV Ⅰ-Ⅱ段母线及Ⅲ-Ⅳ段母线A套差动保护，首先退出Ⅰ-Ⅱ段母线A套差动保护“投检修”压板，然后操作批量投入各间隔的“GOOSE发送软压板”和“间隔投入软压板”。在投入“间隔投入软压板”时，Ⅰ-Ⅱ段母线母差保护动作，跳开Ⅰ-Ⅱ母母联212断路器、2号主变压器232断路器、1号线241断路器以及2号线242断路器，3号线243断路器和4号线244断路器，由于“间隔投入软压板”还未投入，3号线243断路器和4号线244断路器未跳开，事件没有造成负荷损失。

三、故障原因分析

在恢复220kV Ⅰ-Ⅱ段母线A套差动保护过程中，运行人员先将母差保护“投检修”压板提前退出，然后投入了Ⅰ、Ⅱ段母线上各间隔的“GOOSE发送软压板”，这使母差保护具备了跳闸出口条件，在投入“间隔投入软压板”过程中，已投入“间隔投入软压板”的支路电流参与母差保护计算，而未投入“间隔投入软压板”的支路电流不参与母差保护计算，因此Ⅰ、Ⅱ段母线上运行的支路有些参与差流计算，有些未参与差流计算，这势必导致出现差流，当投入1号线、2号线和2号主变压器间隔后，差流达到动作门槛，差动保护动作，跳开所有已投入“间隔投入软压板”的支路，其他支路不跳闸。

四、整改措施

（1）现场加强监督管理，运行人员应在智能变电站投运之前根据实际工程情况编制详细的操作规程，变电站运维过程中各项工作应严格执行操作规程和两票制度；智能变电站运维操作过程应加强监护，确保变电站的安全可靠运行。

（2）加强智能变电站技术培训，开展智能站设备原理、性能及异常处置等专题性培训，使现场运维人员对智能变电站工作机理具有深入理解，熟练掌握设备的日常操作，提升智能变电站运维管理水平。

（3）智能变电站执行安措时，应第一步退出“GOOSE出口软压板”或出口硬压板，然后进行其他操作；在恢复安措过程中，应在检查装置无异常且无跳闸动作的情况下，最后一步投入“GOOSE出口软压板”或出口硬压板。

（4）现场工作应时刻监视设备的运行状态，现场进行设备操作过程中，应关注设备的运行状态和告警信号，当设备有异常告警时应立刻停止操作，在该变电站进行母线保护“间隔投入软压板”投入操作时，应及时检查差动保护的差流大小，在投入第一个“间隔投入软压板”时，差流比较小，还未达到差动动作值，若及时发现应避免差动保护动作。

案例 31: 220kV 甲变电站母差保护误动

一、 故障前运行状态

220kV 甲变电站交流 220kV 系统采用双母线双分段接线，运行出线 8 回，主变压器两台。

拉墨Ⅰ线、曲墨Ⅰ线运行于Ⅰ母，拉墨Ⅱ线、曲墨Ⅱ线、2 号主变压器运行于Ⅱ母，虎墨Ⅰ线、墨山Ⅰ线、3 号主变压器运行于Ⅲ母，墨山Ⅱ线、虎墨Ⅱ线运行于Ⅳ母。

某日，某检修公司在站内开展Ⅱ-Ⅳ母分段 224 断路器合并单元及智能终端更换、调试工作，224 断路器处于检修状态。

二、 故障发生过程及处理步骤

某日 15:11，按现场工作需要和调度令，站内退出 220kV Ⅰ-Ⅱ段母线及Ⅲ-Ⅳ段母线 A 套差动保护。

17:30，现场工作结束。17:37，运行人员按调度令开始操作恢复 220kV Ⅰ-Ⅱ段母线及Ⅲ-Ⅳ段母线 A 套差动保护。在退出Ⅰ-Ⅱ段母线 A 套差动保护“投检修”压板后，操作批量投入各间隔的“GOOSE 发送软压板”和“间隔投入软压板”。17:42，Ⅰ-Ⅱ段母线母差保护动作，跳开Ⅰ-Ⅱ段母联 212 断路器、2 号主变压器 232 断路器、拉墨Ⅰ线 241 断路器以及拉墨Ⅱ线 242 断路器（曲墨Ⅰ线 243 断路器、曲墨Ⅱ线 244 断路器因“间隔投入软压板”还未投入，未跳闸），事件没有造成负荷损失。

三、 故障原因分析

在恢复 220kV Ⅰ-Ⅱ段母线 A 套差动保护过程中，运行人员错误地将母差保护“投检修”压板提前退出，并投入了Ⅰ、Ⅱ母各间隔“GOOSE 发送软压板”，使母差保护具备了跳闸出口条件，在批量投入“间隔投入软压板”过程中，母差保护出现差流并达到动作门槛，母差保护动作。

四、 整改措施

（1）提高操作能力。由于运行人员对智能化设备改造更换过程中母差保护投退的正确操作方法掌握不到位，在倒闸操作中错误填写、执行倒闸操作票。

（2）完善运行规程。需加强完善智能站调度规程和现场运行规程，细化智能设备报文、信号、压板等诱维检修和异常处置说明。

（3）强化培训管理。加强智能站专业技术培训，开展智能站设备运行操作及异常处置等专题培训，进一步提升运行人员、专业管理人员对智能站设备和技术的掌握程度，切实提高智能变电站安全运行水平。

案例32：220kV 甲变电站全站失压

一、故障前运行状态

220kV 甲变电站共 4 回 220kV 线路、2 台 220kV 主变压器、10 回 110kV 线路。220kV 备用电源自动投入装置动作前，220kV 甲变电站所有进线和负荷运行于 220kV Ⅰ段母线，220kV Ⅱ段母线空母线运行，220kV 甲变电站由 220kV 宁江Ⅰ回 254 断路器和宁江Ⅱ回线 253 断路器主供于 220kV Ⅰ段母线（即 2531、2541 隔离开关处于合闸位置 2532、2542 隔离开关处于分闸位置），220kV 宝江Ⅱ回线 251 断路器热备用于 220kV Ⅰ段母线，220kV 宝江Ⅰ回线 252 断路器处于检修状态，220kV 1、2 号主变压器运行于 220kV Ⅰ段母线，220kV 母联 212 断路器处于合位，220kV Ⅰ、Ⅱ段母线互联，220kV Ⅰ、Ⅱ段母线 TV 分别合于 220kV Ⅰ、Ⅱ段母线。

因当日将开展 220kV 宝江Ⅰ回线间隔 2522 隔离开关检修工作，需将 220kV Ⅱ段母线停电，运行人员于某日 09:47:18 将 212 断路器断开。

220kV 甲变电站一次主接线图如图 1-62 所示。

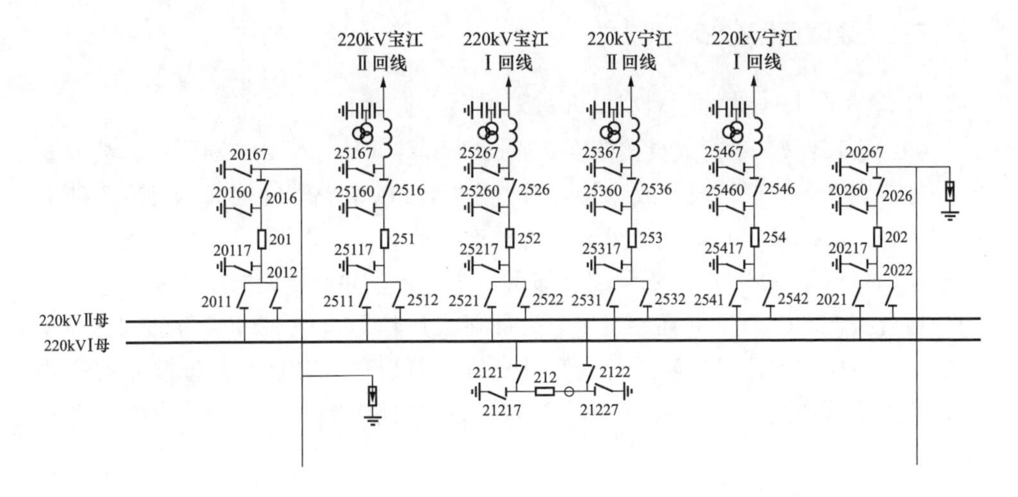

图 1-62 220kV 甲变电站一次主接线图

保护装置运行情况：

(1) 220kV 备用电源自投装置。

型号：CSC-246A，软件版本：V2.12YN。

运行状态：备用电源自动投入装置功能正确投入。因 220kV 宝江Ⅰ回线 252 断路器检修，备用电源自动投入装置当时状态为 252 断路器相关出口连接片退出，252 断路器检修状态投入，其余三回 220kV 线路备用电源自动投入装置功能正常投入。

(2) 220kV 宝江Ⅱ回线 251 断路器线路保护装置。

第一套保护：型号 CSC-103B，版本 V1.22。

第二套保护：型号 CSC-103BN，版本：V1.00。

保护运行运行状态：第一套保护、第二套保护所有功能正确投入。

二、故障发生过程及处理步骤

09:47:18:51，运行人员按调度令断开 220kV 母联 212 断路器。

09:47:24:63，220kV Ⅰ段母线 TV 二次保护电压空气开关、B 相计量电压空气开关跳闸，备用电源自动投入装置启动。

09:47:26:16，220kV 备用电源自动投入装置动作跳开 220kV 宁江Ⅰ回 254 断路器、宁江Ⅱ回线 253 断路器。

09:47:28:663，220kV 备用电源自动投入装置动作合上 220kV 宝江Ⅱ回线 251 断路器。

09:47:29:355，220kV 宝江Ⅱ回线路主一、主二保护距离手合加速保护动作，永跳 251 断路器，220kV 江川变电站全站失压。

三、故障原因分析

1.220kV Ⅰ段母线 TV 空气开关跳闸行为分析

09:47:18:51，运行人员按调度令遥控断开 220kV 母联 212 断路器，结合母差保护装置开入变位情况及故障录波图中分析，212 断路器在红线标尺位置处于分闸位置，220kV Ⅱ段母线已处于停电状态，此时 220kV Ⅰ、Ⅱ段母线 TV 二次电压均降低至 50%U_N 左右且二者波形完全一致，并列装置电压监视继电器返回，后台报 220kV TV 并列装置Ⅰ母、Ⅱ母失压信号，但 220kV Ⅱ段母线 TV 二次仍有电压，据此可推断Ⅰ、Ⅱ母 TV 二次侧出现并列运行。母差保护装置开入变位情况如图 1-63 所示。220kV 母联 212 断路器断开后电压波形如图 1-64 所示。

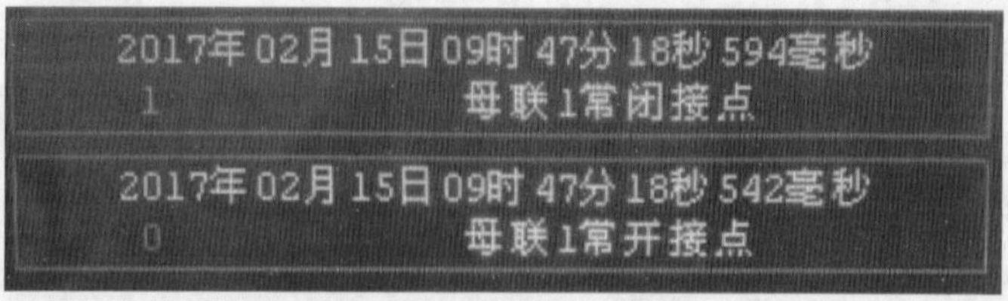

2017年02月15日09时47分18秒594毫秒
1　母联1常闭接点
2017年02月15日09时47分18秒542毫秒
0　母联1常开接点

图 1-63　母差保护装置开入变位情况

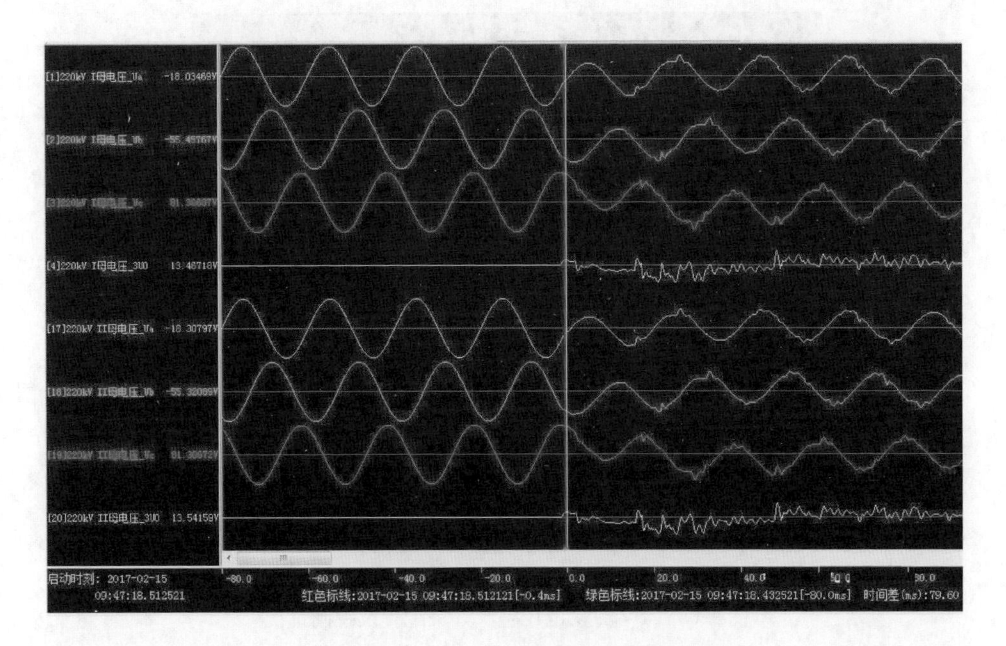

图 1-64 220kV 母联 212 断路器断开后电压波形

此时 220kV Ⅰ段母线带电、Ⅱ段母线已停电，但Ⅰ、Ⅱ段母线 TV 二次电压回路经由 220kV 宁江Ⅰ回 254 断路器间隔的电压切换回路并列（原因后述），此时 220kV Ⅰ段母线 TV 经Ⅰ段母线二次电压空气开关、Ⅰ母 TV 重动回路、220kV 宁江Ⅰ回 254 断路器电压切换回路、Ⅱ母 TV 重动回路、Ⅱ母二次电压空气开关向 220kV Ⅱ母 TV 反送电，产生较大的涌流，导致 220kV Ⅰ母 TV 二次保护电压空气开关（B6，三相联动空气开关）、计量电压 B 相空气开关（C6，A、B、C 相分相空气开关）跳闸（计量电压回路与保护电压回路采用同一组重动切换接点，因此均发生二次并列，但空气开关型号不同，二者动作结果不同，动作时序无必然联系）。TV 二次电压空气开关配置及跳闸情况如图 1-65 所示。

09:47:24:63，因反送电产生较大的涌流致使 220kV Ⅰ母 TV 保护电压三相联动空气开关跳闸，计量电压 B 相空气开关跳闸。220kV Ⅰ母 TV 保护电压空气开关跳闸情况如图 1-66 所示。

空气开关跳闸后涌流断开，故 220kV Ⅱ母 TV 二次电压空气开关未跳闸。220kV 母联 212 断开后至Ⅰ母 TV 二次电压空气开关跳闸期间间隔约 6s 时间，根据空气开关动作特性试验可以看出，流过空气开关的电流不同，空气开关的动作时间不相同，判断是因为流过Ⅰ母 TV 二次电压空气开关的电流未达到速动的条件导致空气开关未瞬间动作（因涌流大小无法测知，故不能确定 6s 动作时间是否正确）。电压二次空气开关选型说明见表 1-8。

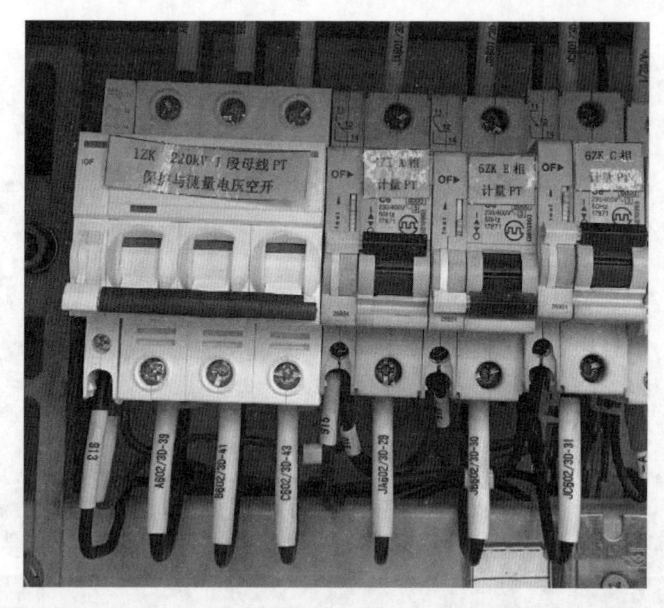

图 1-65　TV 二次电压空气开关配置及跳闸情况

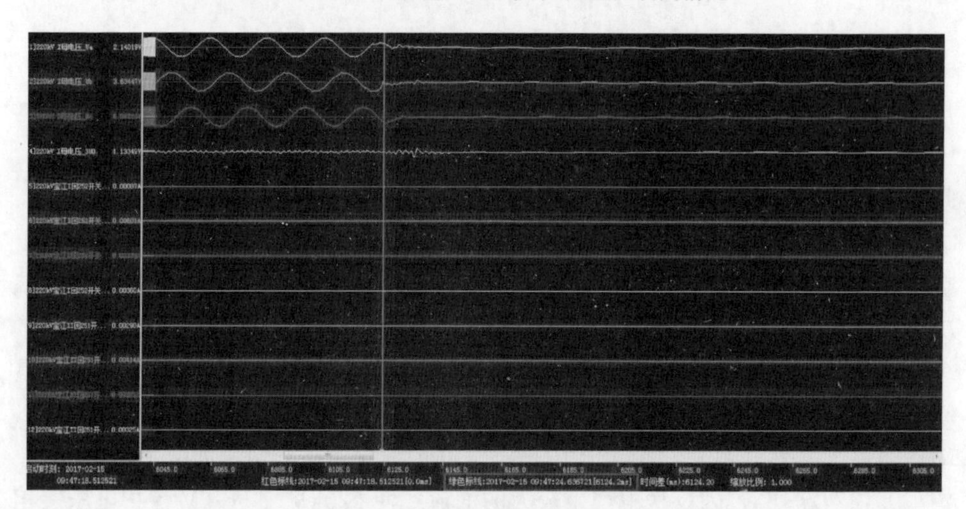

图 1-66　220kV Ⅰ母 TV 保护电压空气开关跳闸情况

表 1-8　　电压二次空气开关选型说明

型号	所加电流倍数（nI_N）	试验电流（A）	动作时间（s）
C1	1	1	试验 2min 未动
	2	2	20.6541
	3	3	9.5876
	4	4	4.9533
	5	5	4.5492

续表

型号	所加电流倍数（nI_N）	试验电流（A）	动作时间（s）
C1	6	6	4.0436
	7	7	2.2761
	8	8	0.0583
	9	9	0.0439
	10	10	0.0533
B2	1	2	试验 2min 未动
	2	4	52.9156
	3	6	13.7196
	4	8	0.0266
	5	10	0.011
	6	12	0.0059
	7	14	0.0067
	8	16	0.0052
	9	18	0.0052
	10	20	0.0045

注：上表为 2013 年试验数据。

2.220kV 宁江Ⅰ回电压切换回路动作分析

某日 09:30 左右，运行人员将 220kV 宁江Ⅰ回 254 断路器由 220kV Ⅱ段母线倒闸由Ⅰ段母线运行，此时 2542 隔离开关辅助接点因行程转换不到位导致未变位，致使Ⅱ母电压切换继电器未复归，保持动作状态，而此时 2541 已合闸且辅助接点转换到位，Ⅰ母电压切换继电器，形成Ⅰ、Ⅱ母电压切换继电器同时动作，将 220kV Ⅰ、Ⅱ段母线 TV 二次电压并列（空气开关位于电压互感器二次绕组与切换箱端子之间）。电压切换回路原理图如图 1-67 所示，电压切换回路隔离开关辅助接点启动回路图如图 1-68 所示。

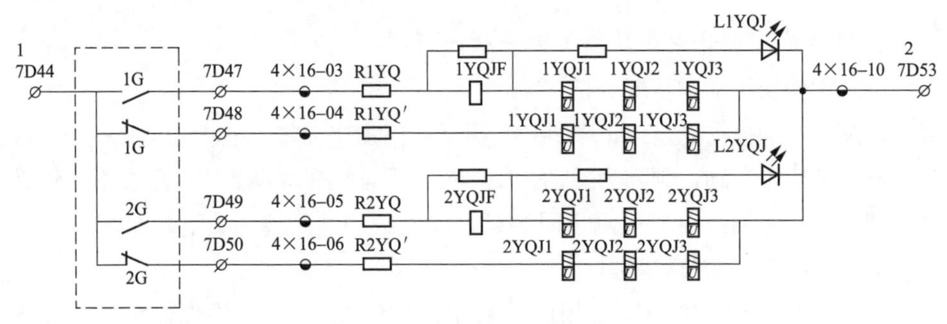

图 1-67　电压切换回路原理图

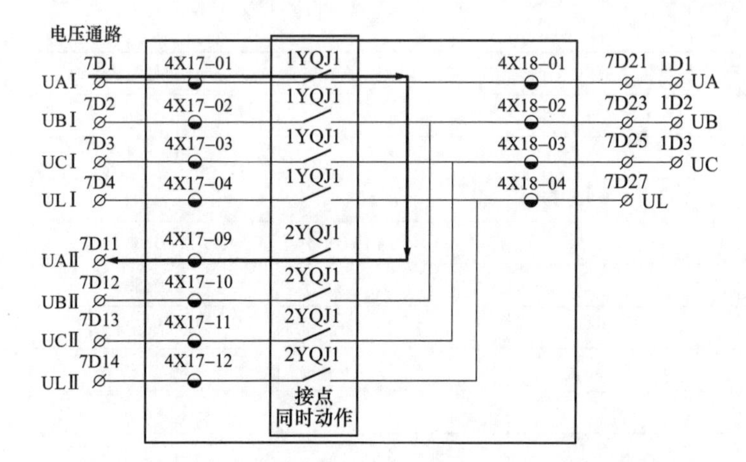

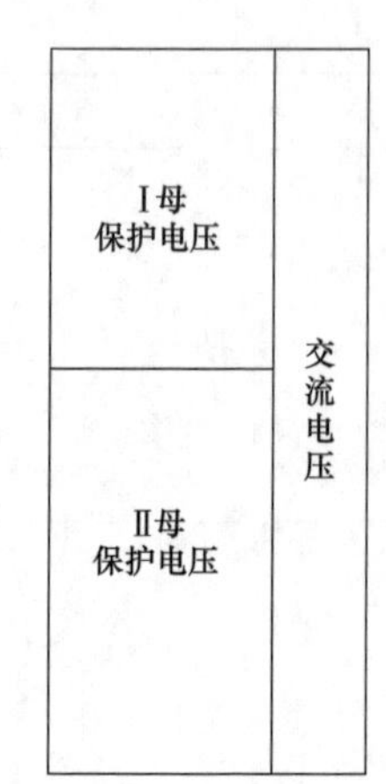

图 1-68　电压切换回路隔离开关辅助接点启动回路图

切换继电器同时动作导致 1YQJ1、2YQJ1 接点导通，220kVⅠ、Ⅱ段母线二次电压由图中 A 相、B 相、C 相、零序回路并列。

3. 220kV 备用电源自动投入装置动作行为

09:47:26:16，220kV Ⅰ段母线 TV 二次保护电压空气开关跳闸后，220kVⅠ、Ⅱ段母线二次电压失压，220kV 备用电源自动投入装置进入判断逻辑，因满足其动作条件：①220kV Ⅰ、Ⅱ段母线二次电压失压；②备用电源自动投入装置有流判据满足动作条件（该备用电源自动投入装置有流闭锁定值为 0.5A，故障录波测得 220kV 宁江Ⅰ回 254 断路器、宁江Ⅱ回 253 断路器流过最大二次电流为 0.2A，达不到有流闭锁定值），220kV 备用电源自投装置经过定值延时 1506ms（装置内延时跳闸定值为 1.5s）后出口跳开主供线路 220kV 宁江Ⅰ回 254 断路器、宁江Ⅱ回 253 断路器，后经定值延时 3050ms（装置内延时合闸定值为 3s）出口合上 220kV 宝江Ⅱ回线 251 断路器，220kV 宝江Ⅱ回线 251 断路器因距离手合加速动作跳开（原因后述），备用电源自动投入装置动作情况如图 1-69、图 1-70 所示。

4. 220kV 宝江Ⅱ回线动作行为分析

（1）本侧保护动作情况分析。

距离手合加速需满足以下条件：①手动合闸加速动作，三相开关跳位 10s 后又有电流突变量启动，则判为手动合闸，投入手合加速动能，TV 断线不闭锁手动合闸加速；②加速距离段测量阻抗满足接地或相间距离Ⅰ、Ⅱ、Ⅲ段其中一段定值；③电流突变量启动。

09:47:28:663，220kV 备用电源自动投入装置出口合 220kV 宝江Ⅱ回线 251 断路器，251 断路器合上后因 220kV Ⅰ段母线 TV 二次保护电压失压，且电

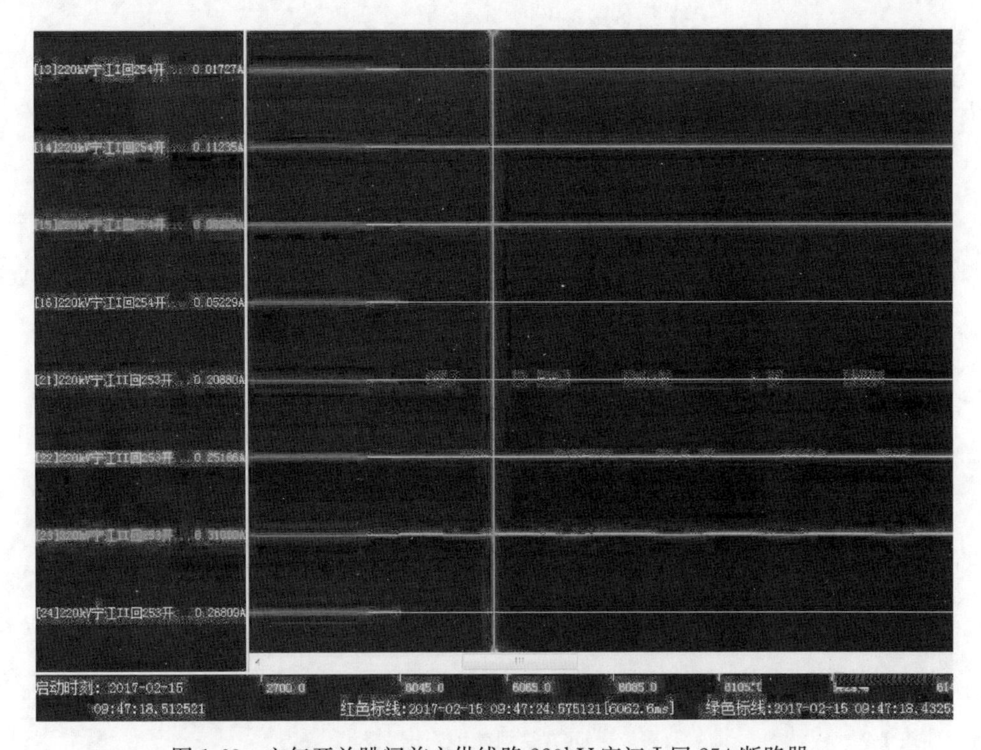

图 1-69　空气开关跳闸前主供线路 220kV 宁江Ⅰ回 254 断路器、宁江Ⅱ回 253 断路器电流波形

图 1-70　220kV 备用电源自动投入装置动作报告

流有非常大突变（从 0 到负荷电流，并附加主变压器的冲击电流），使得测量阻抗很小，同时满足手合加速动作条件，距离手合加速动作，主一、主二保护出口永跳 251 断路器，同时发远跳开入给本侧主一、主二保护，主一、主二保护收到远跳开入后通过光纤通道向对侧发跳闸命令。220kV 宝江Ⅱ回保护动作情况如图 1-71 所示。

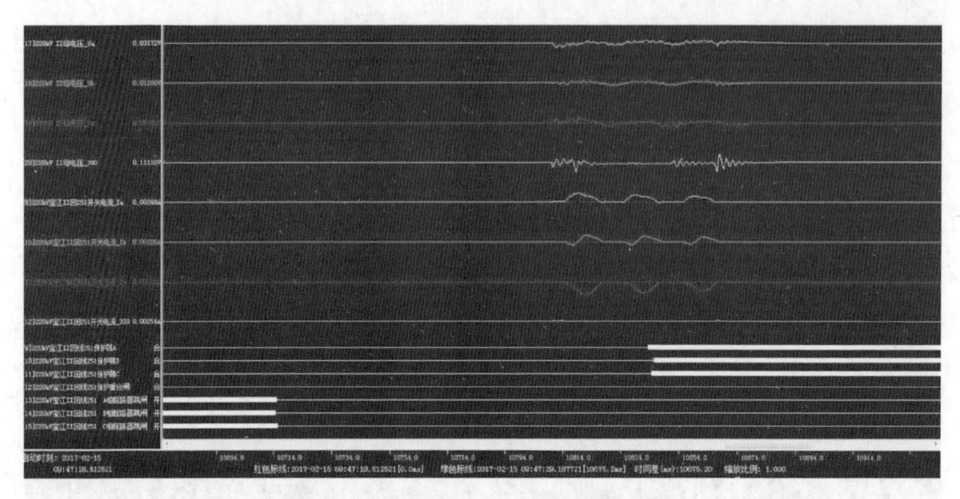

图 1-71 220kV 宝江Ⅱ回保护动作情况

（2）对侧保护动作情况。

对侧主一、主二保护装置型号及版本与本侧一致，其收到远方跳闸命令后经就地判据动作。远方跳闸就地判据见表 1-9。

表 1-9　远方跳闸就地判据

CSC-103B 定值	CSC-103BN 定值
远方跳闸受方向元件控制	—
远方跳闸受启动元件控制	远跳经启动闭锁

对侧主一保护收到远方跳闸命令后需经距离方向元件和突变量启动元件闭锁，因线路未发生故障，对侧距离方向元件未动作，但有突变量启动，所以对侧主一保护未动作，主二保护动作出口跳闸，同时主二保护向 220kV 江川变电站主二保护发差动动作，故 220kV 江川变电站主二保护收到“对侧差动动作”信号。

5. 当前备用电源自动投入装置逻辑

目前，该电网进线/母联备用电源自动投入装置的动作判据及逻辑为：当母线电压低于母线无压判据定值，主供线路电流小于无流判据定值，且备供线路/备用母线的电压大于备供线路或备用母线有压判据定值时，备用电源自动投入装置经延时 t_1 动作跳开主供线路开关，后再经延时 t_2 合上备供线路或母联开关。备用电源自动投入装置动作逻辑如图 1-72 所示。

按上述备用电源自动投入装置动作逻辑，当线路在轻载运行时（负荷电流小于备用电源自动投入装置整定的无流定值），如果发生母线 TV 异常失压，备用电源自动投入装置将会动作出口，即目前的备用电源自动投入装置在特殊运行情况下防 TV 异常失压后误动作的措施不足。

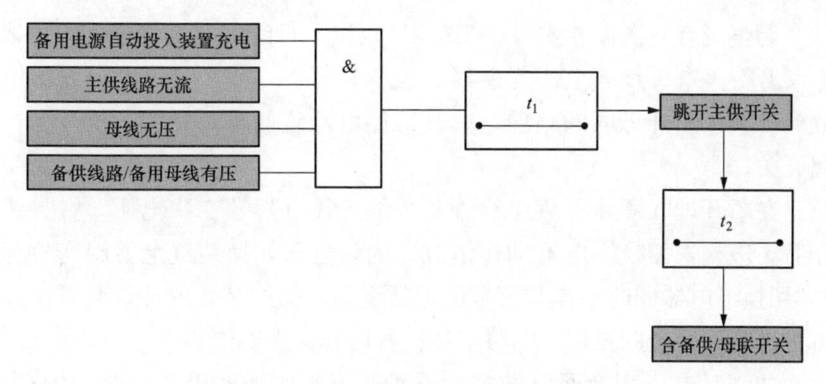

图 1-72　备用电源自动投入装置动作逻辑

四、整改措施

（1）备用电源自动投入装置逻辑优化方案。经研究，可通过增加主供线路电压和开关位置的判别措施来解决当前备用电源自动投入装置存在的上述问题，即优化后的动作判据有两种：①当母线电压低于母线无压判据定值，主供线路电流小于无流判据定值，备供线路/备用母线电压大于备线/备用母线有压判据定值，主供线路开关在合位且线路无压时，备用电源自动投入装置经延时 t_1 动作跳开主供线路开关，后再经延时 t_2 合上备供线路或母联开关；②当母线电压低于母线无压判据定值，主供线路电流小于无流判据定值，备供线路/备用母线电压大于备线/备用母线有压判据定值，且主供线路开关在分位时，备用电源自动投入装置经延时 t_1 动作跳开主供线路开关，后再经延时 t_2 合上备供线路/母联开关。优化后的动作逻辑图如图 1-73 所示。

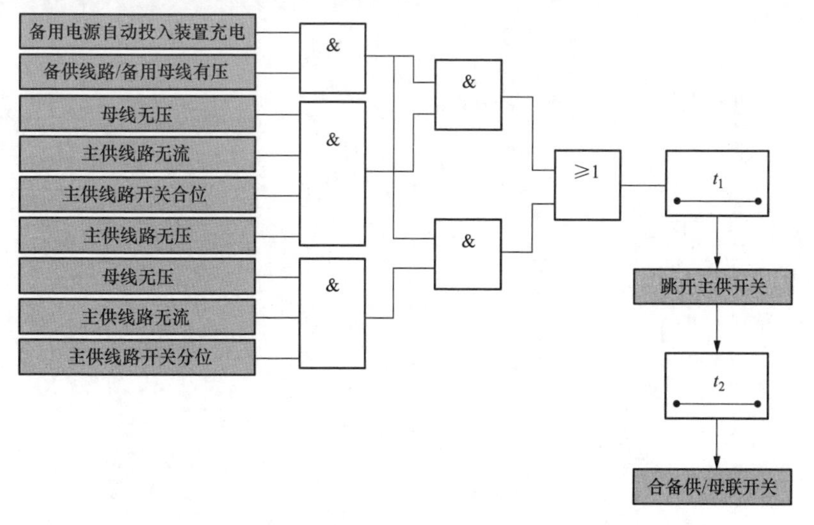

图 1-73　优化后的备用电源自动投入装置动作逻辑图

（2）调整现有的操作方式，在 220 kV 及以上母线倒闸操作过程中采取下列步骤：断开待停电母线侧电压互感器二次空气开关；断开待停电母线侧电压互感器隔离开关；断开母联断路器；拉开待停电母线侧隔离开关；拉开运行侧母线隔离开关。

（3）在断开母联断路器后应检查各母线电压互感器二次电压，在母线侧刀闸操作后，应检查切换继电器动作情况，确认电压切换装置上刀闸变位与现场一致、“切换继电器同时动作”信号可正常复归、保护装置或计量装置电压正常后，方可进行下一步的操作，并将上述检查内容写人操作票中。

（4）加强对电压切换回路的定检维护。刀闸的辅助刃关一般设置在户外，长期的恶劣环境导致辅助接点经常挂现异常，对于电压切换回路，每年必须对隔离开关辅助扫点、切换继电器进行检查，确保接触良好。

案例 33: 变电站主变压器烧损

一、 故障前运行状态

330kV 乙变电站和 110kV 甲变电站在一个围墙内。330kV 乙变电站、110kV 甲变电站一次接线图如图 1-74 所示。

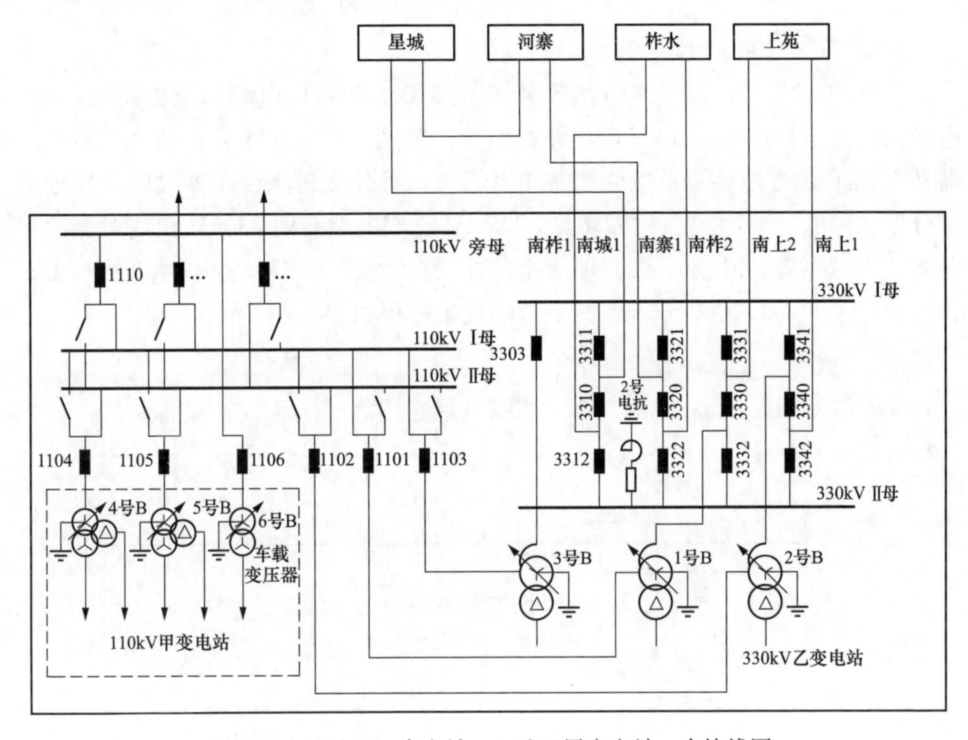

图 1-74 330kV 乙变电站、110kV 甲变电站一次接线图

1. 330kV 乙变电站

变电站共有 3 台主变压器，编号为 1、2、3 号，为 330/110/35kV 三绕组变压器。330kV 系统接线为 3/2 接线，共有 6 回出线。110kV 系统接线为双母线带旁母，共有 14 回出线，连接 16 座 110kV 变电站，其中 13 座由乙变电站作为主供电源。1、2 号主变压器 35kV 侧带避雷器，3 号主变压器 35kV 系统接线为单母线接线，带补偿装置。

2. 110kV 甲变电站

变电站共有 3 台主变压器，编号为 4、5、6 号。4、5 号主变压器为 110/35/10kV 三绕组变压器。35kV 系统单母线分段，并列运行，共有 6 回出线。10kV 系统单母线分段，分列运行，共有 19 回出线。6 号主变压器为临时车载变压器，为 110/10kV 两绕组变压器，没有 35kV 侧，10kV 侧与 4、5 号主变压器 10kV 侧无电气连接。

3. 站用系统

两站共用一套所用交流电源系统。1、2 号站用变压器分别取自 4、5 号主变压器 10kV 侧Ⅰ、Ⅱ段母线，0 号站用变压器取自 35kV 韦杜线。

二、 故障发生过程及处理步骤

1. 故障发生时间和地点

某日 00:25:10，位于某市某区某路与某街十字路口电缆沟道内发生爆炸，电缆沟道井盖被炸开，10kV 配电箱被掀翻；随后，110kV 甲变电站 2 台主变压器及 330kV 乙变电站 1 台主变压器相继起火，另外 2 台主变压器故障，导致某部分区域停电。00:27:25 故障切除，330kV 乙变电站 6 回 330kV 出线对侧故障跳闸，故障隔离。01:20，站内明火全部扑灭。01:58，96%左右停电负荷恢复。2 天后 03:53，供电全部恢复。故障发生过程如图 1-75 所示。

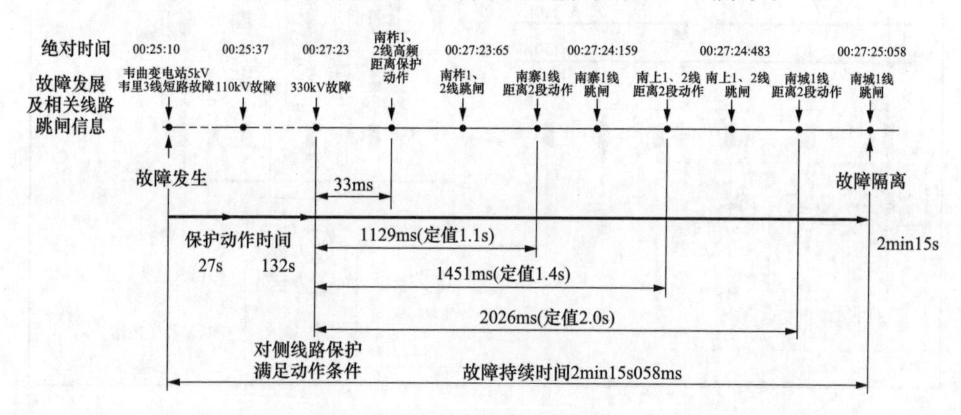

图 1-75 故障发生过程

2. 故障现场调查情况

故障现场涉及两个区域，分别为某区某路与某街十字路口电缆沟道、某路 330kV 乙变电站和 110kV 甲变电站。

(1) 电缆沟道。

现场勘查，某路与某街十字路口向西沟道内有明显过火痕迹，沟道内电缆隔层架断裂严重。十字路口西 19m 处沟道内壁有橡胶材料燃烧后的结晶附着。

十字路口北 30m，某东侧地铁二号线配电箱被掀翻，配电箱顶盖、侧门向东飞出，砸破临街饭馆大门飞入饭馆内，顶盖距离原配电箱约 5m，侧门距离原配电箱约 8m。冲击波将饭馆门口北侧停放的一辆小轿车后挡风玻璃、后备箱、侧门损坏。

十字路口向南西侧长约 20m、宽约 1.1m 的路面发生沉降、断裂，路面下的电缆沟道内有明显过火痕迹，沟道一井盖被炸开。

（2）330kV 乙变电站设备受损情况。

1）330kV 3 号主变压器烧损：油箱、端子箱、控制柜、升高座、散热器及框架等部件有明显过火痕迹，油漆表面烧损，外形无变形。铁心、绕组、引线经检查散落有碳化物，器身上端引线及出线装置支架烧损，器身外观整齐，套管烧损。此外，3 号主变压器 330kV 避雷器损坏，3 号主变压器 35kV 断路器 C 相触头烧损，35kV 过桥母线烧毁。如图 1-76、图 1-77 所示。

图 1-76 330kV 乙变电站 3 号主变压器烧损

图 1-77 35kV 过桥母线烧毁

2）330kV 1、2 号主变压器喷油。

3）110kV Ⅰ母管型母线受故障影响断裂，1104 断路器与刀闸两相引线断裂、1135 南山Ⅰ间隔Ⅱ母刀闸与断路器连接引线三相断裂，南山Ⅰ间隔Ⅰ母刀闸 B 相绝缘子断裂，其余两相有不同程度损伤。

（3）110kV 甲变电站设备受损情况。

110kV 4、5 号主变压器烧损：油箱、套管、储油柜、升高座、散热器、端子箱等部件有明显过火痕迹，油漆表面烧毁，外观无变形。4 号主变压器器身有污染，上端引线有烧蚀；5 号主变压器器身完整无变形，绕组铁心无异常，引线无变形移位。35kV Ⅱ母电压互感器及刀闸、韦里Ⅲ开关及刀闸等设备受损。受损情况如图 1-78～图 1-80 所示。

图 1-78　4 号主变压器受损情况

图 1-79　5 号主变压器受损情况

3. 故障处理过程

故障发生后，国家能源局和某省委省政府领导同志高度关注，相继作出批

图 1-80 分支箱受损情况

示，就指导督促恢复供电、故障调查、避免类似事件发生提出要求。相关部门迅速反应、积极联动、及时处置。国网某省电力公司成立了以总经理为组长、领导班子成员和各有关部门参加的应急处置领导机构，下设现场抢修、运行保障、安全监督、故障调查、物资保障等 10 个工作组，全方位迅速开展应急处置工作。

某日 00:55～01:58，陆续将除 110kV 甲变电站以外的 7 座失压变电站倒至周围 330kV 变电站供电，110kV 甲变电站所供客户通过转带方式恢复供电。06:34～09:26，乙变电站 330kV 6 回进出线及 330kV Ⅰ、Ⅱ 母带电运行，330kV 主网架全部恢复正常运行方式。两天后 03:53，110kV 甲变电站 2 台主变压器投运，全部用户恢复正常供电，共历时 51h。

因正在进行 110kV 母线 GIS 改造，为尽快恢复 330kV 乙变电站号、2、3 号主变压器及 110kV 母线供电，国网某省电力公司组织近 600 人连续作业，于某日凌晨 03:55 完成了 330kV 主变压器抢修、110kV GIS 间隔安装验收、48 面二次屏柜的安装调试，改接投运了 110kV 电缆送出线路，恢复了 330kV 乙变电站的正常供电方式。抢修期间，考虑原供电范围内负荷转移导致电网方式薄弱、设备重载、以及迎峰度夏大负荷等因素，紧急抽调 233 人的保电力量，对河寨等 7 座 330kV 变电站、郭杜等 6 座 110kV 变电站恢复有人值守，对重要线路开展特巡特护，强化设备状态监督，每天发布风险预警，保证抢修期间电网的安全运行和可靠供电。故障发生后，组织省市两级营业、客服、用电检查 200 余人与高压用户逐户联系，在大型居民小区张贴停电公告，对重要用户上门做好沟通解释工作。

4. 故障直接经济损失和对外影响情况

故障直接造成 1 台 330kV 变压器、2 台 110kV 变压器烧损，部分 110、

35kV电气设备损坏报废。依据《企业职工伤亡事故经济损失统计标准》(GB 6721—1986)等标准和规定统计，已核定直接经济损失378.2万元人民币。

故障造成330kV乙变电站全停，周边8座110kV变电站失压。共计损失负荷24.3万kW，占某地区总负荷的7.34%，占××电网总负荷的1.48%。

5. 故障认定

依据《生产安全事故报告和调查处理条例》(国务院493号令)、《电力安全事故应急处置和调查处理条例》(国务院599号令)和《电力安全事件监督管理规定》(国能安全〔2014〕205号)，认定本次故障为一般设备故障。

三、故障原因分析

本次故障诱因是：35kV韦里Ⅲ电缆中间头爆炸，如图1-81所示。

图1-81 韦里Ⅲ故障电缆中间头受损情况

主要原因是：站内站用交流电源中断，蓄电池未能提供直流电源，造成保护及控制回路失去直流电源而不能动作，故障越级，330kV和110kV变压器持续承受短路电流，超过变压器热稳极限，导致变压器着火烧损。

站内站用交流电源中断的原因是：在110kV变压器近区发生三相短路故障后，电压降低，1、2号站用变压器低压侧380V总开关失压脱扣动作；蓄电池未能提供直流电源的原因是改造后的两组新蓄电池至直流两段母线之间串接的刀闸断开，蓄电池未与直流母线导通。

1. 变压器着火原因

按照变电站设计原则，正常情况下，35kV韦里Ⅲ电缆故障后，首先应由该电缆出线保护动作，出线开关跳闸，切除故障。如果保护未动作，不能切除故障时，故障就会越级至35kV母线、110kV主变压器。此时，如果相应保护仍未动作，将造成故障继续越级，进一步发展至110kV母线，乃至330kV主变压器。其间，故障点不能快速切除，短路电流就会持续存在，造成电气设备受损。

变压器遭受持续的过电流后，使其内部绕组发热，变压器油受热膨胀，释压器动作，热油喷出。

查阅330kV乙变电站直流蓄电池巡检装置记录，站用交流系统异常发生时刻为某日00:25:10，判定此时为35kV电缆三相短路故障时间。

00:25:37，330kV系统B相电流增大，同时伴随出现零序电流，可以推断此时110kV主变压器已发生B相接地故障。按照故障发生时运行方式计算，35kV故障点短路电流持续存在，超过变压器热稳极限，110kV变压器释压器相继动作，喷油，溢出的油气遇到过热的导线起火。

00:27:23，330kV系统短路电流突然大幅增加，开始时呈现B、C相短路形态，随后转换为三相短路，可以推断此时故障已发展至330kV主变压器。110kV故障点短路电流持续存在，330kV变压器释压器动作喷油。其中3号主变压器330kV侧套管由于电动力作用从根部断裂，330kV侧短路接地，3号主变压器起火；3号主变压器330kV侧短路接地后，加快了对侧变电站保护动作切除故障的速度，1、2号主变压器仅喷油，未着火烧损。

2. 保护装置动作情况分析

35kV韦里Ⅲ电缆故障后，110kV A变电站、330kV ××变电站站内所有保护装置均未正常启动，造成故障越级，最终故障由××变电站330kV出线对侧保护动作切除。330kV出线对侧保护动作正确。

3. 110kV甲变电站、330kV乙变电站内保护均未正常动作分析

按照设计要求，变电站保护、控制、信号及自动装置工作电源一般由站内直流系统提供。直流系统由充电装置和蓄电池组等设备构成，是一种在正常和故障状态下都能保持可靠供电的直流不停电电源系统。正常运行方式下，充电装置在承担经常性负荷的同时向蓄电池补充充电，使蓄电池组以满容量的状态处于备用。充电装置电源引接自所用交流电源，当交流电源中断时，由蓄电池组提供直流电源。由此得出，110kV甲变电站、330kV乙变电站站内保护均未正常动作说明站内站用交流电源中断，蓄电池未能提供直流电源。

4. 站用交流电源中断分析

35kV侧韦里Ⅲ电缆发生故障后，由于故障点距离甲变电站35kV母线仅700m，35kV母线电压突降至额定电压的10%左右，10kV、380V侧电压随之出现相同程度的降低。1、2号站用变压器低压侧380V总开关均采用失压脱扣功能，在变压器近区发生三相短路故障时，电压降低后，开关失压脱扣动作跳闸，站用交流电源全部失电。

5. 蓄电池未能提供直流电源分析

站用交流电源全部失电后，3台充电机交流电源失去。1、2号充电机与1、

2 号蓄电池组均通过此次直流系统改造前原蓄电池 1、2 号双投刀闸与母线联络。故障前，1、2 号双投刀闸均处于断开位置，蓄电池实际未能与直流母线导通。直流系统原理图如图 1-82 所示。

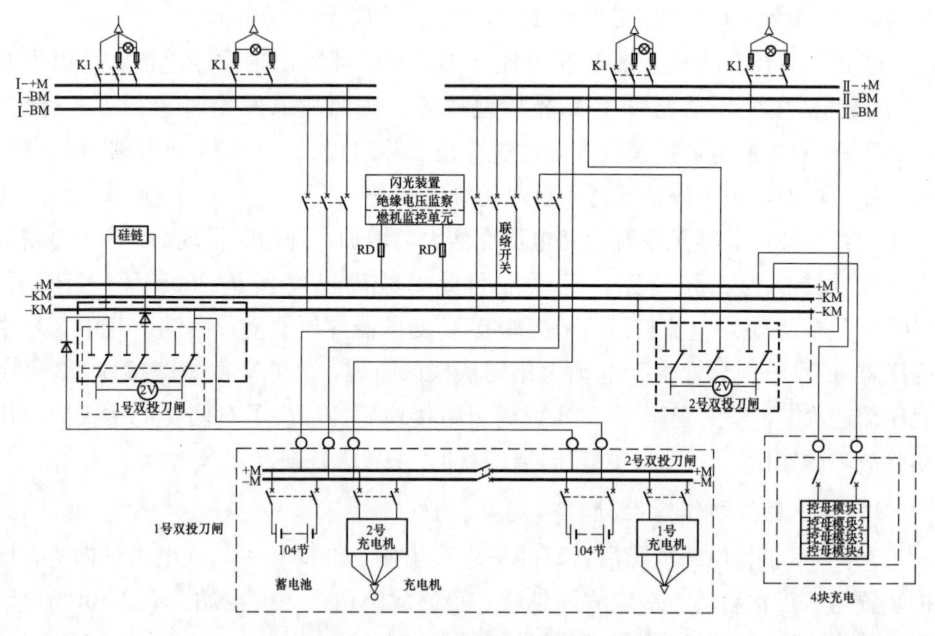

图 1-82　直流系统原理图

发生故障时，双投刀闸处于断开位置，使蓄电池组及充电机脱离直流母线，如图 1-83 所示。

6. 造成双投刀闸在断开位置以及存在寄生回路原因分析

330kV 乙变电站直流系统历经多次改造。在 2013 年的改造后，二次回路中 1、2 号双投刀闸间连接线未拆除，两组蓄电池负极间存在一个等电位连接点，同时两组蓄电池的负极分别连接至直流Ⅰ、Ⅱ段合闸母线，有些馈线两段供电并未在改造中完全分开，未真正意义上实现直流Ⅰ、Ⅱ段分段运行，给本次故障的发展埋下了隐患。

某年 4、6 月，分别对原直流Ⅰ、Ⅱ段完成了改造。改造后，1、2 号双投刀闸均处于断开位置，直流母线即处于无蓄电池运行状态。

7. 直流母线失电分析

站用交流失压原因：由于 35kV 韦里Ⅲ线故障，造成 1、2、0 号站用变压器失电，直流系统失去交流电源。

直流系统失电原因：故障后，现场检查Ⅰ、Ⅱ段双投刀闸贴有“备用”标识，改造后双投刀闸的标识命名错误，刀闸处于断开位置，导致新更换两组

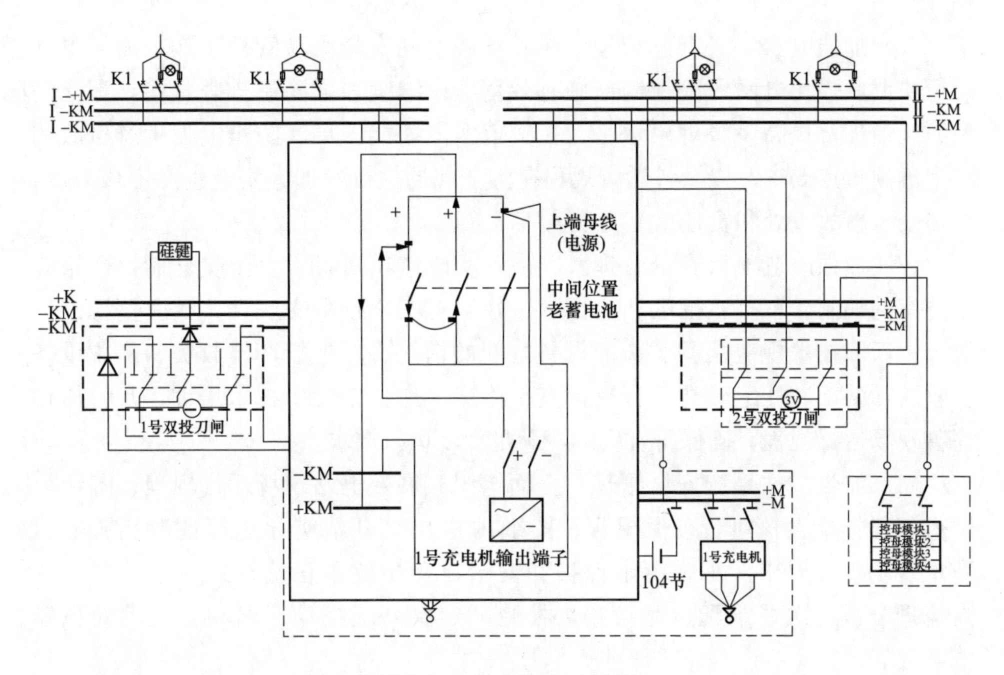

图 1-83 发生故障示意图

蓄电池未与直流母线导通，在充电屏交流电源失去后，造成直流母线失压。

监控系统未报警原因：蓄电池和直流母线未导通，监控系统未报警，原因为直流系统改造后，有 4 块充电模块接至直流母线，正常运行时由站用交流通过充电模块向直流母线供电。

综上所述，本次故障起因是 35kV 韦里Ⅱ Ⅰ电缆中间头爆炸，同时电缆沟道内存在可燃气体，发生闪爆。故障主要原因是 330kV 乙变电站在站用交流全部失电情况下，失去直流支撑，全站保护及操作电源失效，保护无法动作，造成故障越级。

四、 整改措施

（1）加强电力生产技术管理。组织人员深入研究 330kV 乙变电站存在的以下技术问题，尽快提出改进和完善方案，并抓紧落实整改措施：

1）110kV 甲变电站、330kV 乙变电站共用站用、直流系统带来的风险。

2）对乙变电站站用变压器从 110kV 主变压器 10kV 侧引接，还是从 330kV 3 号主变压器 35kV 低压侧引接进行对比分析。

3）站用变压器 380V 进线开关的失压脱扣配置和延时参数设定是否合理。

4）备用站用变压器高峰负荷期的运行方式安排。

5）针对本次故障可能对接地网、二次电缆、电缆屏蔽层等造成的隐性损伤等。

（2）加强电力生产安全管理。深入开展电网安全风险管控工作，加强电网运行协调，强化电网风险控制措施有效落实。继续加强隐患排查整治，深化隐患源头治理，提高设备健康水平。扎实落实国家能源局《防止电力生产事故的二十五项重点要求》以及各运行规程在生产现场执行，加大安全生产考核力度，严格安全事故查处和责任追究力度。

（3）加强改造项目安全管理。严格落实改造项目各方安全责任制，严格施工方案的编制、审查、批准和执行，做好施工安全技术交底，尤其应重视改造过程中新旧技术规范之间、新旧设备之间的衔接。严把投产验收关，防止设备验收缺项漏项，杜绝改造工程遗留安全隐患。加强新设备技术培训，及时修订完善现场运行规程，确保符合实际，满足现场运行要求。

（4）加强二次系统安全管理。全面组织开展变电站现场运行规程、图纸等运行资料排查、核对，确保规程、图纸内容与变电站实际运行情况相符，且满足现场运行要求。加强继电保护和安全自动装置不正确动作风险分析，认真梳理分析二次系统配置和策略，杜绝因二次系统拒动、误动导致大面积停电事故。

（5）加强直流系统安全管理。立即开展直流系统专项隐患排查，特别针对各电压等级变电站直流系统改造工程，全面排查整治组织管理、施工方案、现场作业中的安全隐患和薄弱环节，坚决防止直流等二次系统设备问题导致故障扩大。

（6）加强电力电缆安全管理。尽快组织开展电力电缆及通道专项隐患排查整改工作，建立电缆沟道及其他电力设施详细台账，加强维护检修及状态评价，尤其要对用户资产的设备，加强专业指导，督促严格执行国家相关技术标准规范，防止用户设备故障影响电网安全运行。

（7）加快配电网建设。加快配电网建设，完善和加强电网网架结构，加强电网互供能力，从源头上消除和降低电网安全风险，确保城市供电安全可靠。同时，主动汇报，寻求政府相关部门支持，加快电网项目涉及的征地、廊道、林木砍伐、拆迁、补偿等相关手续办理和实施，促进电力建设工程的顺利进行。

（8）加强从业人员安全技能培训。加强对工作负责人安全管理及业务知识培训，严格审查负责人资格，确保负责人能够切实胜任现场工作。同时加大员工技术培训，使其能够及时了解新设备、新系统的运行变化情况，提高人员紧急情况下故障判断、处置能力，应对可能发生的突发故障。

（9）加强电缆沟道管理。建议政府有关部门组织规划、建设、市政、电力、燃气、热力等单位，对可能危及电缆及沟道安全的地下管线进行全面排查；对不明归属的电缆沟道，尽快明确运维责任单位，督促落实电缆及通道的隐患治

理，逐步解决其“失维失修”问题；加快城市地下综合管廊建设，提高规划、设计标准，规范新投电缆运行管理。

（10）加强电力安全信息报送工作。加强对电力安全信息报送相关规定学习、宣贯，完善内部信息报送制度，理顺信息报送渠道，落实信息报送责任人，严格做好电力安全事故、突发安全事件信息报送工作。

案例 34：330kV 变电站全停

一、故障前运行状态

330kV 甲变电站Ⅰ、Ⅱ母并列运行，第一串（清六Ⅱ线、1 号主变压器）、第二串（2 号主变压器，清六Ⅰ线）、第三串（清黄Ⅰ线、清固Ⅰ线）、第四串（清安线、清固Ⅱ线）整串运行，1、2 号主变压器并列运行，相关 330kV 系统接线如图 1-85 所示。

某日，330kV 甲变电站按调度令启动 330kV 清安线，由于同串 330kV 清固Ⅱ线当时还未建成，本次 330kV 清安线启动未投运 3340 断路器，仅投运了 3341 断路器。某日，站内按调度令启动 330kV 清固Ⅱ线及 3340、3342 断路器。操作人田某、监护人王某、值班负责人黄某在操作票填写、审核及执行中仅对清固Ⅱ线两套保护相关压板进行了核对检查及投入操作，未对已运行的清安线两套线路保护跳 3340 断路器出口压板及启动 3340 断路器失灵压板进行核对检查及投入操作。在投运后近一年的巡视检查中，运维人员也未发现上述压板未投入。

二、故障发生过程及处理步骤

某日 09:13，330kV 甲变电站 330kV 清安线因吊车碰线 A 相故障，清安线差动保护及距离Ⅰ段保护动作，跳开 3341 断路器，3340 断路器未跳开，330kV 清六Ⅰ线、清六Ⅱ线、清固Ⅰ线、清固Ⅱ线、清黄Ⅰ线对侧线路后备保护动作跳闸，330kV 甲变电站全站失压，全站停电示意图如图 1-84 所示。

330kV 甲变电站所带 110kV 三营变电站、瓦亭变电站、西吉变电站、南郊变电站、将台变电站备用电源自动投入装置动作，未损失负荷；两条进线均来自甲变电站的 110kV 高平变电站、申庄变电站全停，损失负荷 2 万 kW，停电 1.8 万用户。某热电厂全停，损失出力 42.5 万 kW；同时某第一风电场 24 台风机、另一风电场 31 台风机脱网。09:50，通过 110kV 清南线恢复 330kV 甲变电站 110kV 母线运行后，损失负荷全部恢复。至 13:18，除清安线外，故障停电设备全部恢复运行。

三、故障原因分析

1. 事件直接原因

330kV 清安线号 374 塔大号侧 120m 处吊车碰线，导致线路 A 相故障。

2. 事件扩大原因

330kV 清安线两套线路保护跳 3340 断路器出口压板，启动 3340 断路器失

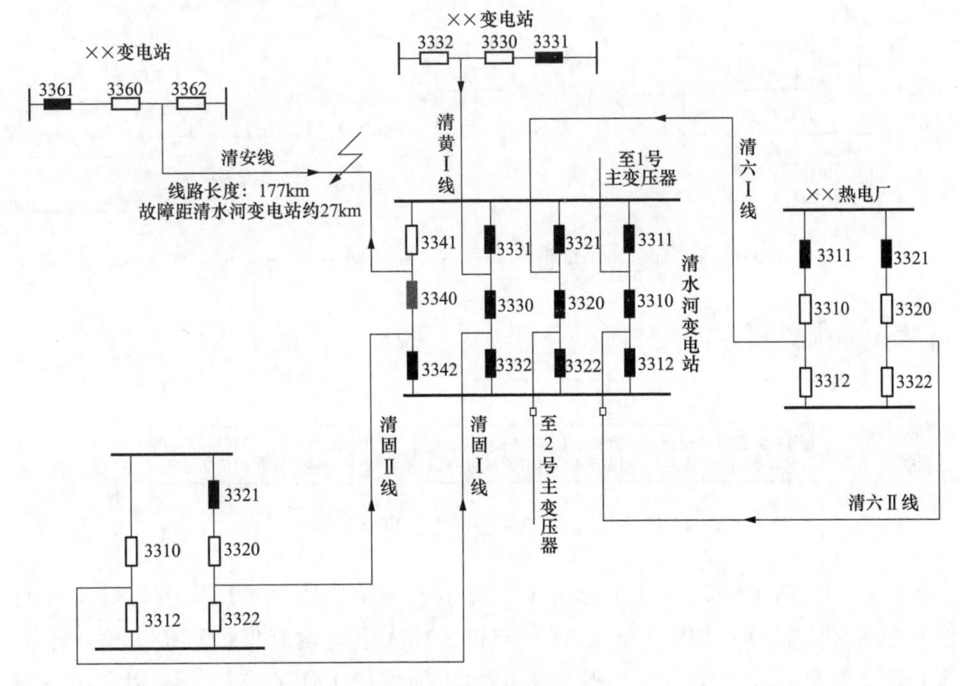

图 1-84 全站停电示意图

灵压板未投入，导致清安线故障后 3340 断路器无法跳闸，同时断路器失灵保护无法启动，故障不能及时切除，造成 330kV 甲变电站其余 5 回 330kV 出线对侧后备保护动作跳闸，330kV 甲变电站全停。

该起事件也暴露出相关单位在安全生产管理方面还存在明显问题：①对新设备启动生产准备不充分，未组织相关人员对新投产设备开展技术培训，未及时修订现场运行规程；②变电运维人员安全意识淡薄、业务技能欠缺，对操作票现场编制、审核把关不严，对 3/2 断路器接线二次回路不熟悉，二次设备巡视质量不高；③隐患排查治理工作不到位，未及时发现压板未投重大隐患，对相应二次设备和继电保护装置检查不到位，造成保护压板未投入这一明显隐患未及时消除；④未能有效防范外力破坏，未及时发现线下施工作业点，现场群众护线员巡视不到位。故障原因分析逻辑如图 1-85 所示。

四、 整改措施

（1）扎实开展二次系统安全隐患排查治理工作。要深入排查电力二次系统存在的缺陷和隐患，特别是变电站保护装置压板、保护用直流电源、二次设备投运移交等方面存在的问题。要加强隐患排查动态跟踪和督导，确保隐患排查治理质量和效果。

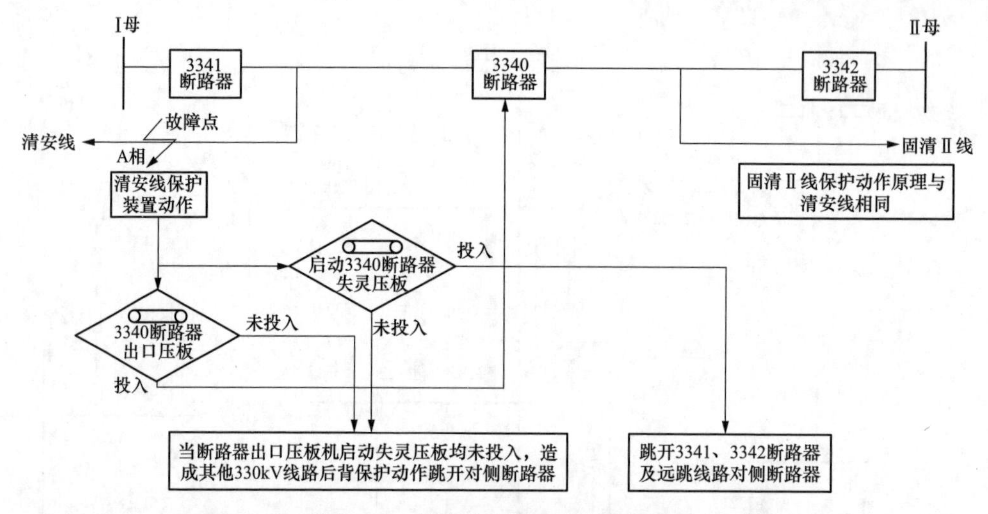

图 1-85　线路故障原因分析逻辑图

（2）加大防范外力破坏工作力度。要结合本单位实际，摸清电力设备及通道外力破坏隐患点，加强日常巡视和防护，加大电力设施保护宣传力度，落实警企联防制度，积极争取当地政府对电力设施保护工作的支持。要制定和完善电力应急预案，提升突发事件应急响应和应急处置能力。

案例35：220kV甲变电站35kV母线TV断线后发生线路故障引起35kV备用电源自动投入装置动作

一、故障前运行状态

某日，220kV甲变电站35kV Ⅱ母TV断线，异常查找过程中，35kV Ⅱ母所带白沙线路因风筝挂线发生A、B相间短路，线路保护过电流Ⅰ段动作，铁路线362断路器分闸，重合闸动作合闸后，线路保护过电流Ⅰ段动作跳开。3s后35kV备用电源自动投入装置动作，跳开2号主变压器低压侧断路器，跳合35kV母联断路器。

220kV甲变电站供电系统事件发生前运行方式如图1-86所示。35kV单母分段运行，2号主变压器经35kV Ⅱ母线供361线、362线、2号站用变压器。362线运行，361线热备用。

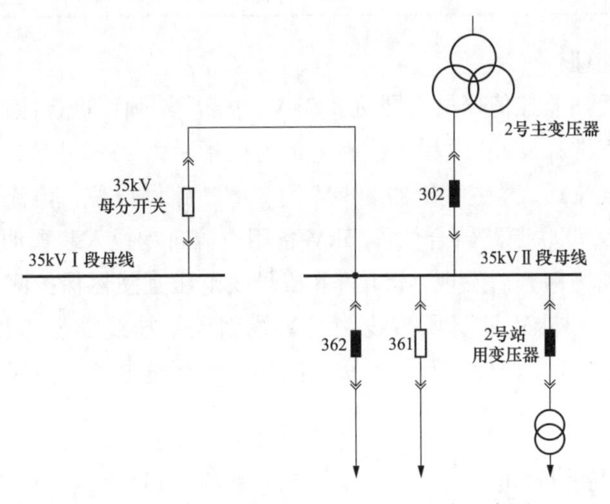

图1-86 220kV甲变电站35kV接线示意图

二、故障发生过程及处理步骤

某日，甲变电站系统故障告警，相关主要故障信号见表1-10。

表1-10 变电站后台监控相关主要故障信息

时间	事件描述	动作状态
03-24 10:24:22	35kV Ⅱ母TV断线	动作
03-24 10:25:52	35kV ××线保护CSC-212保护动作	动作
03-24 10:25:52	35kV ××线保护CSC-212过电流Ⅰ段	动作
03-24 10:25:52	35kV ××线362开关总出口跳闸	动作

续表

时间	事件描述	动作状态
03-2410:25:52	35kV ××线 362 断路器	分闸
03-2410:25:54	35kV ××线保护 CSC-212 重合闸	动作
03-2410:25:54	35kV ××线 362 断路器	合闸
03-2410:25:54	35kV ××线保护 CSC-212 保护动作	动作
03-2410:25:54	35kV ××线保护 CSC-212 过电流Ⅰ段	动作
03-2410:25:54	35kV ××线 362 断路器总出口跳闸	动作
03-2410:25:54	35kV ××线 362 断路器	分闸
03-2410:25:57	35kV 备用电源 CSC-246 装置备用电源自动投入装置	动作
03-2410:25:57	35kV 备用电源 CSC-246 装置跳进线Ⅱ	动作
03-2410:25:57	2 号主变压器 35kV302 断路器总出口跳闸	动作
03-2410:25:57	2 号主变压器 35kV 302 断路器	分闸
03-2410:25:57	35kV 备用电源 CSC-246 装置合分段	动作
03-2410:25:57	35kV 母联 312 断路器	合闸

现场检查处理：

故障发生后，监控值班员立即对 220kV 甲变厂站画面进行检查，发现 35kV Ⅰ段母线电压正常；35kV Ⅱ段母线有电但电压指示为 0；35kV 362 断路器变位闪烁，线路无电流；2 号主变压器 35kV 侧 302 断路器分位，电流、有功、无功指示为 0；35kV 母联断路器合位；35kV 备用电源自动投入装置动作成功。

运行人员现场检查后发现，35kV Ⅱ段母线电压互感器保护测量二次电压小开关 ZKK 跳开，35kV Ⅱ母所带线路××线因风筝挂线发生 A、B 相间短路，35kV ××线过电流Ⅰ段保护动作，重合闸动作后，过电流Ⅰ段保护再次动作断开 362 断路器。

三、 故障原因分析

正常线路发生两相短路，过电流保护和重合闸成功动作后会切除线路故障，不会造成故障扩大。正常 35kV 母线 TV 断线，系统不会跳闸，即使所带线路发生两相短路，也不会造成备用电源自动投入装置动作。但由于该站 35kV Ⅱ段母线所带负荷特殊，只有 361 断路器、362 断路器和 2 号站用变压器 3 条线路且 361 断路器线路热备用。在 362 断路器线路两相短路退出运行后，该母线只带 2 号站用变压器运行，此时流过 2 号主变压器低压侧断路器的电流较小可忽略不计，备用电源自动投入装置检测到进线无流。又由于 35kV Ⅱ母 TV 断线，备用电源自动投入装置检测到线路无压，满足备用电源自动投入装置动作条件，备用电源自动投入装置动作，造成了此次故障的发生。

四、整改措施

（1）合理进行线路规划建设，避免特殊情况下的保护误动作。

（2）结合设备停电检修，定期检查开关状态。

（3）变电运维监控人员应对“TV断线”异常信号，重点检查分析，发现异常要及时进行现场检查。

（4）加强对运维、监控人员的日常培训，做到结合理论和现场实际情况，不断提升运维、监控人员工作能力，做好相关事故的预想和反事故演习。

案例 36：330kV 某线路发生 A 相异物短路接地引起变电站全停

一、故障前运行状态

故障发生前，3320、3322 断路器及 2 号主变压器检修。现场运维人员根据工作票所列安全措施内容，投入 3320 智能汇控柜合并单元 A、B 套“装置检修”压板，但永武一线两套线路保护装置“开关 SV 接收”软压板未退出，当 3320 合并单元装置检修压板投入时，3320 合并单元采样数据为检修状态，保护电流采样无效，造成相关电流保护闭锁，只有将保护装置“SV 接收”软压板退出，才能解除保护闭锁。330kV 甲变电站系统接线图如图 1-87 所示。

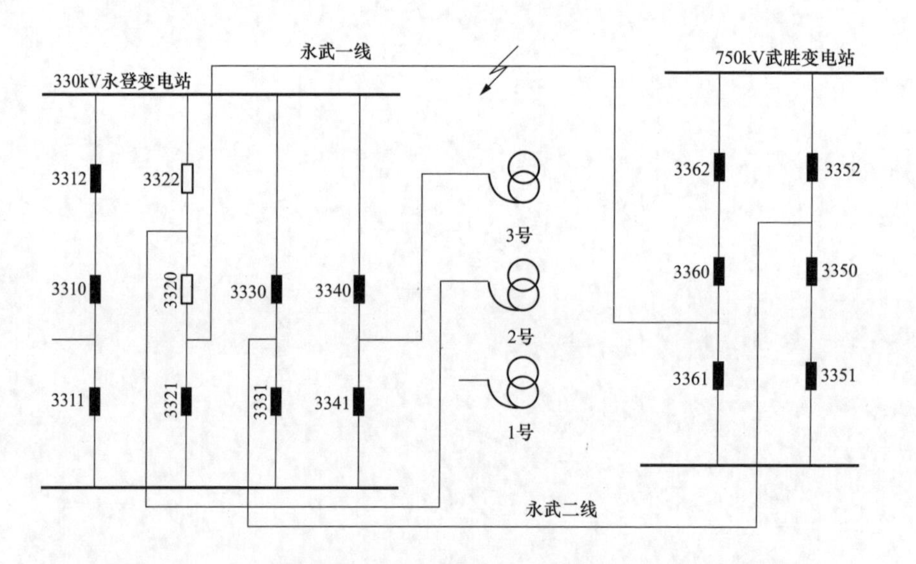

图 1-87　330kV 甲变电站系统接线图

二、故障发生过程及处理步骤

某日 03:59，永武一线路发生 A 相异物短路接地时，由于永武一线 330kV 永登变电站侧保护因 3320 断路器合并单元“装置检修”压板投入，线路双套保护闭锁，永登一线保护未动作，3321 断路器未跳开。导致永登变电站 1、3 号主变压器高压侧后备保护动作，跳开三侧断路器。

故障造成 330kV 甲变电站、110kV 8 座变电站、1 座牵引站、1 座水电站失压，损失负荷 17.8 万 kW。

3h 后，永登变电站损失负荷全部恢复。

三、 故障原因分析

直接原因：330kV永武一线号11塔A相异物短路接地。

扩大原因：330kV甲变电站3320断路器停运，3320合并单元“装置检修”压板投入，未将永武一线两套保护装置中“开关SV接收”软压板退出，造成永武一线两套装置保护闭锁，最终远后备保护动作，故障范围扩大，导致全站停电。

线路保护是南瑞继保PCS-931G-D型、许继电气WXH-803B型保护装置。PCS-931G-D保护装置告警信息“SV检修投入报警”含义为“链路在软压板投入情况下，收到检修报文”，处理方法为“检查检修压板退出是否正确”；WXH-803B保护装置告警信息“TA检修不一致”含义为“MU和装置不一致”，处理方法为“检查MU和装置状态投入是否一致”。按照保护装置设计原理，当3320合并单元装置检修压板投入时，3320合并单元采样数据为检修状态，保护电流采样无效，闭锁相关电流保护，只有将保护装置“SV接收”软压板退出，才能解除保护闭锁，现场检修、运维人员对以上告警信号含义不理解，没有做出正确处理。

四、 整改措施

（1）检修压板。继电保护、合并单元及智能终端均设有一块检修硬压板，装置将接收到GOOSE报文Test位、SV报文数据品质Test位与装置自身检修压板状态进行比较，做“异或”逻辑判断，两者一致时，信号进行处理或动作，两者不一致时则报文视为无效，不参与逻辑运算。

智能变电站装置检修压板：检修状态通过装置压板开入实现，检修压板应只能就地操作，当压板投入时，表示装置处于检修状态；装置应通过LED状态灯、液晶显示或报警接点提醒运行、检修人员装置处于检修状态。

（2）GOOSE检修机制。当装置检修压板投入时，装置发送的GOOSE报文中的test应置位；GOOSE接收端装置应将接收的报文中的Test位与装置自身的检修压板状态进行比较，只有两者一致时才将信号作为有效进行处理或动作，不一致时宜保持一致前状态；当发送方GOOSE报文中Test置位时发生GOOSE中断，接收装置应报具体的GOOSE中断告警，但不应报“装置告警（异常）”信号，不应点“装置告警（异常）”灯，如图1-88所示。

（3）SV检修机制。当合并单元装置检修压板投入时，发送采样值报文中采样值数据的品质q的Test位应置True；SV接收端装置应将接收的SV报文中的Test位与装置自身的检修压板状态进行比较，只有两者一致时才将该信号用于保护逻辑，否则应按相关通道采样异常进行处理；对于多路SV输入的保护装

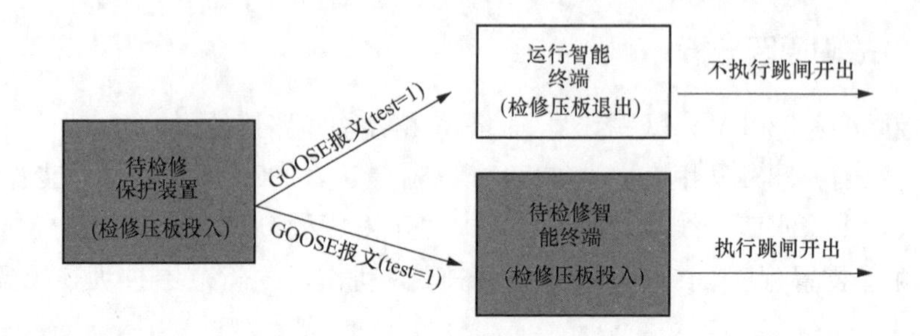


```
⊟ IEC 61850 GOOSE
    AppID*: 282
    PDU Length*: 150
    Reserved1*: 0x0000
    Reserved2*: 0x0000
  ⊟ PDU
      IEC GOOSE
      {
        Control Block Reference*:    PB5031BGOLD/LLN0$GO$gocb0
        Time Allowed to Live (msec):  10000
        DataSetReference*:    PB5031BGOLD/LLN0$dsGOOSE0
        GOOSEID*:    PB5031BGOLD/LLN0$GO$gocb0
        Event Timestamp:  2008-12-27 13:38.46.222997  Timequality: 0a
        StateNumber*:    2
        Sequence Number:  0
        Test*:    TRUE
        Config Revision*:    1
        Needs Commissioning*:    FALSE
        Number Dataset Entries:  8
        Data
        {
          BOOLEAN:  TRUE
          BOOLEAN:  FALSE
          BOOLEAN:  FALSE
```

图 1-88　GOOSE 检修机制

置，一个 SV 接收软压板退出时应退出该路采样值，该 SV 中断或检修均不影响本装置运行，如图 1-89 所示。

（4）软压板。软压板分为发送软压板和接收软压板，用于从逻辑上隔离信号输出、输入。装置输出信号由保护输出信号和发送压板数据对象共同决定，装置输入信号由保护接收信号和接收压板数据对象共同决定，通过改变软压板数据对象的状态便可以实现某一路信号的逻辑通断。

目前，智能站内只有保护、安全自动装置内设置软压板，合并单元及智能终端因未设置液晶面板，且未接入站控层网络，均未设置软压板；智能化保护的压板种类为：保护功能软压板、GOOSE 输入、输出软压板、SV 接收软压板、远方投退压板、远方切换定值区和远方修改定值软压板；“远方操作”只设硬压板。“远方投退压板”“远方切换定值区”和“远方修改定值”只设软压板，只能在装置本地操作，三者功能相互独立，分别与“远方操作”硬压板采用“与门”逻辑。

（5）SV 软压板。负责控制本装置接收来自合并单元采样值信息；软压板退

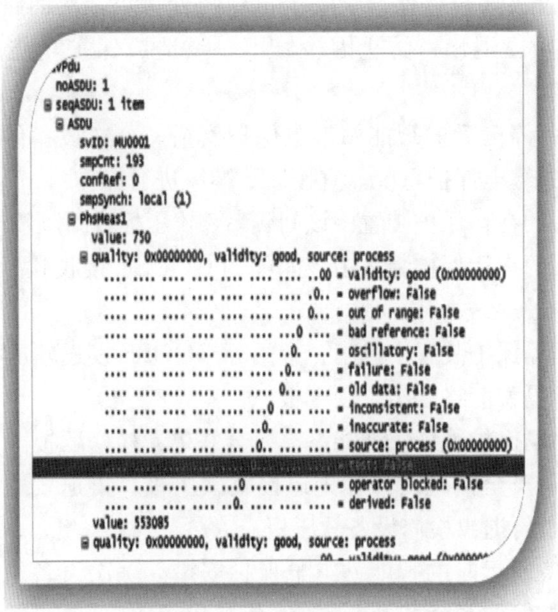

```
savPdu
  noASDU: 1
  seqASDU: 1 item
    ASDU
      svID: MU0001
      smpCnt: 193
      confRef: 0
      smpSynch: local (1)
      PhsMeas1
        value: 750
        quality: 0x00000000, validity: good, source: process
          .... .... .... .... .... .... .... ..00 = validity: good (0x00000000)
          .... .... .... .... .... .... .... .0.. = overflow: False
          .... .... .... .... .... .... .... 0... = out of range: False
          .... .... .... .... .... .... ...0 .... = bad reference: False
          .... .... .... .... .... .... ..0. .... = oscillatory: False
          .... .... .... .... .... .... .0.. .... = failure: False
          .... .... .... .... .... .... 0... .... = old data: False
          .... .... .... .... .... ...0 .... .... = inconsistent: False
          .... .... .... .... .... ..0. .... .... = inaccurate: False
          .... .... .... .... .... .0.. .... .... = source: process (0x00000000)
          .... .... .... .... .... 0... .... .... = Test: False
          .... .... .... .... ...0 .... .... .... = operator blocked: False
          .... .... .... .... ..0. .... .... .... = derived: False
        value: 553085
        quality: 0x00000000, validity: good, source: process
```

图 1-89 SV 检修机制

出时，相应采样值不显示，且不参与保护逻辑运算。SV 软压板包括电压 SV 接收软压板、电流 SV 接收软压板，保护装置按直接连接的合并单元（不包含级联合并单元）分别设置 SV 接收压板，如 3/2 接线形式的线路保护设置有电压 SV 接收、边断路器电流 SV 接收、中断路器电流 SV 接收软压板；在保护装置上就地退出 SV 压板时，装置发出告警提醒操作人员防止误操作，操作人员确认无误后可继续退出 SV 接收压板，远方操作时不考虑此功能；对于多路 SV 输入的保护装置，一个 SV 接收软压板退出时应退出该路采样值，该 SV 中断或检修均不影响本装置运行；电流 SV 接收压板退出与常规站保护封 TA 的功能相同。

当保护装置检修状态和合并单元上送的检修数据品质位不一致时，保护装置应报警，如“SV 检修不一致”，并闭锁相关保护；“SV 接收”压板退出后，不应发 SV 品质报警信息；当某一支路停役检修时，对应合并单元投入检修前，其他支路如果仍然要继续运行，须退出相关保护装置该间隔 SV 接收软压板，否则由于保护和合并单元检修不一致（或保护该支路电流采样异常），导致闭锁相关保护（如闭锁主保护、闭锁后备保护等）。

（6）智能站安措。按《智能变电站继电保护和安全自动装置现场检修安全措施指导意见》要求：智能变电站虚回路安全隔离应至少采取双重安全措施，如退出相关运行装置中对应的接收软压板、退出检修装置对应的发送软压板，放上检修装置检修压板。

操作保护装置检修压板前，应确认保护装置处于退出或信号状态，与之相关的运行保护装置（如母差保护、安全自动装置等）二次回路的软压板（如失灵启动软压板等）已退出，防止因检修不一致造成保护功能闭锁或相关保护告警。

（7）一次设备停运后的智能站继电保护安措。一次设备停运时，若需已停运一次设备间隔的继电保护系统，宜按以下顺序进行操作：

1）退出相关的在运保护装置中该间隔 SV 软压板或间隔投入软压板。

2）退出相关的在运保护装置中该间隔的 GOOSE 接收软压板（如启动失灵等）。

3）退出该间隔保护装置中跳闸、合闸等 GOOSE 发送软压板。

4）取下该间隔智能终端出口硬压板。

5）放上该间隔保护装置、智能终端、合并单元检修压板。

执行二次设备安全措施时，宜先退接收软压板，再退发送软压板；先退出运行设备软压板，再退出检修设备软压板。

（8）一次设备投运时的智能站继电保护安措。一次设备投运前，已停运一次设备间隔的继电保护系统需投入运行，宜按以下顺序进行操作：

1）取下该间隔合并单元、保护装置、智能终端检修压板。

2）放上该间隔智能终端出口硬压板。

3）投入该间隔保护装置跳闸、重合闸、启失灵等 GOOSE 发送软压板。

4）投入相关在运保护装置中该间隔的 GOOSE 接收软压板（如失灵启动、间隔投入等）。

5）投入相关在运保护装置中该间隔 SV 软压板。

案例37：110kV线路故障时站用变压器400V侧低压脱扣动作引发交直流系统失电、220kV线路距离保护误动

一、故障前运行状态

故障前全站设备均处正常运行方式，220、110、35kV系统Ⅰ、Ⅱ段母线均并列运行，保护正常投入，现场雷雨。220kV甲乙线201开关接Ⅰ段母线运行，220kV丙乙Ⅱ路202开关接Ⅱ段母线运行；110kV乙某线101开关接Ⅱ段母线运行；1号站用变压器接35kVⅠ段母线运行，2号站用变压器接35kVⅡ段母线运行。变电站主接线图如图1-90所示。

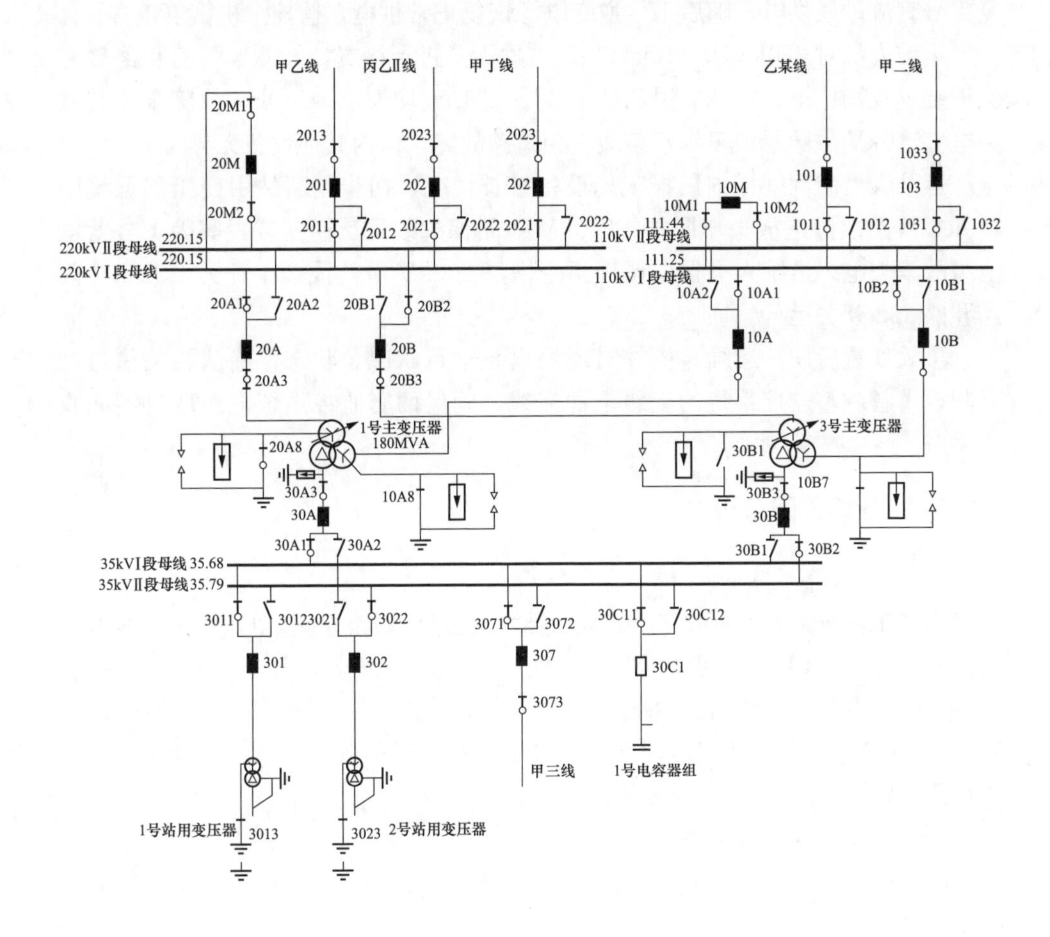

图1-90 变电站主接线图

二、 故障发生过程及处理步骤

事故处置初期，监控人员根据监控系统信号向调度作简要汇报并通知运维人员，运维人员反馈变电站监控主机失电，只得向监控员了解详细的监控系统信号，方便做现场检查。

事故处置中期，运维人员同时对直流系统和公用系统、220kV 线路相关设备、110kV 线路及站内其他设备进行检查。发现 1 号站用变压器 400V 侧 401 开关、2 号站用变压器 400V 侧 402 出现失压脱扣，400V 交流系统失电；1、2 号直流系统交流电源消失，1 号蓄电池电压异常，1 号直流母线无压，2 号蓄电池工作正常；1 号逆变电源失电，2 号逆变电源正常。判断交流系统受线路跳闸冲击失压后，按逐级试送的原则恢复站用变压器负荷，同时通过 2 号直流母线恢复 1 号直流母线供电，随后 1 号逆变电源恢复正常供电，监控主机恢复正常。

运维人员对 220kV 及 110kV 一、二次设备进行检查，220kV 丙乙Ⅱ路 B 套保护装置及操作箱、220kV 甲乙线 B 套保护装置均失电，220kV 故障录波装置失电。110kV 故障录波显示乙某线三相短路故障，站内其他设备无异常。

运维人员向调度详细汇报现场设备检查情况，初步判断站用变压器系统因 110kV 线路故障造成失压脱扣，220kV 线路保护装置、逆变装置等因 1 号蓄电池组故障失电。运维人员根据调度指令恢复 220kV 甲乙线 201 开关、220kV 丙乙Ⅱ路 202 开关运行。

事故处置后期，运维人员核对现场设备运行状况、状态，确认相关信号已复归，重新调整监控系统的上级电源接线，确保两套监控系统电源取自不同直流系统。

三、 故障原因分析

1. 交流系统失电分析

由变压器故障录波可知 110kV 乙某线三相近区短路期间，35kV 侧母线电压下降至 21%～24%U_n，引起 35kV 站用变压器 400V 侧电压低于开关脱扣电压（大于 65%U_n确保吸合，小于 30%U_n失压脱扣，30%～65%U_n为不确定区间），进而导致两台站用变压器开关都失压脱扣，交流系统失电。故障录波分析图如图 1-91 所示。

2. 1 号直流系统失电分析

5 号电池故障导致 1 号蓄电池组处于开路状态，交流输入停电后 1 号直流系统失电。

3. 综合自动化监控后台异常分析

交流系统失压后，第一组逆变电源的交、直流输入电源同时消失，导致接

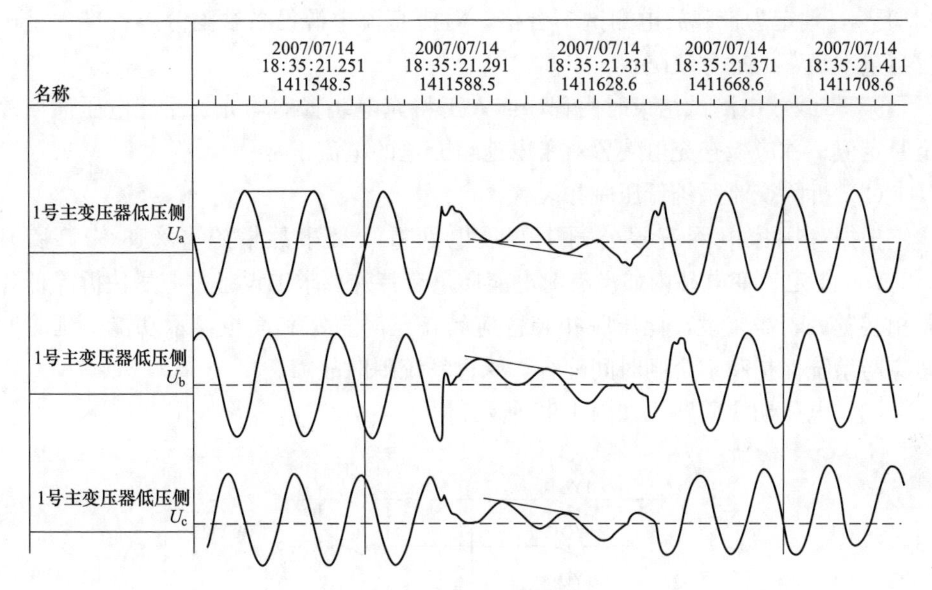

图 1-91 故障录波分析图

在该组逆变电源上的两台监控机掉电关机。

4. 继电保护装置误动分析

220kV 丙乙Ⅱ路线路 B 套保护装置及操作箱、220kV 甲乙线线路 B 套保护装置及操作箱的直流电源均取自 1 号直流系统。110kV 线路故障时，由于直流电源消失，220kV 丙乙Ⅱ路线路保护、220kV 甲乙线线路保护因 220kV 电压回路单位置切换继电器失去励磁返回，保护电压回路失压，因 110kV 线路故障时 220kV 线路保护已经启动，固未判为 TV 断线，保护进入低压距离程序，最终 220kV 丙乙Ⅱ路 A 套、220kV 甲乙线 A 套距离Ⅲ段出口动作。同时，220kV 丙乙Ⅱ路线路 B 套、220kV 甲乙线线路 B 套保护装置因直流电源消失未动作。

四、 整改措施

（1）开展蓄电池短时带载放电测试。

蓄电池短时带载放电测试可提前发现蓄电池内部开路或蓄电池组容量不足缺陷。

1）蓄电池带载放电测试前确认蓄电池处于正常浮充状态。

2）蓄电池带载放电测试开始时，启动直流监控装置的“蓄电池带载放电测试”程序或人工将充电装置的均充、浮充电压值下调至设定值（应大于 90％的直流额定电压，2V 电池的试验参数可设为 2.01×NV），让蓄电池组带实际运行负载放电 30min。如果蓄电池组端电压在 30min 内降至设定值或者单体电池电压降低超范围（2V 电池单体电压低于 2.0V，12V 电池单体电压低于

12.0V)，判定为带载放电测试不合格，对应直流电源设备缺陷分类标准“蓄电池容量不足”的危急缺陷。

3）带载放电测试结束时由程序或人工将充电装置的均充、浮充电压值恢复至原定值，并应检查充电装置对蓄电池组充电的电流正常。

（2）拆除交流系统低压脱扣装置。

根据《国家电网有限公司十八项电网重大反事故措施（2018 修订版）》5.2.1.8 规定，变电站内如没有对电能质量有特殊要求的设备，应尽快拆除低压脱扣装置。若需装设，低压脱扣装置应具备延时整定和面板显示功能，延时时间应与系统保护和重合闸时间配合，躲过系统瞬时故障。

（3）电压切换回路，如图 1-92 所示。

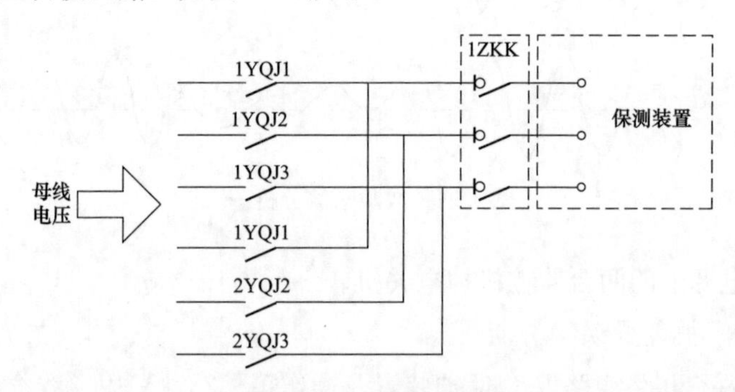

图 1-92　电压切换回路

1）单位置启动方式：针对电压切换回路双重配置的间隔（操作箱双重化配置），宜采用单位置启动方式。即由母线闸刀一副常开触点控制电压切换继电器的动作与返回，从而接通与断开间隔二次装置母线电压采集回路。单位置电压切换继电器回路如图 1-93 所示。

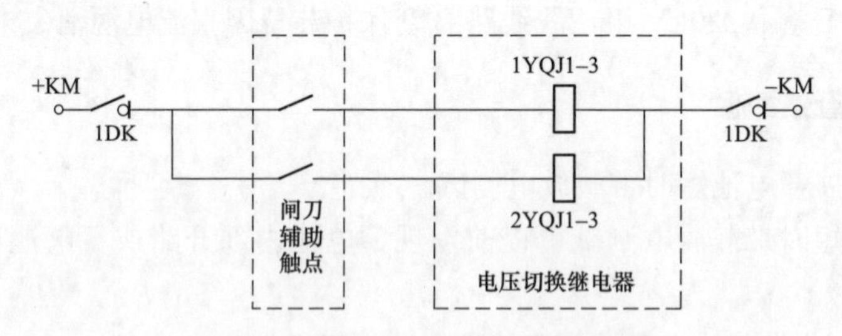

图 1-93　单位置电压切换继电器回路

2）双位置启动方式：针对电压切换回路单套配置的间隔（操作箱单套配置），宜采用双位置启动方式。即电压切换继电器采用磁保持继电器，由母线闸刀常开触点控制继电器的动作，并由母线闸刀动断触点控制继电器的返回。双位置电压切换继电器回路如图 1-94 所示。

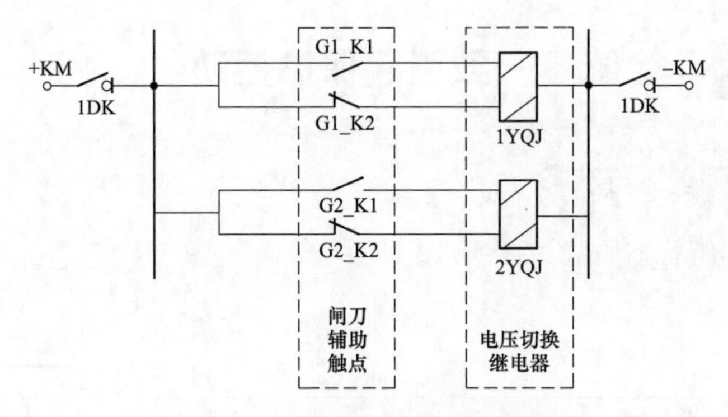

图 1-94 双位置电压切换继电器回路

案例38：检修不一致引起保护拒动

一、故障前运行状态

故障前运行状态如图1-95所示。

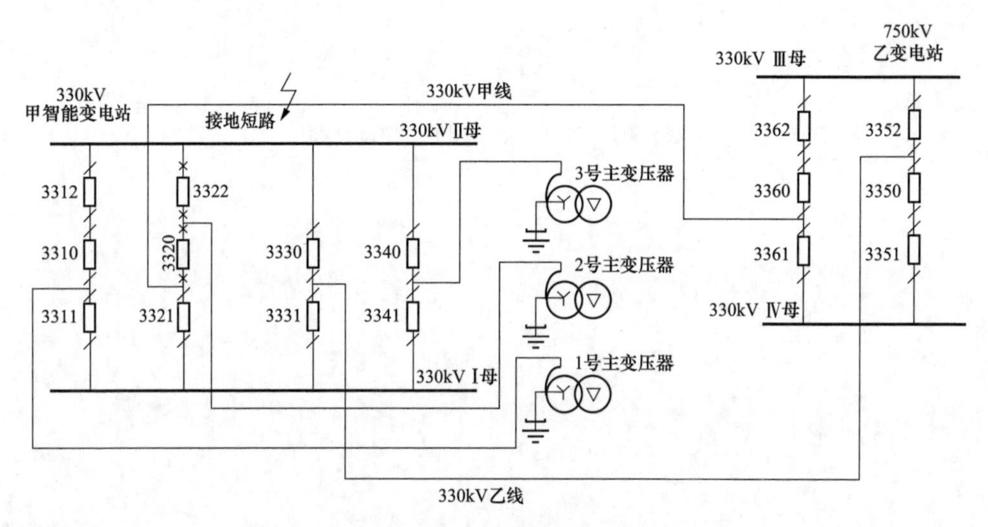

图1-95　故障前运行状态

二、故障发生过程及处理步骤

某日，330kV甲智能变电站进行2号主变压器及三侧设备智能化改造，改造过程中，330kV甲线11号塔发生异物A相接地短路。现场运维人员根据工作票所列安全措施内容，在未退出330kV甲线两套线路保护中的3320断路器SV接收软压板的情况下，投入3320断路器汇控柜合并单元A、B套“装置检修”压板，发现330kV甲线A套保护装置（PCS-931G-D）“告警”灯亮，面板显示“3320A套合并单元SV检修投入报警”；330kV甲线B套保护装置（WXH-803B）“告警”灯亮，面板显示“中TA检修不一致”，但运维人员未处理两套线路保护的告警信号。

330kV甲智能变电站中，330kV甲线两套线路保护自身的检修压板状态退出，而3320断路器合并单元的检修压板投入，SV报文中Test位置位，导致线路保护与SV报文的检修状态不一致，而此时并未退出线路保护中3320断路器的SV接收软压板，因此保护装置将3320断路器的SV按照采样异常处理，闭锁保护功能，而对侧线路保护差动功能由于本侧保护的闭锁而退出，其他保护功能不受影响。

由于线路保护因3320断路器合并单元“装置检修”压板投入，线路双套保护闭锁，未及时切除故障，引起故障范围扩大，导致站内两台主变高压侧后备保护动作跳开三侧断路器，330kV乙线路由对侧线路保护零序Ⅱ段动作切除。

1.330kV甲智能变电站保护动作情况

(1) 330kV甲线路两套线路保护未动作，330kV乙线路两套线路保护也未动作。

(2) 1、3号主变压器高压侧后备保护动作，跳开三侧断路器。

2.750kV乙变电站保护动作情况

(1) 330kV甲线两套保护距离Ⅰ段保护动作，跳开3361、3360断路器A相，3361断路器保护经694ms后，重合闸动作，合于故障，84ms后重合后加速动作，跳开3361、3360断路器三相。

(2) 330kV乙线路零序Ⅱ段重合闸加速保护动作，跳开3352、3350断路器三相。

最终造成330kV甲智能变电站全停，其所带的8座110kV变电站、1座牵引变电站和1座110kV水电站全部失压，损失负荷17.8万kW。

三、故障原因分析

330kV甲线发生异物A相接地短路时，330kV甲线区内故障，两侧差动保护退出而不动作，甲变电站侧线路保护功能全部退出，不动作；乙变电站侧线路保护距离Ⅰ段保护动作，跳开A相，切除故障电流，3361断路器和3360断路器进入重合闸等待，3361断路器保护先重合，由于故障未消失，3361断路器保护重合于故障，线路保护重合闸后加速保护动作，跳开3361和3360断路器三相。

对于330kV乙线，属于区外故障，在甲变电站侧保护的反方向、在乙变电站侧保护的正方向，因此甲变电站侧乙线线路保护未动作，乙变电站侧乙线线路保护零序Ⅱ段重合闸加速保护动作，跳开3352、3350断路器三相故障前，330kV甲智能变电站中，1号主变压器和3号主变压器运行，故障点在主变压器差动保护区外，在高压侧后备保护区内，因此1号和3号主变压器的差动保护未动作，高压侧后备保护动作，跳开三侧断路器。

四、整改措施

(1) 加强智能站设备技术和运维管理，高度重视智能变电站设备特别是二次系统的技术和运维管理，结合实际，制定智能站调试、检验大纲，规范智能站改造、验收、定检工作标准，加强继电保护作业指导书的编制和现场使用；现场操作过程中应时刻注意设备的告警信号，重视各类告警信号，出现告警应及时处理。

(2) 明确二次设备的信号描述，智能二次设备各种告警信号应含义清晰、明确，且符合现场运维人员习惯，直观表示告警信号的严重程度，如上述保护装置判断出 SV 报文检修不一致后，应明确“保护闭锁”；编制完善的智能站调度运行规程和现场运行规程，细化智能设备报文、信号、压板等运维检修和异常处置说明。

(3) 进一步提升二次设备的统一性，在现有继电保护“六统一”基础上，进一步统一继电保护的信号含义和面板操作等，使检修、运维人员对装置信号具有统一的理解，降低智能变电站现场检修、运维的复杂度。

(4) 加强继电保护、变电运维等专业技术技能培训，开展智能站设备原理、性能及异常处置等专题性培训，使现场检修、运维人员对智，弃户站景真堂深入理解，提升智能变电站运维管理水平。

案例 39：500kV 甲变电站 500kV Ⅱ母跳闸处理

一、故障前运行状态

500kV 甲变电站 500kV 侧采用 3/2 接线方式，其主接线如图 1-96 所示。

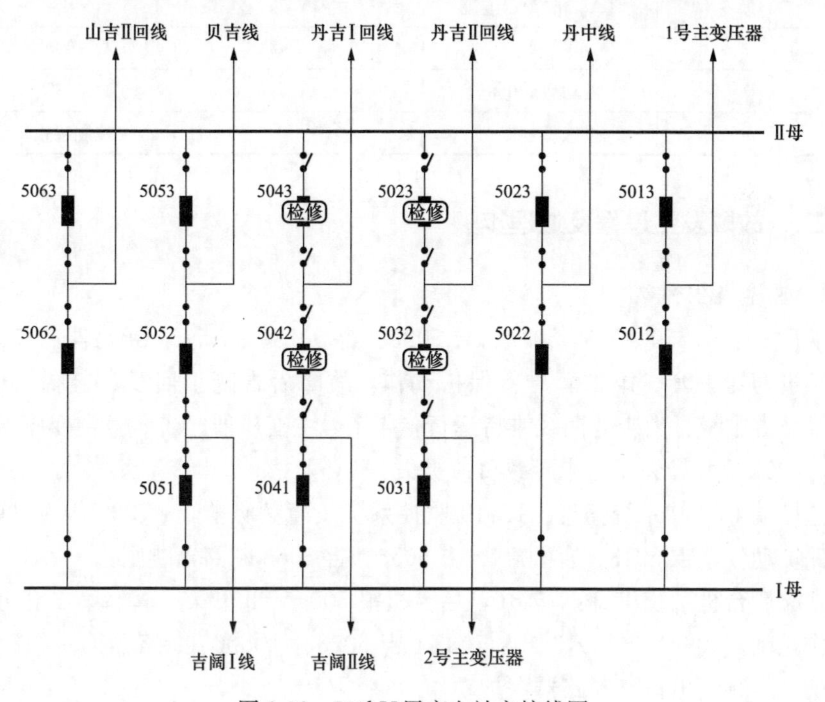

图 1-96　500kV 甲变电站主接线图

1. 故障前运行方式

吉 5012、吉 5013、吉 5022、吉 5023、吉 5031、吉 5041、吉 5051、吉 5052、吉 5053、吉 5062、吉 5063 运行；吉阔Ⅰ回线、吉阔Ⅱ回线、贝吉线、吉中线、山吉Ⅱ回线运行；吉 500kV Ⅰ、Ⅱ母线运行；吉 1 号主变压器、吉 2 号主变压器运行。

吉 5032、吉 5033、吉 5042、吉 5043、500kV 丹吉Ⅰ回线、500kV 丹吉Ⅱ回线在检修状态，500kV 吉 5032、吉 5033、吉 5042、吉 5043 断路器全套保护退出运行，500kV 丹吉Ⅰ回线、丹吉Ⅱ回线线路全套保护退出运行，其余按正常方式运行。

2. 相关保护配置

吉 5013、5023、5053、5063 断路器保护型号为 RCS-921，操作箱型号为

CZX-22R2；500kV Ⅱ母第一套保护为 RCS-915E，第二套保护为 BP-2B。双套母线保护相关定值见表 1-11。

表 1-11　母线保护相关定值

序号	整定项目	符号	定值
1	TV 二次额定电压	V	57.7
2	TA 二次额定电流	A	1
3	TA 变比	—	4000
4	差动启动电流	A	0.37
5	投入母差保护	—	控制字投 1

二、故障发生过程及处理步骤

1. 故障发生概况

某日 15:10，500kV 吉 5013、吉 5023、吉 5053、吉 5063 断路器三相跳闸，500kV Ⅱ母第一套、第二套母差保护动作，故障后吉阔Ⅰ回线、吉阔Ⅱ回线、贝吉线、吉中线、山吉Ⅱ回线维持运行，吉 1 号主变压器、吉 2 号主变压器维持运行，500kV Ⅱ母失压，未导致负荷损失。

监控端 D5000 系统信息：15:10 监控系统故障喇叭响，吉 500kV Ⅱ母双套母差保护动作，吉 5013、吉 5023、吉 5053、吉 5063 断路器跳闸。

站端后台机系统信息：15:10，后台机报 500kV Ⅱ母第一套、第二套母线保护动作跳闸，500kV 吉 5013、吉 5023、吉 5053、吉 5063 断路器第一组跳闸出口、第二组跳闸出口、断路器保护动作。

2. 故障处理过程

（1）监控员汇报网调：15:10，吉 500kV Ⅱ母跳闸，吉 5013 断路器、吉 5023 断路器、吉 5053 断路器、吉 5063 断路器跳闸。

（2）监控员与站端运维核实现场情况后汇报网调：甲变电站现场天气晴，站内工作计划有 500kV 丹吉Ⅰ线线路保护更换，吉 5042、吉 5043 断路器保护定检，500kV 丹吉Ⅱ线线路保护更换，吉 5042、5043 断路器保护定检，500kV 丹吉Ⅰ线、500kV 丹吉Ⅱ线线路年检、老旧绝缘子大修工作。

（3）汇报网调抢修人员需约 1h 到站，初步检查发现丹吉Ⅰ回线间隔、吉 5043 断路器间隔有导线脱落，需将 500kV Ⅱ母转检修开展进一步检查。

（4）网调下令：甲变电站 500kV Ⅱ母由热备用转检修（母线保护不退）。甲变电站 500kV 号 2 母由热备用转检修（母线保护不退）操作结束，回令网调并汇报省调。吉 500kV Ⅱ母临时检修。

（5）现场汇报网调：经现场检查发现丹吉Ⅰ线 C 相龙门架线路侧弓字线及

电压互感器引线脱落，电压互感器本体绝缘子存在破损现象，龙门架线路侧弓字线六变二线夹断裂。监控汇报省调。

（6）现场更换线路侧弓字线六变二线夹及电压互感器本体绝缘子，将脱落的引线重新连接固定，吉 500kV Ⅱ母临时检修报完工。甲变电站向网调提交送电申请。

（7）网调下令甲变电站Ⅱ母由检修转热备用（母线保护保持投入），相关方式：①吉 5013、吉 5023、吉 5053、吉 5063 断路器由冷备用转热备用（断路器保护保持投入）；②吉 5033、5043 断路器保持检修状态。

（8）甲变电站汇报：甲变电站 500kV Ⅱ母检查一切正常，具备送电条件，汇报网调。

（9）网调下令：将吉 500kV Ⅱ母线由检修转运行。500kV Ⅱ母线恢复正常运行状态。

（10）做好故障跳闸记录。

三、 故障原因分析

故障发生前，站外某基建单位开展 500kV 丹吉Ⅰ回线终端塔上相与中相调相工作，工作点距站内龙门架约 80m；故障发生当天，站内基建单位开展相关保护更换、电缆敷设准备工作，故障时，站内无工作。

现场检查，发现丹吉Ⅰ回线 C 相龙门架线路侧弓字线及电压互感器引线脱落，电压互感器本体绝缘子存在破损现象。经检修人员检查，龙门架线路侧弓字线六变二线夹断裂。

结合现场工作情况、检查情况及保护动作情况，初步判断故障原因为：线路基建单位在开展 500kV 丹吉Ⅰ回线线路紧线施工时，架空导线进站过渡线夹断裂，造成丹吉Ⅰ回线 C 相引线脱落，与 500kV Ⅱ母 A 相接地放电，500kV Ⅱ母跳闸，其原理如图 1-97 所示。

四、 整改措施

（1）故障暴露出建管、监理、设计、施工等参建单位未有效履行项目安全管理职责，设计及施工方案编制不细致，未深入分析紧线作业对过渡线夹影响，风险分析不全面，安全风险管控不到位。

（2）为提高故障处理汇报的全面、迅速、准确性，要加快设备专业管理突发事件监督检查信息化管控手段的建设及应用；同时，也应加强专业协同，全面辨识施工作业、设备运行、电网安全等多维度风险，制定落实针对性的安全措施。

（3）该事件是由于站外作业影响站内设备运行造成故障跳闸，要求设备运

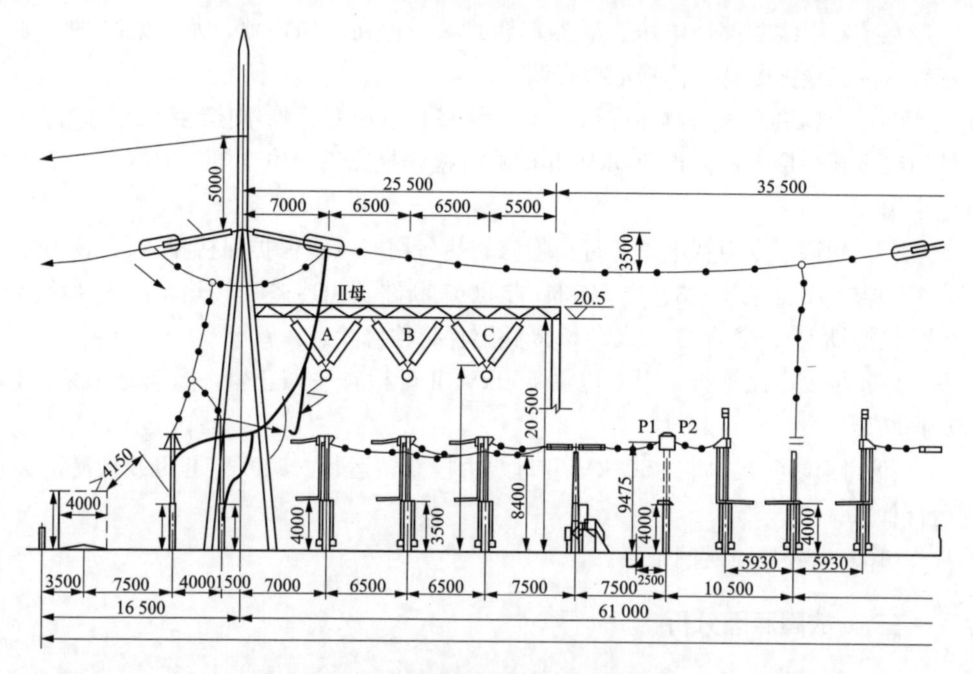

图 1-97 引线脱落导致母线接地过程

维单加强对站外作业的关注，发现站外开展接、拆、放、紧线等作业影响站内设备安全运行的，及时制止。

案例 40： 500kV 吉胜线、 500kV Ⅱ母跳闸处理

一、故障前运行状态

1. 故障前运行方式

500kV 甲变电站 220kV 侧采用双母双分段接线方式。

甲变电站吉 5032、吉 5033 断路器带吉胜线运行，对侧乙变电站张 5022、张 5023 断路器带吉胜线运行。

吉 5012 断路器、吉 5013 断路器带 AⅠ线运行；吉 5021 断路器、吉 5022 断路器带 AⅡ线运行；吉 5031 断路器、吉 5032 断路器、吉 5033 断路器带吉 2 号主变、吉胜线运行；吉 5041 断路器、吉 5042 断路器、吉 5043 断路器带中吉Ⅱ线、官吉线运行；吉 5051 断路、吉 5052 断路器、吉 5053 断路器带吉 3 号主变、中吉Ⅲ线运行；吉 5062 断路器、吉 5063 断路器带中吉Ⅰ线运行；吉 500kV Ⅰ母、Ⅱ母联络运行。

2. 相关保护配置

500kV 吉胜线第一套线路保护型号为 PCS-931，500kV 吉胜线第二套线路保护型号为 WXH-803B/G；500kV Ⅱ母第一套母线保护型号为 CSC-150，500kV Ⅱ母第二套母线保护型号为 BP-2C-D。双套线路保护以及双套母线保护相关定值见表 1-12、表 1-13。

表 1-12　　甲变电站 500kV 吉胜线保护相关定值

序号	整定项目	符号	定值
1	TV 二次额定电压	V	57.7
2	TA 二次额定电流	A	1
3	TA 变比	—	5000
4	差动启动电流	A	0.12

表 1-13　　甲变电站 500kV Ⅱ母母线保护相关定值

序号	整定项目	符号	定值
1	TA 二次额定电流	A	1
2	TA 变比	—	5000
3	差动启动电流	A	0.05

二、故障发生过程及处理步骤

1. 故障发生概况

某日19:53，甲变电站500kV吉胜线线路发生A相接地故障，吉5033、吉5032断路器A相跟跳，吉5033双套断路器保护重合闸动作，重合失败，两套线路保护加速动作跳吉5033、吉5032三相；甲变电站500kV Ⅱ母跳闸，跳开吉5013、吉5022、吉5043、吉5053、吉5063三相。吉胜线对侧乙变电站张5022、张5023断路器跳闸。

故障时，吉胜线有功功率为517.28MW。

监控端D5000系统信息：19:53监控系统故障喇叭响，吉5032、吉5033断路器，张5022、张5023断路器A相、B相、C相三相跳闸，甲变电站500kV Ⅱ母跳闸，吉胜线第一套、第二套线路保护动作，吉500kV Ⅱ母双套保护差动动作。

站端后台机系统信息：甲变电站吉5032三跳、吉5033三跳；吉5013、吉5022、吉5043、吉5053、吉5063断路器三相跳闸；吉胜线第一套、第二套线路保护三相跳闸；吉5032、吉5033、吉5013、吉5023、吉5043、吉5053、吉5063双套智能终端报三相跳闸、吉5033双套智能终端报重合闸；吉500kV Ⅱ母双套保护差动动作；吉胜线对侧B变电站张5022、张5023断路器三相跳闸、吉胜线双套线路保护动作。

2. 故障处理过程

(1) 监控值班长立即汇报网调、省调。汇报内容主要包括：19:53，A变电站500kV吉胜线故障，双套线路保护动作跳吉5032、吉5033三相；500kV Ⅱ母双套保护差动动作，吉5013、5023、5043、5053、5063断路器三相跳闸；B变电站张5022、张5023断路器三相跳闸、吉胜线双套线路保护动作。

(2) 监控值班长明确当值人员分工：值长负责故障处理，主要负责联系现场运维、各级调度并汇总信息；其他分区监控员负责所有其他受控站监视，附近受控站负荷、电压等关键信息重点监视，发现异常及时汇报、处置；故障分区监控员辅助值长进行信息收集及其他临时性事务。

(3) 通知运维人员检查，A变站内回复跳闸时天气暴雨大风、无检修工作，吉5013、吉5022、吉5032、吉5033、吉5043、吉5053、吉5063断路器跳位，通过历史查询进行检查，动作时序大致为19:53吉胜线A相故障，单重，重合失败后三跳，之后，母线A相故障，母差动作出口。

乙变电站回复跳闸时天气大雨大风、无检修工作，张5022、张5023断路器三相跳闸、吉胜线双套线路保护动作。

(4) 监控值班长带领故障分区监控员对故障情况进行进一步的分析与判断，

一方面借助 D5000 系统的故障查询功能，调阅故障报文详细内容包括：①光字、告警直传，线路保护动作情况等，结合断路器变位情况，得出较为详细的故障分析结论；②与现场运维人员汇报信息结合，进行信息的初步整理分析；③将以上故障信息分析、汇总后，尽快将此次检查结果补充汇报省调、网调。

（5）值长再次向现场运维收集以下信息：

1）现场一次设备检查情况：甲变电站现场检查一次设备，检查吉 5032 外观、表计未发现异常；重点检查吉 5033，外观未发现异常，断路器位置，储能，气压正常；其余一次设备无异常。

2）现场二次设备检查情况：甲变电站 500kV 吉胜线 A 相、B 相、C 相三相断路器跳闸，500kV 吉胜线双套线路保护动作（WXH-803、PCS-931），A 相、B 相、C 相三相跳闸，故障相别为 A 相。重合闸动作不成功，双套保护故障测距距甲变电站分别为 53.47km/51.10km，距 B 变电站分别为 124.04km/128km，线路全长 179km。吉 500kV Ⅱ母双套保护差动动作。

乙变电站检查站内一次二次无异常，吉胜线线路保护正确动作。

（6）监控值班长将运维汇报的变电站设备检查情况向网调、省调作详细汇报，必要时随时询问运维人员变电站设备情况。

30min 内向汇报网调、省调详细汇报如下内容：

1）500kV 吉胜线双套线路差动保护动作，A 相跳闸，5053 断路器重合闸动作不成功；吉 500kV Ⅱ母双套保护差动动作。

2）现场一次设备检查情况：甲变电站现场一次设备检查情况：现场检查吉 5032 断路器无异常，吉 5033 断路器外观未发现异常需转检修进行内部检查；其余一次设备无异常。乙变电站站内一次无异常。

3）现场二次设备检查情况：500kV 吉胜线双套线路保护动作（WXH-803、PCS-931），故障相别为 A 相。重合闸动作不成功，双套保护故障测距距甲变电站分别为 53.47km/51.10km，距乙变电站分别为 124.04km/128km，线路全长 179km。

（7）初步判断吉 5033 间隔内部故障，向网调申请吉 5033 断路器转检修，吉 500kV Ⅱ母恢复送电。网调同意并下令操作，吉 500kV Ⅱ母送电正常。

（8）做好故障跳闸记录。

（9）巡线发现吉胜线 128 号 A 相导线及邻近塔身处有放电痕迹，对吉 5033 断路器解体发现气室 SF_6 气体分解物（SO_2）超标，整体更换吉 5033 断路器间隔后向网调申请送电，网调同意并下令操作，吉胜线送电正常。

三、故障原因分析

结合保护动作及现场试验情况，推断本次跳闸事件的原因为雷暴恶劣天气造成 500kV 吉胜线发生 A 相接地故障，吉 5033 断路器在重合于吉胜线线路故障后，三相跳闸过程中 A 相气室内部发生故障（气室 SF_6 气体分解物——SO_2 超标），引起吉 500kV Ⅱ母跳闸。

四、 整改措施

（1）故障暴露出吉 5033 断路器存在故障隐患，为提高变电站安全水平，应进一步提升对断路器设备的质量管控，把好设备入网质量关、做好相关验收工作，确保设备健康投运。

（2）对同厂家、同型号断路器开展隐患排查，建立隐患台账，结合检修计划开展开盖检查，确认断路器内部异物积聚情况并进行清理。

（3）加强备品储备，梳理在运同型号设备技术参数，按轻重缓急制定备品储备方案并开展储备。

（4）认真开展专业化巡视，加强带电检测。有针对性加强专业化巡视并缩短带电检测周期，异常问题提前发现。

（5）做好故障预想，提高运维及监控人员的应急处置能力。

案例41：500kV甲变电站500kV骄燕Ⅰ回线跳闸

一、故障前运行状态

1. 故障前运行方式

500kV甲变电站500kV侧采用3/2接线方式。

燕5041断路器、燕5042断路器带500kV骄燕Ⅰ回线运行，骄燕Ⅰ回线为省间联络线。

燕5011断路器、燕5012断路器、燕5013断路器带燕春Ⅰ回线、燕2号主变压器高压侧运行；燕5021断路器、燕5022断路器、燕5023断路器带燕嵖Ⅱ回线、燕春Ⅱ回线路运行；燕5031断路器、燕5032断路器、燕5033断路器带燕嵖Ⅰ回线、骄燕Ⅱ回线路运行；燕5041断路器、燕5042断路器、燕5043断路器带骄燕Ⅰ回线、华燕Ⅰ回线路运行；燕5051断路器、燕5052断路器、燕5053断路器带华燕Ⅱ回线、燕1号主变压器高压侧运行；燕5203B断路器、燕3号主变压器高压侧运行于燕500kV Ⅱ母；燕500kV Ⅰ母、燕500kV Ⅱ母运行。

2. 相关保护配置

500kV骄燕Ⅰ回线第一套保护型号为CSC-103A，500kV骄燕Ⅰ回线第二套保护型号为PSL-602GW，双套线路保护相关定值见表1-14。

表1-14 500kV骄燕Ⅰ回线保护相关定值

序号	整定项目	符号	定值
1	TV二次额定电压	V	57.7
2	TA二次额定电流	A	1
3	TA变比		4000
4	分相差动高定值	A	0.5
5	分相差动低定值	A	0.25

二、故障发生过程及处理步骤

1. 故障发生概况

某日15:03，500kV骄燕Ⅰ回线B相故障，燕5041断路器、燕5042断路器

B 相跳闸，重合闸动作，重合成功，18min 后线路 A 相故障再次跳闸，站内晴天，无检修工作。

监控端 D5000 系统信息：15:03 监控系统故障喇叭响，骄燕Ⅰ回线双套保护动作，第一组出口跳闸信号、第二组出口跳闸信号、重合闸信号动作，骄燕Ⅰ回线 B 相跳闸，重合成功。15:21 再次跳闸，重合闸动作，重合失败。

站端后台机系统信息：500kV 骄燕Ⅰ回线光纤差动保护动作信号动作、500kV 骄燕Ⅰ回线光纤距离保护动作信号动作、燕 5041 B 相断路器分闸、燕 5041 第一组跳闸出口动作、燕 5041 第二组跳闸出口动作、燕 5042 B 相断路器分闸、燕 5042 第一组跳闸出口动作、燕 5042 第二组跳闸出口动作、燕 5042 B 相断路器合闸、燕 5041 B 相断路器合闸。15:21 再次跳闸，重合闸动作，重合失败。

2. 故障处理步骤

(1) 监控值班长立即汇报网调、省调。汇报内容主要包括：15:03，××变电站 500kV 骄燕Ⅰ回线 B 相故障，双套线路保护动作，500kV 燕 5041、5042 断路器 B 相跳闸，重合闸动作，重合成功。

(2) 监控值班长明确当值人员分工：值长负责故障处理，主要负责联系现场运维、各级调度并汇总信息；其他分区监控员负责所有其他受控站监视，附近受控站负荷、电压等关键信息重点监视，发现异常及时汇报、处置；故障分区监控员辅助值长进行信息收集及其他临时性事务。

(3) 通知运维人员检查，站内回复跳闸时天气晴天、无检修工作，燕 5041、5042 断路器三相在合闸位置，断路器 SF_6压力，储能均正常，骄燕Ⅰ间隔一次设备未见异常。

(4) 监控值班长带领故障分区监控员对故障情况进行进一步的分析与判断，借助 D5000 系统的故障查询功能，调阅故障报文详细内容包括：①光字、告警直传，线路保护动作情况等，结合断路器变位情况，得出较为详细的故障分析结论；②与现场运维人员汇报信息结合，进行信息的初步整理分析；③将以上故障信息分析、汇总后，尽快将此次检查结果补充汇报网调、省调。

(5) 15:21，500kV 骄燕Ⅰ回线 A 相故障再次跳闸，重合闸动作，重合失败。监控员通知运维人员检查并汇报网调、省调。

(6) 值长再次向现场运维收集以下信息：

1) 现场一次设备检查情况：现场一次设备无异常，设备外部无明显缺陷及故障象征。

2) 现场二次设备检查情况：

a. 第一次跳闸：500kV 骄燕Ⅰ回线第一套光纤差动线路保护（CSC-103A）保护动作，故障测距 28.80km，B 相跳闸，重合闸动作，动作成功；500kV 骄

燕Ⅰ回线第二套光纤距离线路保护（PSL602GW）保护动作，故障测距29.30km，B相跳闸，重合闸动作，动作成功。骄燕Ⅰ回线重合闸成功，线路全长132.68km。

故障相别：第一套跳B相，第二套跳B相。

重合闸动作情况：重合闸动作，重合成功。

保护测距：骄燕Ⅰ回线第一套光纤差动线路保护CSC-103A测距28.80km。骄燕Ⅰ回线第二套光纤距离线路保护测距PSL602GW29.30km。

保护型号、厂家：骄燕Ⅰ回线第一套光纤差动线路保护CSC-103A，燕Ⅰ回线第二套光纤距离线路保护PSL602GW。

线路全长：132.68km。

b. 第二次跳闸：500kV骄燕Ⅰ回线第一套光纤差动线路保护（CSC-103A）保护动作，故障测距28.63km，A相跳闸，重合闸动作，重合失败；500kV骄燕Ⅰ回线第二套光纤距离线路保护（PSL602GW）保护动作，故障测距30.83km，A相跳闸，重合闸动作，重合失败。

故障相别第一套跳A相，第二套跳A相。

重合闸动作情况：重合闸动作，重合失败。

保护测距：骄燕Ⅰ回线第一套光纤差动线路保护CSC-103A测距28.63km。骄燕Ⅰ回线第二套光纤距离线路保护测距PSL602GW30.83km。

（7）监控值班长将两次故障一、二次设备检查情况向网调、省调作详细汇报，必要时随时询问运维人员变电站设备情况。

（8）通过工业视频发现500kV骄燕Ⅰ回线故障测距附近线路下方有山火，输电线路人员前往灭火并汇报网调、省调。

（9）山火扑灭后，监控向网调申请500kV骄燕Ⅰ回线送电，送电成功。

三、 故障原因分析

此次故障第一次为线路单相瞬时性故障，第二次为线路单相永久性故障，500kV骄燕Ⅰ回线光纤差动保护动作、500kV骄燕Ⅰ回线光纤距离保护动作，两次故障测距基本一致，故障点明确。根据天气、工业视频、现场检查、线路检查以及录波分析综合判断，可知本次跳闸事件为山火所致。

四、 整改措施

（1）本次故障发生时间为清明节期间，根据此次经验教训，清明节及中元节期间，应加强山火防范，输电专业应开展输电线路巡线，发现火苗及时制止扑灭，防止发生危及输电线路的事件。

（2）加强节假日期间各专业应急值班管理，发生故障时能够及时、正确应对。

（3）加强输电线路工业视频应用，开展输电线路多手段监测，根据故障测距定位故障点，查看故障点附近线路及周边环境情况，尽快确认故障原因开展处置工作。

案例42：500kV甲变电站500kV唐郑线跳闸处理

一、故障前运行状态

1. 故障前运行方式

500kV甲变电站500kV侧采用3/2接线方式。

甲变电站唐5051断路器、唐5052带500kV唐郑线运行，线路对侧乙变电站郑5051、郑5052断路器带500kV唐郑线运行。

唐5011、唐5012带唐1号主变压器运行；唐5021、唐5022带家唐线运行；唐5051、唐5052带唐郑线运行；唐500kV Ⅰ、Ⅱ母线运行。

2. 相关保护配置

500kV唐郑线第一套保护型号为PCS-931A，500kV唐郑线第二套保护型号为NSR-303A，双套线路保护相关定值见表1-15。

表1-15　　唐郑线保护相关定值

序号	整定项目	符号	定值
1	TV二次额定电压	V	57.7
2	TA二次额定电流	A	1
3	TA变比	—	5000
4	差动启动电流	A	0.12

二、故障发生过程及处理步骤

1. 故障发生概况

某日04:06，500kV唐郑线BC相间故障，唐5051断路器、唐5052断路器三相跳闸，重合闸未动作，甲变电站现场天气雨夹雪，大风；对侧乙变电站郑5051、郑5052断路器跳闸，乙变电站现场天气雨夹雪，大风。

监控端D5000系统信息：05:09监控系统故障喇叭响，唐郑线双套保护动作，第一组出口跳闸信号、第二组出口跳闸信号动作，唐5051断路器、唐5052、5051、郑5052三相跳闸，未重合。

站端后台机系统信息：05:06，后台机报500kV唐郑线第一套光纤差动（PCS-931A）动作跳闸，500kV唐郑线第二套光纤差动（NSR-303A）动作跳闸，唐5051断路器、唐5052、5051、郑5052三相跳闸，重合闸未动作。

2. 故障处理过程

（1）监控值班长立即汇报网调、省调。汇报内容主要包括：04:06，500kV

唐郑线双套线路保护动作，唐5051断路器、唐5052、郑5051、郑5052三相跳闸，重合闸未动作。

（2）监控值班长明确当值人员分工：值长负责故障处理，主要负责联系现场运维、各级调度并汇总信息；其他分区监控员负责所有其他受控站监视，包括汇报主任，附近受控站负荷、电压等关键信息重点监视，发现异常及时汇报、处置；故障分区监控员辅助值长进行信息收集及其他临时性事务，包括汇报（生产指挥班、班长、部门领导）、拍照、填写记录等。

（3）通知运维人员检查甲变电站站内回复跳闸时雨夹雪，大风、无检修工作，唐5051、唐5052断路器三相在分闸位置，断路器SF_6压力，储能均正常，唐郑线间隔一次设备未见异常。乙变电站跳闸时天气雨夹雪，大风，无检修工作，郑5051、郑5052分闸位置，站内一次设备未见异常。

（4）监控值班长带领故障分区监控员对故障情况进行进一步的分析与判断，一方面借助D5000系统的故障查询功能，调阅故障报文详细内容包括：①光字、告警直传，线路保护动作情况等，结合断路器变位情况，得出较为详细的故障分析结论；②与现场运维人员汇报信息结合，进行信息的初步整理分析；③将以上故障信息分析、汇总后，尽快将此次检查结果补充汇报省调。

（5）值长再次向现场运维收集以下信息：

1）现场一次设备检查情况：现场一次设备无异常，设备外部无明显缺陷及故障象征。

2）现场二次设备检查情况：500kV唐郑线第一套光纤差动线路保护（PCS-931A）保护动作，故障测距距离A变电站74.50km，三相跳闸，重合闸未动作；500kV唐郑线第二套光纤差动线路保护（NSR-303A）保护动作，故障测距距离A变电站78.91km，三相跳闸，重合闸未动作，线路全长106km。

3）故障相别：第一套为BC相，第二套为BC相。

4）重合闸动作情况：三相跳闸，未重合。

5）保护测距；唐郑线第一套光纤差动线路保护PCS-931A测距距离A变电站74.50km；唐郑线第二套光纤距离线路保护NSR-303A测距距离A变电站78.91km。

6）保护型号、厂家：唐郑线第一套光纤差动线路保护PCS-931A，唐郑线第二套光纤距离线路保护PCS-931A。

7）线路全长：106km。

（6）监控值班长将运维汇报的变电站设备检查情况向网调、省调作详细汇报，必要时随时询问运维人员变电站设备情况。30min内向汇报网调、省调详细汇报如下内容：

1）500kV唐郑线双套线路差动保护动作，三相跳闸，重合闸未动作。

2）现场检查 500kVA 变、B 变站内设备外部无明显缺陷及故障象征。

3）故障相别为 BC 相。

故障测距：唐郑线第一套光纤差动线路保护 PCS-931A 测距距离 A 变电站 74.50km，唐郑线第二套光纤差动线路保护测距 NSR-303A 测距距离 A 变电站 78.91km。

线路全长：106km（综合考虑现场天气，一、二次设备情况，测距范围等）。

（7）网调下令合上 500kV 唐 5052 断路器对 500kV 唐郑线充电，充电正常后恢复唐郑送电。

（8）20min 后 500kV 唐郑线再次跳闸，网调下令将 500kV 唐郑线转检修。

（9）输电开展线路巡线并进行融冰，融冰后向网调申请唐郑线送电，送电正常。

（10）做好事故障碍记录。

三、故障原因分析

500kV 唐郑线第一套光纤差动保护动作、500kV 唐郑线第二套光纤差动保护动作，由于为相间短路故障，线路三跳不重合。两次故障跳闸，故障相分别为 BC、AC 相间故障，故障点基本一致，故障点明确，根据故障点快速定位开展巡线处置。根据现场检查、线路巡线以及录波分析综合判断，本次跳闸由于线路上覆冰导致相间故障。

四、整改措施

（1）本次故障时为冬季雨雪大风天气，根据此次经验教训，恶劣天气时，应通过工业视频对常见覆冰线路开展不间断巡视，发现覆冰严重线路及时汇报调度申请临时停电，主动避险。

（2）恶劣天气时，建议 500kV 变电站恢复有人值守，发生故障时能够及时、正确开展处置及试送工作。

（3）对于多年高频次因线路覆冰导致故障跳闸的输电线路，建议加装融冰装置，以应对冬季线路覆冰情况。

案例43： 500kV甲变电站500kV禾周线跳闸处理

一、故障前运行状态

1. 故障前运行方式

500kV甲变电站500kV侧采用3/2接线方式。

甲变电站周5012断路器、周5013断路器带500kV禾周线运行，线路对侧乙变电站禾5062、禾5063断路器带500kV禾周线运行。

周5011、周5012、周5013带禾周线、周郑Ⅰ回线运行；周3号主变压器、周5012、周5013、周5053带周武线、周3号主变压器运行；周5061、周5062、周5063带周郑Ⅱ回线、密周Ⅱ回线运行；500kV Ⅰ母、Ⅱ母运行。

2. 相关保护配置

500kV禾周线第一套保护型号为RCS-931，500kV禾周线第二套保护型号为CSC-103，双套线路保护相关定值见表1-16。

表1-16　A变500kV禾周线保护相关定值

序号	整定项目	符号	定值
1	TV二次额定电压	V	57.7
2	TA二次额定电流	A	1
3	TA变比	—	4000
4	分相差动高定值	A	0.5
5	分相差动低定值	A	0.25

二、故障发生过程及处理步骤

1. 故障发生概况

某日00:16，500kV禾周线C相故障，周5012断路器、周5013断路器C相跳闸，禾5062断路器、禾5063断路器C相跳闸，重合成功，现场天气小雪大风。01:44，500kV禾周线C相故障再次跳闸，重合成功。02:35，C相故障，重合闸动作，重合不成功三相跳闸。

监控端D5000系统信息：00:16监控系统故障喇叭响，禾周线双套保护动作，第一组出口跳闸信号、第二组出口跳闸信号动作，禾周线C相故障，重合闸动作，重合成功。01:44，500kV禾周线C相故障再次跳闸，重合成功。02:35，C相故障，重合闸动作，重合不成功三相跳闸。

站端后台机系统信息：00:16，后台机报500kV禾周线第一套光纤差

动（RCS-931）动作跳闸，500kV禾周线第二套光纤差动（CSC-103）动作跳闸，500kV周5012、周5013断路器C相跳闸，重合闸动作，重合成功，禾5062断路器、禾5063断路器C相跳闸，重合闸动作，重合成功。01:44，500kV禾周线C相故障再次跳闸，重合成功。02:35，C相故障，重合闸动作，重合不成功三相跳闸。

2. 故障处理过程

（1）监控值班长立即汇报网调、省调。汇报内容主要包括：00:16，500kV禾周线C相故障，双套线路保护动作，周5012、周5013断路器C相跳闸，重合成功，禾5062断路器、禾5063断路器C相跳闸，重合成功。

（2）监控值班长明确当值人员分工：值长负责故障处理，主要负责联系现场运维、各级调度并汇总信息；其他分区监控员负责所有其他受控站监视，附近受控站负荷、电压等关键信息重点监视，发现异常及时汇报、处置；故障分区监控员辅助值长进行信息收集及其他临时性事务。

（3）通知运维人员检查，甲变电站回复跳闸时天气小雪大风、风力7～8级，无检修工作，周5012、周5013断路器C相在合闸位置，断路器SF6压力，储能均正常，香武线间隔一次设备未见异常。B变电站禾5062、禾5063断路器合位，一次设备无异常，跳闸时天气小冰雹大风，风力7～8级，无检修工作。

（4）监控值班长带领故障分区监控员对故障情况进行进一步的分析与判断，一方面，借助D5000系统的故障查询功能，调阅故障报文详细内容包括光字、告警直传、线路保护动作情况等，结合断路器变位情况，得出较为详细的故障分析结论；另一方面，与现场运维人员汇报信息结合，进行信息的初步整理分析。最后，将以上故障信息分析、汇总后，尽快将此次检查结果补充汇报网调、省调。

（5）值长再次向现场运维收集以下信息：

1）现场一次设备检查情况：现场一次设备无异常，设备外部无明显缺陷及故障象征。

2）现场二次设备检查情况：500kV禾周线第一套光纤差动线路保护（RCS-931）保护动作，故障测距距离甲变电站72.4km，C相跳闸，重合闸动作；500kV禾周线第二套光纤差动线路保护（CSC-103）保护动作，故障测距69.5km，C相跳闸，重合闸动作，重合成功。

3）故障相别：第一套为C相，第二套为C相。

4）重合闸动作情况：C相跳闸，重合成功。

5）保护测距：禾周线第一套光纤差动线路保护RCS-931测距距离甲变电站72.4km。禾周线第二套光纤距离线路保护CSC-103测距距离甲变电站69.5km，线路全长84.98km。

6）保护型号、厂家：禾周线第一套光纤差动线路保护 RCS-931，禾周线第二套光纤距离线路保护 RCS-931。

（6）监控值班长将运维汇报的变电站设备检查情况向省调作详细汇报，必要时随时询问运维人员变电站设备情况。30min 内向汇报省调、网调详细汇报如下内容：

1）500kV 禾周线双套线路差动保护动作，C 相跳闸，重合成功。

2）现场检查 500kV 禾周线站内设备外部无明显缺陷及故障象征。

3）故障相别为 C 相。

4）故障测距：禾周线第一套光纤差动线路保护 RCS-931 测距距离甲变电站 72.4km，禾周线第二套光纤差动线路保护测距 CSC-103 距离甲变电站 69.5km（综合考虑现场天气，一、二次设备情况、测距范围等）。

（7）01:44，500kV 禾周线 C 相故障再次跳闸，重合成功。禾周线第一套光纤差动线路保护 RCS-931 测距距离甲变电站 72.4km，禾周线第二套光纤差动线路保护测距 CSC-103 距离 A 变电站 69.5km。相别、故障测距与第一次跳闸一致，站内一、二次设备无异常，汇报网调、省调。

（8）02:35，500kV 禾周线 C 相又一次故障，重合闸动作，重合不成功三相跳闸。禾周线第一套光纤差动线路保护 RCS-931 测距距离甲变电站 72.4km，禾周线第二套光纤差动线路保护 CSC-103 测距距离甲变电站 69.5km。相别、故障测距与前两次跳闸一致，站内一、二次设备无异常，汇报网调、省调。

（9）网调下令合上 500kV 禾 5063 断路器对 500kV 禾周线充电，充电正常后恢复禾周线送电。

（10）做好故障记录。

三、故障原因分析

500kV 禾周线第一套光纤差动 RCS-931 保护动作、500kV 禾周线第二套光纤差动 CSC-103 保护动作，三次故障跳闸测距、故障相别一致，故障点明确。根据现场检查、线路检查以及录波分析综合判断，本次跳闸由于线路上存在大风极端天气，致使 C 相发生接地，是故障的直接原因。

四、整改措施

（1）本次故障时为冬季大风天气，根据此次经验教训，恶劣天气时，应通过工业视频对常见跳闸线路开展不间断巡视，发现大风异物等情况及时汇报调度申请临时停电，主动避险，条件具备情况下开展激光炮带电清除异物。

（2）恶劣天气时，建议 500kV 变电站恢复有人值守，发生故障时能够及时、正确开展处置及试送工作。

(3) 对于多年高频次因大风导致故障跳闸的输电线路，建议开展输电线路Ⅱ接，改变输变电路通道路径走向，避开风口，该500kV禾周线已完成Ⅱ接工作，Ⅱ接后未再发生因大风跳闸情况。

(4) 建议输电线路建设可研阶段，应结合地势情况，研究输电通道避开风口课题。

案例44：500kV甲变电站500kV奂梁线跳闸处理

一、故障前运行状态

1. 故障前运行方式

500kV甲变电站500kV侧采用3/2接线方式。

甲变电站奂5041、奂5042断路器带500kV奂梁线运行，线路对侧乙变电站梁5052、梁5053断路器带500kV奂梁线运行。

奂5011、奂5012、奂5013带奂2号主变压器、奂张Ⅰ线运行；奂5021、奂5022、奂5023带奂张Ⅱ线、奂1号主变压器运行；奂5032、奂5033运行带奂潮Ⅱ线运行；奂5041、奂5042、奂5043带奂梁线、奂潮Ⅰ线运行；500kV Ⅰ母、Ⅱ母运行。

2. 相关保护配置

500kV奂梁线第一套保护型号为CSC-103，500kV奂梁线第二套保护型号为PRS-753A，双套线路保护相关定值见表1-17。

表1-17　　　A变500kV奂梁线保护相关定值

序号	整定项目	符号	定值
1	TV二次额定电压	V	57.7
2	TA二次额定电流	A	1
3	TA变比	—	3000
4	差动启动电流	A	0.20
5	接地距离Ⅰ段定值	Ω	6.96

二、故障发生过程及处理步骤

1. 故障发生概况

某日16:02，奂梁线C相接地，线路双套保护动作，奂5041、奂5042断路器C相跳闸，重合闸动作，重合不成功，距离保护加速动作，奂5041、奂5042断路器三相跳闸；梁5052、梁5053断路器C相动作跳闸，重合不成功，距离加速动作、梁5052断路器沟通三跳动作、梁5053断路器三相跟跳动作，梁5052断路器、梁5053断路器三相跳闸。跳闸时地区天气短时强对流，暴雨大风，现场检查一、二次设备正常。

监控端D5000系统信息：16:02，监控系统故障喇叭响，奂梁线双套保护动作，第一组出口跳闸信号、第二组出口跳闸信号动作，奂梁线三相跳闸，重合

闸动作，重合不成功。

站端后台机系统信息：16：02，后台机报 500kV 奂梁线第一套光纤差动（CSC-103）动作跳闸，500kV 奂梁线第二套光纤差动（PRS-753A）动作跳闸，奂 5041、奂 5042 断路器三相跳闸，梁 5052 断路器、梁 5053 断路器三相跳闸，重合闸动作，重合不成功。

2. 故障处理过程

（1）监控值班长立即汇报网调、省调。汇报内容主要包括：16：02，500kV 奂梁 C 相故障，双套线路保护动作，500kV 奂 5041、奂 5042 断路器跳闸，梁 5052、梁 5053 断路器跳闸。

（2）监控值班长明确当值人员分工：值长负责故障处理，主要负责联系现场运维、各级调度并汇总信息；其他分区监控员负责所有其他受控站监视，附近受控站负荷、电压等关键信息重点监视，发现异常及时汇报、处置；故障分区监控员辅助值长进行信息收集及其他临时性事务。

（3）通知运维人员检查，A 变站内回复跳闸时暴雨大风、无检修工作，奂 5041、5042 断路器在分闸位置，断路器 SF_6 压力、储能均正常，奂梁线间隔一次设备未见异常。B 变电站梁 5052、梁 5053 断路器在分闸位置，一次设备未见异常，跳闸时暴雨大风、无检修工作。

（4）监控值班长带领故障分区监控员对故障情况进行进一步的分析与判断，一方面，借助 D5000 系统的故障查询功能，调阅故障报文详细内容包括光字、告警直传、线路保护动作情况等，结合断路器变位情况，得出较为详细的故障分析结论；另一方面，与现场运维人员汇报信息结合，进行信息的初步整理分析。最后，将以上故障信息分析、汇总后，尽快将此次检查结果补充汇报网调、省调。

（5）值长再次向现场运维收集以下信息：

1）现场一次设备检查情况：现场一次设备无异常，设备外部无明显缺陷及故障象征。

2）现场二次设备检查情况：500kV 奂梁线第一套光纤差动线路保护（CSC-103）保护动作，故障测距距离 A 变电站 25.38km，C 相跳闸，重合闸动作，重合不成功；500kV 奂梁线第二套光纤差动线路保护（PRS-753A）保护动作，故障 A 变电站测距 25.8km，C 相跳闸，重合闸动作，重合不成功跳三相。

3）故障相别：第一套为 C 相，第二套为 C 相。

4）重合闸动作情况：C 相跳闸，重合闸动作，重合不成功。

5）保护测距：奂梁线第一套光纤差动线路保护 CSC-103 测距距离 A 变电站 25.38km，奂梁线第二套光纤距离线路保护 PRS-753A 测距距离 A 变电站 25.8km，线路全长 57.73km。

6）保护型号、厂家：奂梁线第一套光纤差动线路保护 CSC-103，奂梁线第二套光纤距离线路保护 PRS-753A。

（6）监控值班长将运维汇报的变电站设备检查情况向省调作详细汇报，必要时随时询问运维人员变电站设备情况。30min 内向网调、省调汇报详细汇报如下内容：

1）500kV 奂梁双套线路差动保护动作，C 相跳闸，重合闸动作，重合不成功。

2）现场检查 500kV 奂梁线站内设备外部无明显缺陷及故障象征。

3）故障相别为 C 相。

4）故障测距：奂梁线第一套光纤差动线路保护 CSC-103 测距距离 A 变电站 25.38km，奂梁线第二套光纤差动线路保护 PRS-753A 测距距离 A 变电站 25.8km（综合考虑现场天气，一、二次设备情况，测距范围等）。

（7）网调下令对奂梁线进行试送电，试送成功。

（8）做好故障记录。

三、 故障原因分析

500kV 奂梁线第一套光纤差动保护动作、500kV 奂梁线第二套光纤差动保护动作，重合闸动作、重合不成功，保护距离加速动作跳开中断路器与边断路器三相。根据现场检查、线路检查以及录波分析综合判断，本次跳闸由于暴雨大风等极端强对流天气，致使线路 C 相发生接地。

本次故障跳闸发生时，受强对流天气影响，该区域内 10 余条 220kV 及以上线路同时发生故障跳闸。

四、 整改措施

（1）本次故障时为雷暴大风恶劣天气，可见恶劣天气对输电线路影响较大，易发生输电线路跳闸情况，应加强恶劣天气预警机制，根据天气预警情况开展各专业应急值班，发生故障时及时应对。

（2）恶劣天气时，建议 500kV 变电站恢复有人值守，发生故障时能够及时、正确开展处置及试送工作。

（3）恶劣天气时，易发生区域内多条线路同时故障跳闸情况，调度、监控应加强值班，增加人员力量，以应对故障处理。

案例45： 1号主变压器跳闸

一、 故障前运行状态

跳闸前500kV 1号主变压器正在进行送电操作，站区附近晴天，微风，气温3℃。

主变压器运行方式：500kV第一串、第二串、第三串、第五串运行；500kV Ⅰ、Ⅱ母线运行；2号主变压器运行，1号主变压器正在进行送电操作、5011断路器、5012断路器在合位，1号主变压器中、低压侧热备用。

二、 故障发生过程及处理步骤

某日15:02，500kV 1号主变压器检修后主变压器A相有载调压挡位同其他两相不一致，送电时中压侧零序过电流双套保护动作，1号主变压器三侧断路器跳闸，22:09，将1号主变压器A相恢复9B挡后，恢复运行。

三、 故障原因分析

某日15:02，合上221断路器后，后台监控报："1号变压器PST1201A中压侧零序过电流出口"，"1号变压器PST1201B中压侧零序过电流出口"，"1号变压器中压侧测控A、B柜保护动作。"现场检查500kV 5011断路器、5012断路器、221断路器在分闸位置。

保护动作分析：根据保护装置动作录波和设备动作情况综合分析，15:02:30:697，1号主变压器A柜PST1200主变压器保护0ms后备保护启动，6004ms零序过电流Ⅰ出口；15:02:30:505，1号主变压器B柜PST1200主变压器保护0ms后备保护启动，5078ms后备保护启动，6004ms零序过电流Ⅰ出口。主变压器中压测3Ⅰ0电流为0.35A，超过中压侧零序过电流定值0.2A。中压侧零序过电流Ⅰ时限保护动作，5011、5012、221跳闸。

现场检查发现，1号主变压器A相有载调压挡位同其他两相不一致，送电时产生环流。根据故障录波报告，折算一次电流875A，超过保护动作定值500A，双套保护正确动作，跳开5011、5012、221断路器。经检查，其他一、二次设备正常，1号主变压器中压侧额定电流1882.7A，小于环流值，判断该电流并非短路故障电流，对主变压器无损伤；1号主变压器三相油色谱试验数据正常；将1号主变压器A相恢复正常运行挡位，22:091号主变压器加入运行。

四、 整改措施

经分析判断，1号主变压器检修后三相挡位不一致出现环流，导致中压侧零序过电流Ⅰ时限保护动作，1号主变压器跳闸。

这是一起典型的检修工作执行作业指导书不到位、验收工作不全面造成的跳闸事件，试验人员在结束试验后，未将被试设备位置恢复初始状态；运维人员在检修后验收时，未确认设备正常运行挡位，送电前未核对设备运行挡位，最终导致主变压器送电时跳闸。

本次事件虽未对电网、设备造成重大影响，但暴露出检修、运行工作存在违反规程、检查不彻底的情况；500kV主变压器正常运行时不调挡，挡位管理存在薄弱环节。针对该事件暴露出的问题，为深刻吸取教训，举一反三，杜绝类似事件的再次发生，采取如下措施：

(1) 检修、试验人员应严格遵守相关规程，严格执行标准化作业指导书。在试验工作结束后，将被试设备位置恢复初始状态，确认主变压器各相挡位已恢复至试验开始前挡位，且三相一致。

(2) 运维人员在检修工作结束后验收时，将主变压器挡位是否恢复正常运行挡位作为一项重要验收内容；送电操作时写入操作票检查项，同调度核对要求的运行挡位，并将以上内容列入标准化作业指导书。

案例46: 500kV甲变电站5013电流互感器C相故障

一、故障前运行状态

甲变电站500kV、220kV、35kV系统按正常方式运行。

邵500kV第一串、第二串、第三串、第四串、第五串运行，500kV Ⅰ、Ⅱ母线运行，邵1号、邵2号主变压器并列运行，下灌有功功率分别为414MW、434MW。

邵220kV北母、南东母、南西母联络运行，邵章1、邵淮1、邵渡1运行于邵220kV南母东段，Ⅱ邵汇1、Ⅱ漯邵2、Ⅰ邵巨1、邵222运行于邵220kV南母西段，邵川1、Ⅰ邵汇1、Ⅰ漯邵2、邵221运行于邵220kV北母。

邵35kV东、西母线运行，邵抗4运行，邵抗1、邵抗2、邵抗3、邵抗5、邵抗6、邵容1、邵容2、邵容4、邵容5备用。

甲变电站站内无操作和检修工作。现场电流互感器如图1-98所示。

图1-98 现场电流互感器

二、故障发生过程及处理步骤

1. 故障经过

某日11:27，500kV甲变电站邵5013电流互感器C相故障，导致500kV 2号主变压器差动保护动作，5012、5013、222、352断路器三相跳闸。

现场检查邵5013电流互感器C相底部固定螺栓及双接地连接固定处有明显过电流痕迹。

2. 保护动作情况

邵2号主变压器双套保护装置型号为国电南自SGT-756数字式变压器保护。

2号主变压器A套保护于某日11:27:42:722动作，具体情况如下：0ms保护启动，13ms差动速断动作，23ms差动保护动作。B相差动电流5.434A，C相差流5.429A。

2号主变压器B套保护于某日11:27:42:681动作，具体情况如下：0ms保护启动，11ms差动速断动作，23ms差动保护动作。B相差动电流5.445A，C相差流5.446A。5013断路器保护（型号CSC-121A）于某日11:27:41:552动作，具体情况如下：0ms保护启动，24ms失灵重跳动作，动作电流5.24A。

5012断路器保护（型号PRS-721A-G）于某日11:27:41:508动作，具体情况如下：0ms保护启动，32ms沟通三跳动作，36ms三相跟跳动作，动作电流3.67A。

3. 故障处理过程

邵5013电流互感器由江苏ABB精科互感器有限公司生产，型号为LVQBT-550W3，2014年7月生产，2014年9月投运。

现场检查发现邵5013电流互感器C相无外绝缘放电痕迹，底部固定螺栓及双接地连接固定处有明显过电流痕迹，SF_6密度继电器压力指示正常。

邵号2主变压器及三侧断路器、隔离开关及其他一次设备外观未见异常。

对邵5013电流互感器开展一次绝缘电阻测试，A、B两相合格，C相为0MΩ，其他试验结果未见异常。

某日，对气体分解物进行复测，发现C相存在SO_2气体。

盆式绝缘子外表面存在两条明显裂纹，如图1-99所示。

图1-99　盆式绝缘子外表面

盆式绝缘子下部气道处有明显喷发高温气体痕迹，如图 1-100 所示。

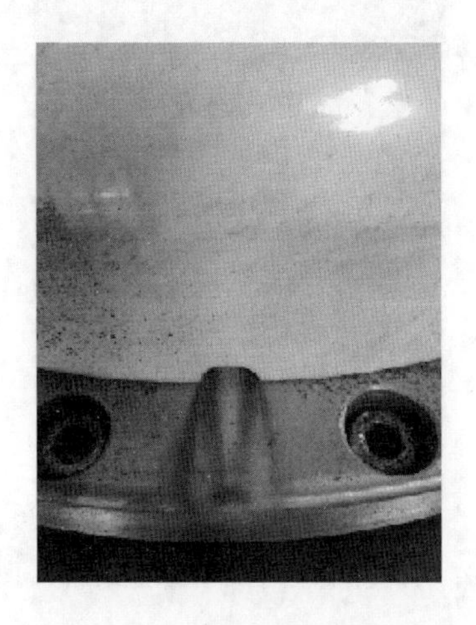

图 1-100 盆式绝缘子下部气道图

盆式绝缘子内表面可见明显放电通路，内表面存在两条裂纹，与外表面对应，如图 1-101 所示。

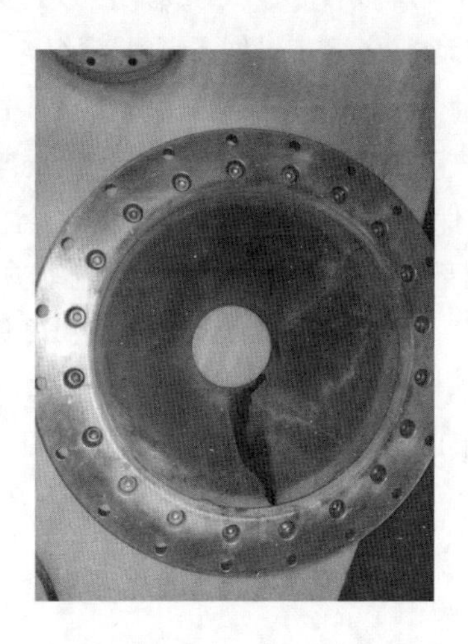

图 1-101 盆式绝缘子内表面图

引线屏蔽管上部靠近盆式绝缘子位置有明显放电痕迹，如图 1-102 所示。

三、 故障原因分析

根据现场一、二次设备检查情况、保护动作及录波情况，同时结合部 5013 电流互感器 C 相试验情况，初步判断故障点位于 5013 电流互感器 C 相内部，且靠近 P2 侧（P1 侧绝缘较高）。

图 1-102　引线屏蔽管上部靠近盆式绝缘子位置图

对 2 号主变压器，该故障点处于两套差动保护区内，保护正确动作跳开邵 5013、5012、邵 222、邵 352 开关三相。

对 500kV Ⅱ母线，该故障点处于两套差动保护区外，保护不应该动作。

根据 TA 二次绕组布置母线-开关-（P1-绕组 1 主变压器差动 1-绕组 2 主变压器差动 2-绕组 3 母线差动 1-绕组 3 母线差动 1-绕组 4 母线差动 2-绕组 5 断路器保护-绕组 6 主变压器测量-绕组 7 主变压器计量-P2）-主变压器。对本 TA 来说，主变压器差动保护的保护范围为包括自绕组 1 开始的整个互感器，母差保护范围仅限 P1 至绕组 1、2，保护范围仅占头部的 2/7，且 P1 侧因有小陶瓷套绝缘加强，参考其他案例，内部故障时故障电流一般流动方向为 P1-全部绕组-P2-内部接地点，穿越全部绕组，即在保护看来接地点在 P2 以外，处于母差保护范围外，主变压器保护范围内，因此母线差动保护不动作。

电流互感器结构如图 1-103 所示，故障报文如图 1-104 所示，电流关系图如图 1-105 所示。

四、 整改措施

（1）加强同类型同批次设备巡视维护，严格落实运输要求等运检预防措施，以保障设备安全运行。

（2）盆式绝缘子生产厂家在产品出厂时，应对每个产品做一定数量的出厂试验。

（3）为避免绝缘材料直接暴露在外受紫外线、污秽、温差等因素的长时间影响下出现老化、裂化问题，建议采用带金属法兰的盆式绝缘子对盆式绝缘子进行保护。

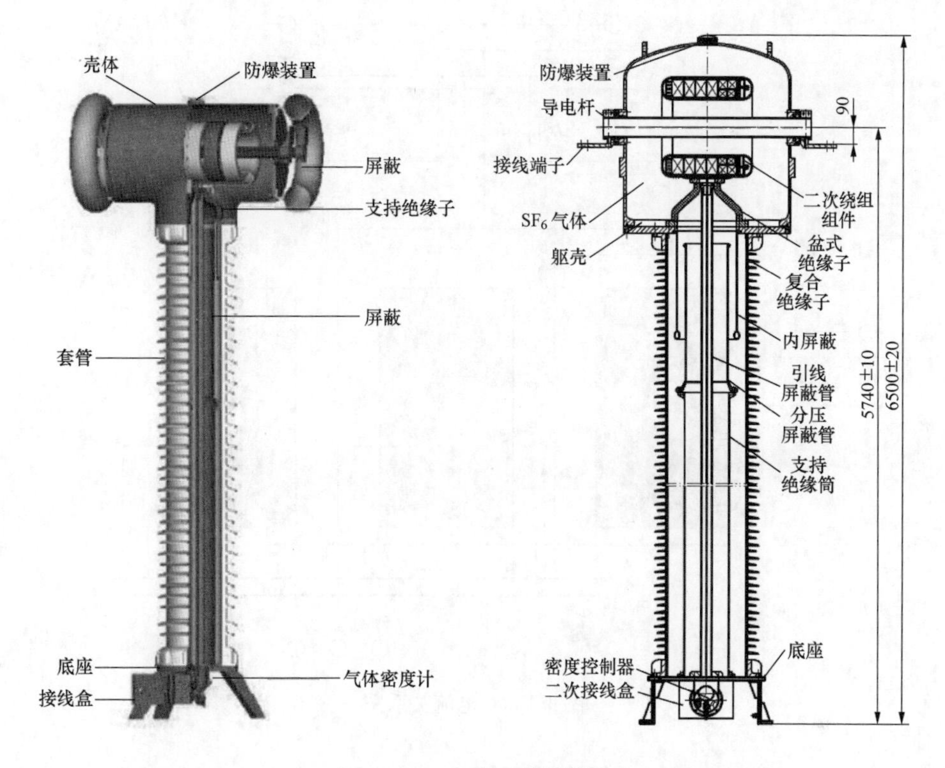

图 1-103　电流互感器结构

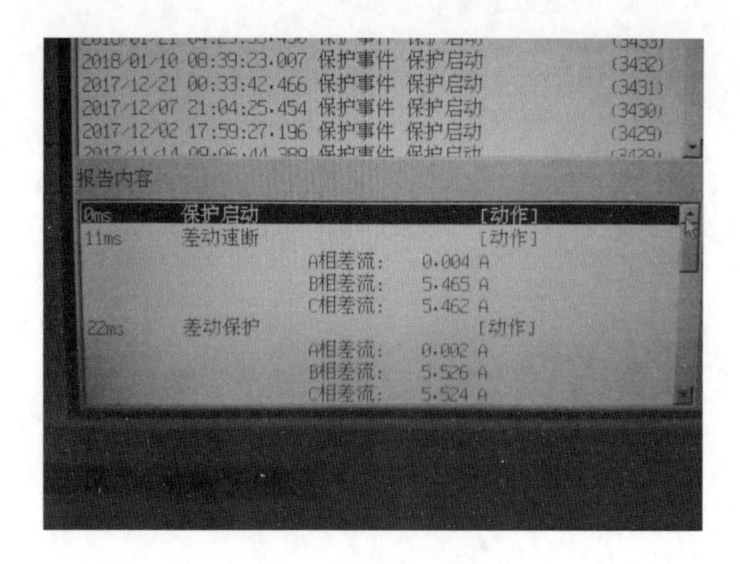

图 1-104　故障报文

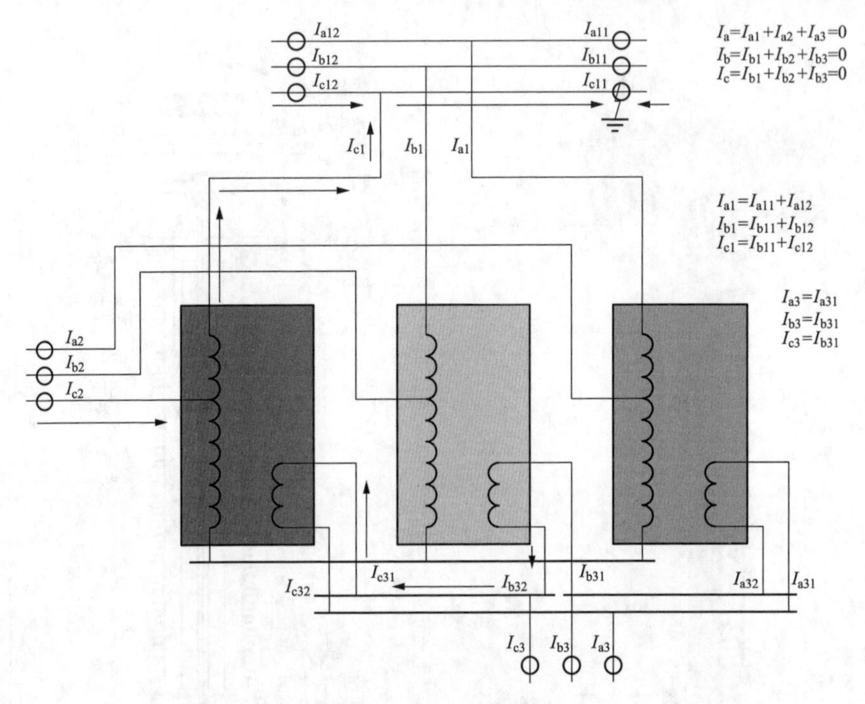

Ia12
Ib12
Ic12
Ia11
Ib11
Ic11
Ia=Ia1+Ia2+Ia3=0
Ib=Ib1+Ib2+Ib3=0
Ic=Ib1+Ib2+Ib3=0
Ic1
Ib1
Ia1
Ia1=Ia11+Ia12
Ib1=Ib11+Ib12
Ic1=Ib11+Ic12
Ia3=Ia31
Ib3=Ib31
Ic3=Ib31
Ia2
Ib2
Ic2
Ic31
Ib32
Ib31
Ic32
Ia32
Ia31
Ic3
Ib3
Ia3

图 1-105　电流关系图

案例 47：500kV 甲变电站通信设备故障造成 500kV、220kV 线路单保护运行

一、故障前运行状态

某公司 500kV 甲变电站处于正常运行状态。

二、故障发生过程及处理步骤

某日，某公司 500kV 甲变电站通信设备因站内直流电源系统 DC/DC 模块故障失电停运，造成 6 条 500kV、6 条 220kV 线路单保护运行。

某日，某公司多条 500kV 线路单套继电保护（PCS 纵联电流差动保护）通道中断，15min 左右自动恢复。同时，甲变电站信通 500kV 多套 SDH 设备、OTN 设备通道中断后自动恢复。其间该站现场检查发现：1 号一体化电源 DC/DC 变换装置输出电压显示为 35V；2 号一体化电源 DC/DC 变换装置管理模块黑屏，10 个 DC/DC 电源模块运行指示灯正常、输出电压显示正常（48V），输出电流显示均为 0；手动重启管理模块，未能恢复。为防止 DC/DC 模块再次出现供电异常情况，通信运维人员将福瑞站 DC/DC 变换装置负载全部倒接至独立通信电源。

三、故障原因分析

（1）前期设计不合理。前期设计的独立通讯电源方案，为满足输变电工程创新创优要求，改为一体化电源 DC/DC 方案。设计单位未对装置功能特点及现场运维监控需求进行深入调研并进行针对性优化设计。如 DC/DC 屏监控模块工作电源取自本段 48V 母线，当电源模块失压时会失去监控，给运行阶段留下隐患。

（2）入网把关不严格。经检测，某厂家本批次产品存在严重设计缺陷和质量问题，厂家提供的型式试验报告与供货设备不一致。厂家擅自更改设计，产品未经检测，带病入网，给电网运行带来极大威胁。

（3）设备运维不到位。现场运行规程中设备巡视、异常判断分析等要求不够细致，只提出了对相关装置外观、指示灯、显示屏显示、有无告警信号及模块屏总输出电压、电流有无异常的检查要求，并未提出对每个模块的输出电压、电流及风机运行状态等的巡视检查要求。运行维护过程中对每个模块的输出电流等运行状态巡视不到位。

四、整改措施

（1）协同开展电源排查整改。完成全省258座变电站通信专用DC/DC变换装置专项排查，对于存在隐患的变电站，及时采取有效措施进行消除；暂不能处理的，强化运维保障，缩短巡视周期必要时安排驻站值守。对运行8年以上同类型产品及时进行检测返修，整体性能下降的整体更换。

（2）强化通信隐患排查治理。举一反三开展全面排查，针对省内承载一、二级通信业务，同时采用一体化电源方式的7座220kV及以上变电站，改造为独立通信直流电源。加强独立通信电源机房空调和环境运行管理，立即在全省范围内组织开展为期一个月的通信电源隐患治理“回头看”检查，进一步夯实通信设备运行基础。

（3）完善相关技术标准。充分调研当前交直流一体化电源系统设计、采购、建设及运行情况，研究优化220kV及以下变电站一体化电源设计和通信设备供电方式选择，修订设备技术规范及采购标准，同步将本次事件暴露出的产品设计问题在新规范中予以优化和明确。

（4）严格设备入网管控。强化新技术、新产品入网技术把关，严格产品技术性能评估、试验验证和招投标管控，未通过型式试验的产品严禁入网。启动对本次事件涉及设备的隐含缺陷调查和认定程序，按照物资相关管理要求，对设备供应商采取“暂停投标资格”等惩罚措施。在基建、技改工程等前期工作中，严格落实通信电源、三点接地、光缆沟道等隐患治理要求，提升通信网本质安全水平。

（5）强化设备运检管理。组织站用交直流一体电源运维检修规定修订完善，明确系统验收、运维、检修、检测、评价全过程管理要求，规范和强化设备全寿命周期管理。加大专业技术管理交流力度，强化人员技术技能培训。

案例48：500kV甲变电站TA变比错误导致雷击故障时母线跳闸

一、故障前运行状态

某公司500kV甲变电站处于正常运行状态，110kV双母并列运行。

二、故障发生过程及处理步骤

某日，110kV芒盐线发生雷击故障，线路两侧线路保护动作跳闸。

某日20:23:15:496，110kV芒盐线线路保护启动。20:23:15:510，纵差保护动作。20:23:15:511，接地距离Ⅰ段动作。20:23:15:514，零序过电流Ⅰ段动作。20:23:15:525、20:23:15:528，110kV Ⅰ、Ⅱ母线保护差动动作。110kV芒嘎Ⅰ线044、芒盐线046、Ⅰ-Ⅱ母母联012、2号主变压器中压侧032断路器跳闸，110kV Ⅱ母失电。跳闸事件发生时站内为小雨，现场无工作。分布式故障诊断装置显示110kV芒盐线C相于某日20:23:15:547发生雷击故障，故障点靠近72号塔，距离线路1号塔25.62km。

经现场对110kV所有汇控柜二次回路检查，发现110kV芒盐线汇控柜内绕组接线端子排存在多余短接片，造成至母线保护的TA3、TA4绕组S2、S3短接，致使实际变比与母线保护整定变比不一致。按照西藏区调下达的芒康站110kV母线保护定值，芒盐线支路TA变比为800/1。由于芒康变建设阶段现场施工人员未按工程设计图施工，未拆除110kV芒盐线汇控柜端子排TA3、TA4的两处S2绕组的预装短接片，S2、S3绕组被短接，造成实际接入两套110kV母线保护的芒盐线支路TA变比为939/1，与保护定值单要求的800/1不一致，导致母线保护差动计算不平衡形成母线差流。自2020年110kV芒盐线投运以来，线路电流最大没有超过16A，负荷电流小，母差保护计算差流值小，未达到差流越限告警定值，母线保护无法报出差流越限告警信号。

某日110kV芒盐线发生C相接地故障时，A、B相电流随C相短路电流增大，两套110kV母线保护计算出不平衡电流，A相电流差动计算值达到保护动作值，母线差动保护动作跳闸。

三、故障原因分析

（1）施工管理不到位。设计单位编制的“110kV盐井线路GIS汇控柜端子排图1”中，明确标注端子排TA3、TA4绕组两处S2端子无短接措施，现场施工人员不按图施工，未取下汇控柜厂家预安装的绕组短接片，施工质量失管失控，竣工前自查自验流于形式，施工班组负责人、施工项目部对现场施工质量管理有漏洞、履责不到位，造成严重安全隐患遗留。

（2）竣工验收不严格。芒盐线电流互感器竣工验收试验方案编制不合理，一、二次设备采用物理方式隔离，分别进行通流试验，导致试验单位未能发现芒盐线接入母差保护的实际变比与定值单不对应问题。运维单位参与验收人员虽发现了实际接线与施工图不一致情况，但在得到汇控柜厂家人员“无问题”口头答复后，未深入研究分析回路原理，验收把关不严不实，未守住工程建设“最后一道关”。

（3）二次人员技能不足。启动投运阶段，运检单位二次专业人员在带负荷测试时，对两套110kV母线保护中芒盐线支路电流异常情况不敏感，仅以仪器测量误差错误处理，测试工作负责人、运检单位分管负责人专业技能不足，未能发现并指出带负荷试验报告中“电流互感器变比正确”的错误结论。芒盐线正式运行后，运检单位每月开展继电保护专业巡检，但受限于巡检人员经验不足、能力不够等原因，仍未能发现芒盐线汇控柜TA3 、TA4 绕组两处S2 端子存在短接片的异常情况。

（4）监理履责不到位。监理单位对现场施工质量把关不严，在旁站监理过程中未能及时发现并制止施工人员不按图施工的不规范行为，导致现场人员随意变更工程设计，造成工程建设过程中遗留严重隐患。专业监理作用发挥不足，未指出电流互感器竣工验收试验方案的不合理性，竣工验收把关工作未落到实处，到岗履职不力。

四、 整改措施

（1）严肃事件处理追责。按照“四不放过”原则，进一步认定事件责任，坚决杜绝同类事件再次发生，有关追责和整改情况在一周内报公司总部。

（2）严格验收试验管理。切实发挥出调试验收、检修预试、专业巡检等的把关作用，对于问题疑问要“打破砂锅问到底”，有效发现并消除二次设备隐患。

（3）加强队伍能力建设。落实公司全业务核心班组建设要求，持续提升基层一线技术监督、验收调试等专业技术水平。

案例49：500kV甲变电站保护设置错误导致主变压器跳闸

一、故障前运行状态

某公司500kV甲变电站处于正常运行状态，500kV采用3/2接线方式，已投运5串；220kV采用双母线单分段接线方式，已投运6回出线。

二、故障发生过程及处理步骤

某日09:01:08:474，500kV路乐二线C相跳闸，重合成功；27ms后，1号主变压器1号PCS-978GC保护装置零序差动动作、分侧差动动作，跳开主变压器三侧5011、5012、201、301断路器；1号主变压器2号CSC-326CE保护装置正常启动未动作。某日17:14，1号主变压器转冷备用，现场检修人员会同南瑞科技公司技术人员对全站42台同型号合并单元进行检查，发现5011断路器1号合并单元装置参数错误，其余装置无异常。

三、故障原因分析

（1）对系统内厂家人员管控长期存在麻痹思想。以南瑞集团有限公司为代表的一批系统内龙头企业，长期、广泛从事系统内各专业设备研发及现场工程实践工作，技术储备及现场经验丰富，在此背景下，公司员工普遍主观上存在严重的依赖思想，对该类厂家人员的作业质量过于放心，对厂家责任范围内的工作关注不够，对该部分厂家的管控力度往往不及对系统外厂家，最终导致未能及时发现厂家误删系数文件的行为。

（2）人才培养滞后，缺乏核心技能人员。长期以来系统内员工对南瑞集团等系统内厂家的工作介入较少，仅局限于对成品设备的调试，对设备内部运行机制和原理掌握不足、理解不透，熟练掌握现场设备安全运行全部关键点的核心技能人员缺乏，导致现场安全监管内容不全，针对性不强。

（3）缺乏底线思维，风险辨识不足。盲目相信系统内厂家人员工作能力和技术水平，忽略了人的不可控因素，厂家人员失误或过失后无保底措施，没有把安全的最后一道防线掌握在公司自有人员手中，把控安全的“底线”意识不够。

（4）缺乏合并单元文件完整性的有效监控手段。南瑞科技合并单元NSR-386AG装置缺少防误删功能，告警机制不完善，装置文件丢失后，装置无法实时通过后台监控、装置就地发出告警信号，现场运维检修人员不能及时发现装置文件丢失，装置文件完整性缺乏有效监控手段。

四、整改措施

（1）开展合并单元隐患大排查。

1）在全省范围内开展第一代智能站合并单元系数文件、保护采样、装置告警拉网式排查，已排查 273 台同型号合并单元，暂未发现问题。

2）通过不同合并单元采样横向对比，以及同一合并单元输入输出量纵向对比，排查核实装置运行状态。

3）根据电网运行方式安排停电排查，拟对合并单元进行采样精度测试，重启合并单元后再进行一次采样精度测试。

4）在完成停电对合并单元进行采样精度测试前，加强运行监视，禁止重启，若必须消缺重启，提级按危急缺陷管控，停运受影响相关保护装置后再消缺。

（2）完善合并单元装置相应告警信号。督促厂家举一反三，针对于涉及合并单元装置可能发生的隐蔽性不正常运行状态进行研究，完善实时后台监控、装置就地告警信号。

（3）研究现场检验改进方法。智能站在年检调试完成后，对所有智能设备进行重启，并查看各类设备的告警信号。

（4）丰富运维管理手段。强化作业准备，充分开展作业前风险分析、讨论，有效识别和控制风险；加强厂家人员技能水平鉴定，完善审核工作日志、开展数据核查等管控手段，并通过安全协议进行硬约束。进一步补充和完善智能设备厂家调试工作在两票、中间验收、竣工验收等环节的管理要求和签字确认流程。

（5）提升二次人员技能水平。结合全业务核心班组的建设，加强合并单元、智能终端等涉及厂家内部参数设置的技术学习，掌握内部原理，并完善一表一库风险提示库，切实提升自主检修和辨识风险的能力。

（6）强化智能站运维管理。完善智能站二次检修标准化作业流程，举一反三，加强智能站配置文件管理，依托智能站配置文件管控系统，实现配置文件申请、审核、变更、下装、调试、验证、归档全过程管控，确保过程可追溯。

（7）加强合并单元入网管理。新建的 500kV 变电站，已取消应用合并单元，采用电缆直接采样的方式将二次电流引入保护装置；在运的 500kV 变电站，将根据变电站在电网结构中的重要程度，结合变电站综合自动化改造，有序拆除合并单元，降低不成熟产品对运维工作带来的负面影响。

案例 50：500kV 甲变电站 GIS 故障导致 220kV Ⅰ、Ⅱ母同时跳闸，带跳 1 号主变压器中压侧及两条 220kV 线路

一、故障前运行状态

某公司 500kV 甲变电站处于正常运行状态，500kV 采用 3/2 接线方式，220kV 采用双母线双分段接线方式。

500kV 甲变电站 500、220、35kV 系统按正常方式运行。

二、故障发生过程及处理步骤

某日 12:27，500kV 甲变电站按照调度指令执行送电计划第十七项：“将 500kV 甲变电站 220kV Ⅰ、Ⅱ母元件倒Ⅱ母线运行，Ⅰ母线停电”。变电运维人员合上 1 号主变压器二次Ⅱ母（22012 隔离开关，检查机械、电气指示均在合位后，12:34:49，拉开 1 号主变压器二次Ⅰ母（22011）隔离开关，220kV Ⅰ、Ⅱ母线差动保护动作，ⅠⅢ 分段、ⅡⅣ分段、1 号主变压器二次、盛祁线、热盛二线断路器跳闸（倒母线操作过程中，220kV 母联断路器为“锁死”状态）。跳闸后，现场运维人员看见 1 号主变压器二次Ⅰ母（22011）隔离开关 A 相气室防爆膜处有白色烟气向外逸出，伴随很大的刺激性气味。变电运维人员立即撤出 220kV GIS 设备间，并开启通风装置。

三、故障原因分析

（1）厂家人员在装配过程中操作不当，卡簧未卡到销内，导致轴销脱落，造成本次事件。暴露出设备厂家人员作业不严谨、责任心不强、作业行为不规范等问题。

（2）厂家人员在 200 次机械磨合后，清罐检查不够细致，未发现掉落异物，未按工艺流程对设备进行详细检查。暴露出厂家人员工作不认真，对工艺流程要求不严。

（3）因该设备为 GIS 封闭式组合电器，在倒闸操作过程中，刀闸电气指示位置虽然正确，但刀闸操作后的机械实际位置无法确认。暴露出该设备设计不合理，不能满足现场倒闸操作后的运维人员看到设备实际动作位置。

四、整改措施

（1）现场隔离断路器、接地刀闸分合闸操作后，要求厂家人员协助利用视频监测设备通过观察窗检查确认内部导体分合状态，确认无误后方可进行后续

操作。

（2）加强设备安装调试工作，设备生产过程中严格按照工艺卡片要求开展工作，厂家人员装配作业过程中进行双确认，即“一人作业，一人记录”，并做好标识和记录。

（3）优化完善厂内工艺流程。针对 GIS 封闭式设备，在机械磨合后对罐体彻底检查和清洁，狭小空间使用内窥镜检查，确保全方位检查不留死角。

案例51：750kV甲变电站71302敦沙Ⅱ线高压电抗器跳闸

一、故障前运行状态

71302敦沙Ⅱ线高压电抗器为保定天威保变电气股份有限公司产品，设备型号BKD-120000/800，出厂日期为2013年3月，投运日期为2013年6月25日。

750kV Ⅰ母、Ⅱ母合环运行，2、3号主变压器运行，71301敦沙Ⅰ线、71302敦沙Ⅱ线、71013敦高Ⅱ线、71910敦高Ⅲ线、7104敦哈Ⅰ线、7105敦哈Ⅱ线及线路高压电抗器运行，71012敦高Ⅰ线及高压电抗器检修，1号可控高压电抗器25%级AVC模式运行，7511、7510、7512、7520、7522、7531、7530、7532、7541、7550、7552、7551、7560、7561断路器运行；7542、7540断路器检修，2号主变压器运行中性点经隔直装置运行，3号主变压器运行中性点经隔直装置运行。变电站电气接线方式如图1-106所示。

二、故障发生过程及处理步骤

某日09:13，750kV甲变电站后台打出“71302敦沙Ⅱ线高压电抗器测控CSC-336非电量保护主电抗轻瓦斯动作”信号，09:32，71302敦沙Ⅱ线高压电抗器CSC-336C保护A相重瓦斯动作，7511、7510断路器跳闸。无负荷损失情况。

1. 故障经过及现场处置情况

09:13，“71302敦沙Ⅱ线高抗测控CSC-336非电量保护主电抗轻瓦斯动作”信号后，如图1-107所示。在运维人员确认后台信息、准备申请调度停电的过程中，09:32，71302敦沙Ⅱ线高压电抗器CSC-336C保护A相重瓦斯动作。跳闸后，运维人员立即对71302敦沙Ⅱ线间隔内设备进行巡视检查。检查7510、7511断路器位置在“分位”，71302敦沙Ⅱ线高压电抗器外观检查无异常，调阅油在线监测数据正常。对保护装置动作信息及动作逻辑进行分析，保护动作正确，检查71302敦沙Ⅱ线高压电抗器A相外观无异常。

12:58，申请网调71302敦沙Ⅱ线由热备用转为检修，20:44恢复供电。

2. 现场检查情况

(1) 继电保护装置动作情况。

1) 750kV甲变电站CSC-336C保护装置：某日09:13:17:291，A相轻瓦斯动作，09:32:25:209，A相重瓦斯动作，如图1-107所示。

2) 750kV甲变电站PCS-931GYMM保护装置：某日09:32:25:221，保护启动，85ms远跳有判据动作、电流突变量判据满足。

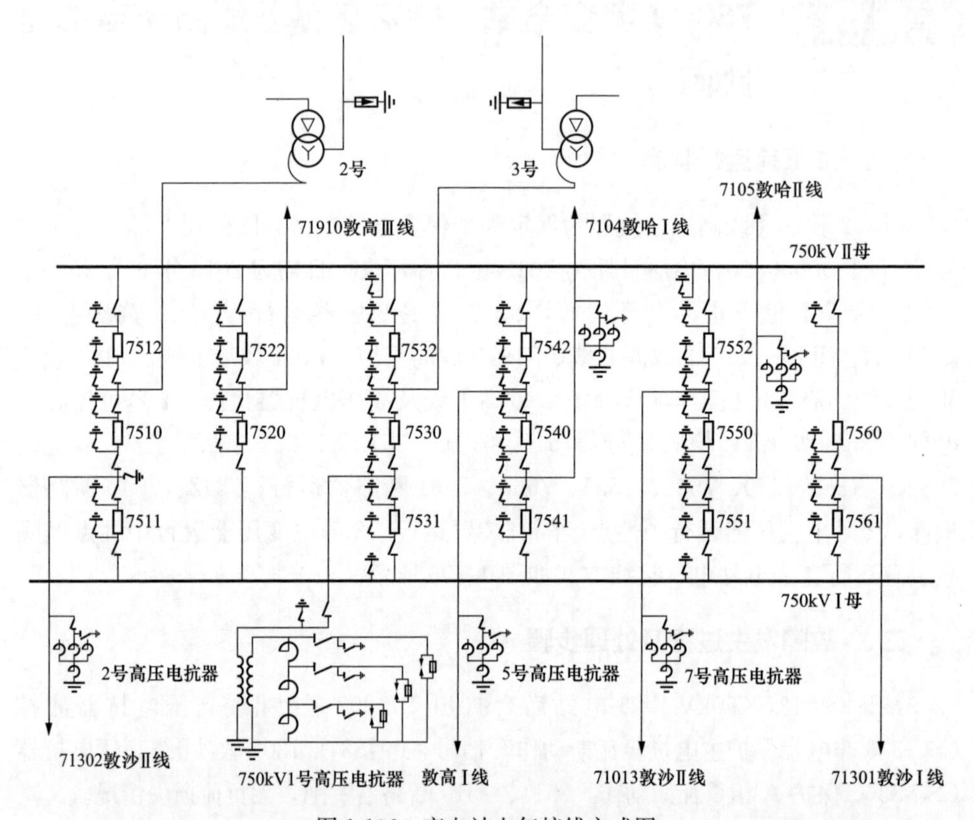

图 1-106　变电站电气接线方式图

北京四方非电量　(V1.00GW 2009.05 1AF2 EAE7)保护装置
动作报告
被保护设备本体保护间隔　　装置地址：11　当前定值区号:01
| 978ms | A相重瓦斯 |

北京四方非电量　(V1.00GW 2009.05 1AF2 EAE7)保护装置
告警报告
被保护设备本体保护间隔　　装置地址：11　打印时间:2020-10-15 10:08:47
2020-10-15 09:13:17.291
A相轻瓦斯

北京四方非电量　(V1.00GW 2009.05 1AF2 EAE7)保护装置
动作报告
被保护设备本体保护间隔　　装置地址：11　当前定值区号:01
故障绝对时间:2020-10-15 09:32:25.209　　打印时间:2020-10-15 14:51:56

相对时间	动作元件
	保护启动
0ms	A相重瓦斯

图 1-107　保护装置动作报告（一）

3）750kV 甲变电站 CSC-103BE 保护装置：某日 09:32:25:223，保护启动，24ms 电流突变量满足，83ms 远跳有判据动作，如图 1-108 所示。

北京四方CSC103BE (V1.13A 2000.00 0000)保护装置
动作报告

被保护设备敦煌二线 装置地址：11 当前定值区号：01 故障序号：15

故障绝对时间：2020-10-15 09:32:25.225 打印时间：2020-10-15 16:05:15

相对时间	动作元件	跳闸相别	动作参数
4ms	保护启动		
4ms	收信开入		
24ms	电流突变量满足		
70ms	低功率因数满足		A相297 B相312 C相308
83ms	二取一经判据动作		
83ms	远跳有判据动作		
12179ms	低功率因数满足		A相297 B相312 C相308
	通道A通，丢帧：		0 0 0
	通道B通，丢帧：		0 0 0
	采样已同步		
86ms	闭锁重合闸		
	故障相电压		UA= 59.00V UB= 59.25V UC= 58.50V
	故障相电流		IA= .0216A IB= .0173A IC= .0216A
	测距阻抗		X= 23.25Ω R= 20.75Ω ABC相
	故障测距		L= 254.0km ABC相

序号	启动时间	相对时间	动作相别	动作元件
0762	2020-10-15 09:52:25:221	0000ms		远跳启动
		0025ms		保护启动
		0085ms	ABC	远跳有判据动作
				电流突变量判据满足
				低功率因数判据满足

起动时开关量状态

图 1-108 保护装置动作报告（二）

保护装置动作正确。

（2）71302 敦沙Ⅱ线高压电抗器检查情况。

71302 敦沙Ⅱ线高压电抗器外观检查正常，检查 A 相高压电抗器气体继电器内部无油，目测检查断流阀挡板在关闭位置，断流阀把手在运行位置，见图 1-109 所示。正常状态断流阀挡板在开启位置，断流阀把手在运行位置，见图 1-110 所示。该断流阀手柄有三个位置，分别是“常开”“常闭”“运行”。71302 敦沙Ⅱ线高压电抗器 A 相离线油色谱检测数据显示，各项特征气体含量正常，见表 1-18。

表 1-18 750kV 甲变电站 71302 敦沙二线电抗器 A 相油色谱离线测试数据统计表

序号	运行编号及名称	测试时间	H_2	CO	CO_2	CH_4	C_2H_4	C_2H_6	C_2H_2	总烃
1	敦沙二线电抗器 A 相	2020.03.15	17.61	539.65	1634.01	84.95	2.27	5.7	0	92.92
2	敦沙二线电抗器 A 相	2020.04.21	17.03	547.92	1659.52	87.47	2.31	5.03	0	94.81
3	敦沙二线电抗器 A 相	2020.05.26	15.63	517.43	1576.88	82.36	2.33	6.36	0	91.05

续表

序号	运行编号及名称	测试时间	H_2	CO	CO_2	CH_4	C_2H_4	C_2H_6	C_2H_2	总烃
4	敦沙二线电抗器A相	2020.06.21	12.315	618.276	3079.116	74.647	2.078	6.118	0	82.843
5	敦沙二线电抗器A相	2020.07.19	10.771	582.202	2954.892	71.565	1.976	5.584	0	79.125
6	敦沙二线电抗器A相	2020.08.22	13.18	378.57	1036.33	93.1	2.3	5.63	0	101.03
7	敦沙二线电抗器A相	2020.09.16	8.32	499.11	2225.92	73.96	1.86	4.25	0	80.07
8	敦沙二线电抗器A相	2020.10.15	6.89	453.707	1995.294	57.115	1.697	3.795	0	62.607

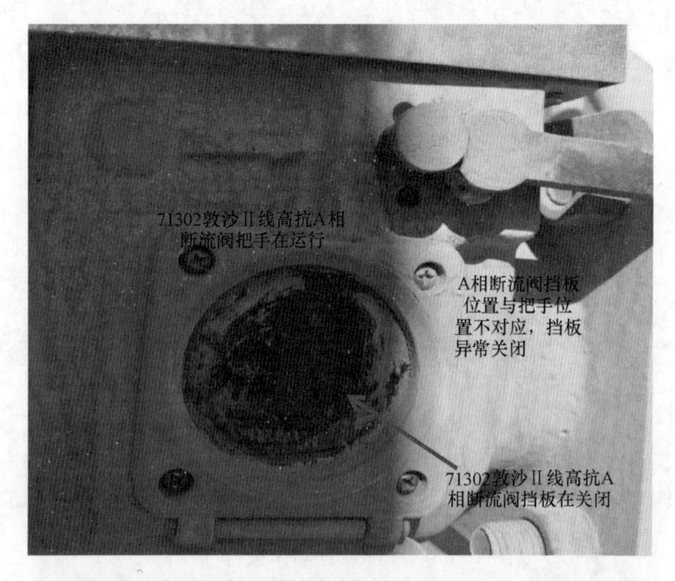

图 1-109　71302 敦沙Ⅱ线高压电抗器断流阀挡板在关闭位置，断流阀把手在运行位置图

图 1-110　71302 敦沙Ⅱ线高压电抗器断流阀挡板在开启位置，断流阀把手在运行位置图

三、故障原因分析

根据现场检查情况，瓦斯到储油柜回路中间的断流阀（规格：ϕ80 制造厂家，沈阳同盟变压器配件组装有限公司）挡板在关闭位置，把手在运行位置（见图 1-109）。正常状态见图 1-110。此类型断流阀分为常开、常闭、运行三个状态，通过切换把手轴销实现三种位置变换，常开状态时把手轴销将挡板固定在打开状态，常闭状态时把手轴销将挡板固定于阀口闭合位置，运行状态时挡板未固定于固定位置，可在常开与常闭位置间运动，运动幅度通过弹簧控制在一定幅度内，如图 1-111 所示。判断近期气温骤降，最高温由 17℃降至 5℃，最低温由 5℃降至－6℃（如图 1-112 所示），电抗器本体油位快速下降，断流阀挡板弹簧疲劳性能下降后，挡板在油流冲击及电抗器运行振动影响下异常关闭，造成储油柜向本体补油通道关闭，导致双浮球气体继电器内部形成空腔，油位持续下降导致重瓦斯保护动作。

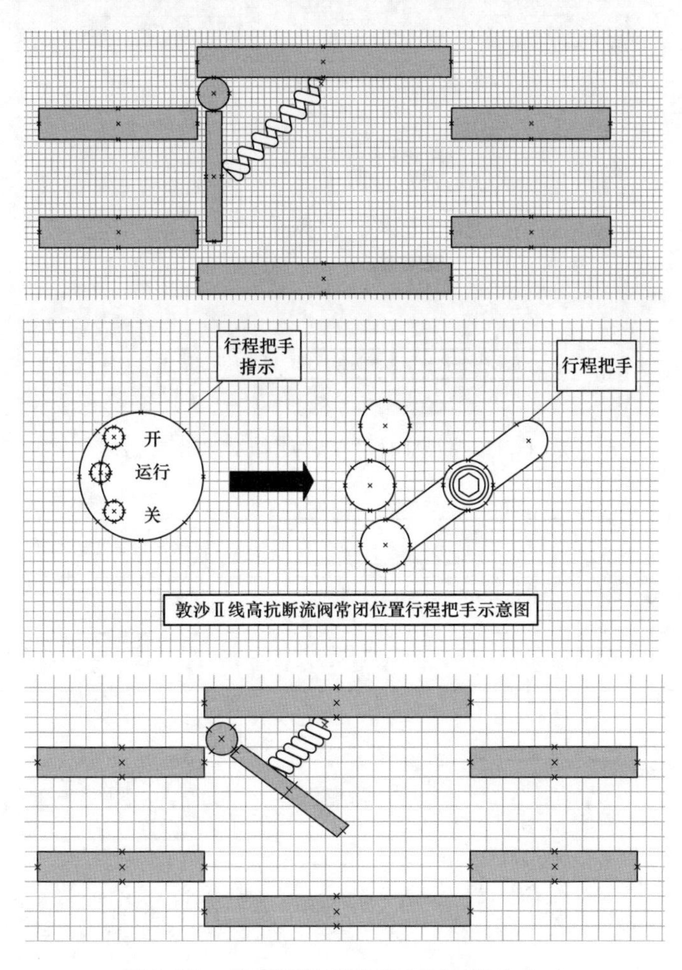

图 1-111　断流阀行程把手工作示意图（一）

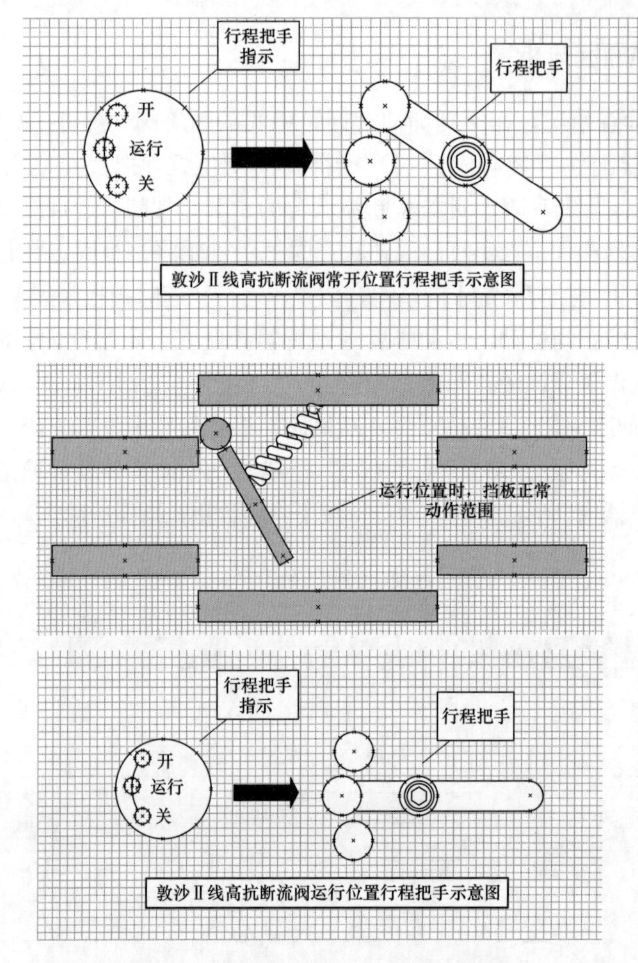

图 1-111　断流阀行程把手工作示意图（二）

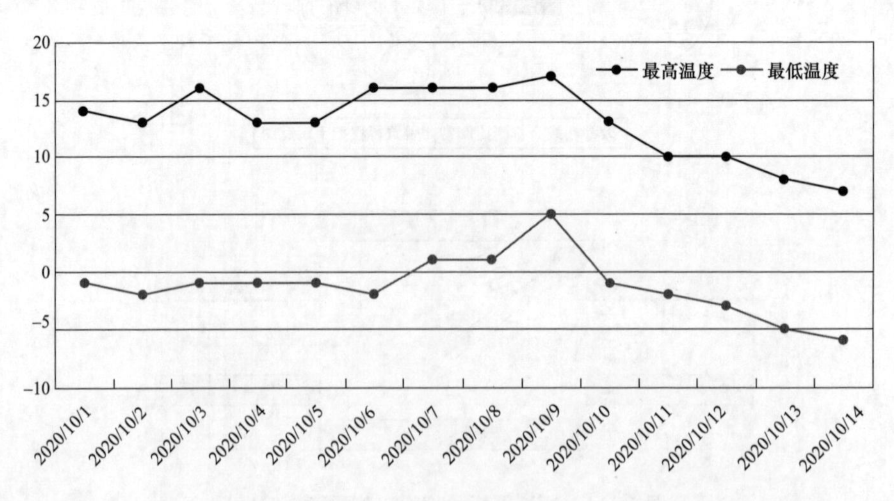

图 1-112　近期 750kV 敦煌变电站所在地区气温变化趋势

断流阀结构主要按阀板的控制方式不同，分为弹簧式（含上部控制、下部控制两种）和配重式两种，敦沙二线高压电抗器安装的断流阀结构为弹簧式-上部控制。弹簧式结构运行过程中需要弹簧和磁铁配合保证阀板在打开状态，一旦弹簧或磁铁出现问题，阀板可能在重力作用下发生流速定值变化、误关闭（上部控制型）等情况。天威保变公司答复依据《国家电网有限公司十八项电网重大反事故措施（2018 修订版）》，故障高压电抗器尽管未安装充氮灭火装置但仍安装有断流阀。经排查××公司在运变压器（高压电抗器）未安装充氮灭火装置但安装断流阀设备共计 44 台，其中变压器 32 台，高压电抗器 12 台。

四、整改措施

（1）针对本次跳闸暴露的断流阀挡板异常关闭隐患，现场采取断流阀弹簧插销固定措施，将敦沙Ⅱ线三相电抗器把手固定在常开位置，确保运行中断流阀不会异常关闭。

（2）结合所辖变电站主变压器（高压电抗器）断流阀的装用和运行状态排查结果，对存在的同类隐患结合停电进行整改。

（3）加强迎峰度冬期间主设备的状态管控，根据天气变化和油位-温度变化曲线，认真观察并记录主变压器（高压电抗器）准确油位，对油位异常缺陷及时处理。

案例52：1000kV交流特高压甲变电站3号主变压器B相正常运行过程中故障爆炸燃烧

一、故障前运行状态

1000kV甲变电站于2016年7月投运，于2016年6月取得工程消防验收合格意见书。

1000kV甲变电站扩建工程新上3、4号主变压器，单组容量300万kVA。主变压器扩建工程于2019年11月14日正式投入运行。

3号主变压器于11月某日试运行，11月14日正式投入运行。

根据GB/T 50832—2013《1000kV系统电气装置安装工程电气设备交接试验标准》，现场开展交接试验。

常规试验项目包括绕组连同套管的直流电阻测量，绕组电压比测量，引出线的极性检查，绕组连同套管的绝缘电阻、吸收比和极化指数测量，绕组连同套管的介质损耗因数tanδ和电容量的测量，铁芯及夹件的绝缘电阻测量，套管试验，套管电流互感器试验。

特殊试验项目包括绝缘油试验，低电压空载试验，绕组连同套管的外施工频耐压试验，绕组连同套管的长时感应电压试验带局部放电测量，绕组频率响应特性测量，小电流下的短路阻抗测量。上述试验项目结果合格。

2019年11月7日进行3号主变压器启动调试，开展的测试项目有红外测温、紫外测试、本体振动测量、谐波测量、保护校验，未发现异常。

按《国家电网公司变电检测管理规定》要求，现场运维人员先后对3号主变压器投运后开展了5次油色谱分析，A、B、C三相试验结果均正常。某日，进行投运后第6次油色谱分析时，发现B相变压器乙炔值为0.31μL/L（注意值为1μL/L），当天再次取油样2次，进行离线数据分析，乙炔值分别为0.3μL/L、0.29μL/L。对B相变压器持续开展跟踪检测，某日油色谱离线分析，乙炔为0.32μL/L；某日上午10时油色谱离线分析，乙炔为0.32μL/L，与之前数据相比未见明显变化。

GB 24846—2009《1000kV交流电气设备预防性试验规程》中规定，变压器离线油色谱注意值是0.5μL/L。2018年的最新版本已经提高至1μL/L，对超过注意值或增长速率超过注意值的，建议缩短检测周期跟踪。其间，先后两次对3号主变压器A、B、C三相开展带电检测，项目为超声波、高频局放检测、红外测温，均未发现异常。

二、故障发生过程及处理步骤

某日16:36，1000kV交流特高压甲变电站3号主变压器B相正常运行过程中故障爆炸燃烧，B相变压器烧损，故障造成1人死亡，2人重伤。故障现场照片如图1-113所示。

图1-113　故障现场照片

故障发生后，上级部门第一时间派人赶赴现场，某公司立即启动应急响应，赶赴现场开展故障处理。

16:13，监控后台报3号主变压器轻瓦斯动作，运维人员按DL/T 572—2010《电力变压器运行规程》规定，到现场查看3号主变压器设备情况。现场确认3号主变压器WBH本体非电量保护屏装置报本体轻瓦斯B相动作，且复归无效。现场检查3号主变压器B相瓦斯继电器、取气盒情况，并对主变压器本体进行铁芯、夹件接地电流开展测试。

16:36，甲变电站监控后台报3号主变压器重瓦斯动作跳闸，B相本体着火，变压器泡沫喷雾固定灭火系统正确启动（有信号图片）。

16:37，甲变电站启动故障应急响应，汇报各级调度，拨打119报警电话。16:40，甲变电站站内消防人员到达现场，利用站内2辆消防车进行灭火作业。17:00，按网调调度指令，将3号主变压器500kV侧5041、5042断路器转冷备用。

17:25，按照网调调度指令，将1000kV台泉Ⅱ线拉停。

17:26，按照网调调度指令，将3号主变压器1000kV侧T042、T043断路器转冷备用隔离。17:40，某中队4辆、某大队2辆消防车进站。17:46，4号主变压器转热备用。17:50，现场火势得到控制，火情未超出3号主变压器B相范围。

截至某日 07:23，共计 20 辆消防车参与现场灭火，现场明火基本扑灭。

三、 故障原因分析

经调查认定，甲变电站爆燃故障是一起因变压器高压套管电容芯体存在质量缺陷引发爆燃，导致设备损坏和人身伤亡的一般电力设备故障。

故障直接原因为高压套管电容芯体质量缺陷，引起局部放电，导致下瓷套损坏爆炸、对地电弧放电，变压器油气化，油箱内压力剧增，油箱爆裂，大量可燃油气喷出，引发爆炸燃烧。

故障暴露出 1000kV 网侧套管电容芯体内部存在质量缺陷。变压器箱体压力释放装置没有起到防止严重变形爆裂的作用。设备监造记录、现场隐蔽工程监理不规范。特高压变压器监控手段不完善，无法在故障初期快速隔离故障设备，迅速控制故障扩大，也难以有效开展设备异常状态远方检查确认。

四、 整改措施

(1) 加强设备质量源头管理。电力企业要进一步加强电力建设项目设备设计选型和采购管理，明确设备质量要求和性能指标，重要设备要留有足够的安全裕度。完善设备招投标制度，严把设备准入关，招标投标要明确要求设备厂商吸取相关故障教训，落实反故障整改措施。要建立设备供应商信用评价机制，对设备质量问题实行高效的追溯机制，坚决排斥质量和信用不良的设备制造厂商。

(2) 严把设备监造、基建施工、安装和验收关。电力企业要严格执行重要设备驻厂监造制度，对设备在制造和生产过程中的工艺流程、制造质量和设备制造单位的质量体系进行监督，参与制造单位设备制造工艺和技术参数修改的审查，及时发现和处理制造过程中质量问题。全面加强设备开箱验收、安装调试、工程分部及整体验收工作，督促设备供应商加强现场安装的专业化技术指导，提高建设质量和工艺水平。要加强隐蔽工程的旁站监理，强化各级质量验收与消缺。

(3) 强化设备运行、检修、改造管理。针对特高压输变电交直流输变电设备等运行中出现的新情况和新问题，及时制定、修编相关设备技术标准和交接试验、检修运行规程，切实提升电力新型设备安全管理水平。对新技术、新设备，电力企业包括调度机构必须了解、掌握其安全技术特性，采取有效的安全风险管控措施，并对从业人员进行专门的安全生产教育和培训，确保作业人员人身安全。加强设备的运行与维护，加强状态监测、分析和设备设施缺陷管理，推广利用大数据技术和设备智能诊断技术，开展集中检修和专项整治，提升设备运行可靠率。

(4) 提高应急处置能力。建立健全与地方政府有关部门、相关单位及周边企业应急协调联动机制，开展火灾反故障演习，提高人员突发事件应急处置能力。根据特高压设备特点，改造消防设施设备，提高消防设施建设标准。在重大设备安全隐患整改过程中，应当加强监测，采取有效的预防措施，制定应急预案，开展应急演练，实现重大安全隐患的可控在控。严格故障报送程序，按照国家法律法规完善安全信息报送制度，理顺信息报送流程，做好电力安全信息报送工作，确保电力突发事件及时、准确、如实上报。

(5) 建立健全设备安全管理长效机制。要将技术监督工作作为发现和消除设备隐患的重要手段，深入开展设备可靠性信息分析应用，加强主要设备运行趋势分析和全面状态评估，指导设备选型采购、日常维护、隐患管理及技术更新改造等工作。落实地方电力管理部门属地管理职责，地方各级政府电力管理等有关部门要按照《国家发展改革委国家能源局关于推进电力安全生产领域改革发展的实施意见》(发改能源规〔2018〕1986 号）要求，依法依规履行地方电力安全管理责任，做好安全监管工作。充分发挥属地优势，开展安全监督检查、促进企业提升设备安全管理水平。

(6) 加强对特高压新技术、新设备的安全管理。电力企业要加强对特高压设备运行原理的研究，加强对电力安全故障事件直接原因的技术分析，对有故障的设备型号、制造单位和设备隐患等情况进行披露，强化设备典型性隐患和“家族性”隐患的评估认定和统计分析。要对在运的特高压输变电设备进行全面的隐患排查和缺陷治理，建立安全隐患管理台账，制定切实可行的整改方案，落实整改责任、整改资金、整改措施、整改预案和整改期限，限期将设备安全隐患整改到位。加强设备监测，及时采取检修、更换等措施，坚决避免设备带病运行的情况发生。推广利用大数据技术和设备智能诊断技术，发挥好在线监测仪器的预警作用。

案例 53：B 相引流线对吊索放电导致 220kV 2 号母线停电

一、故障前运行状态

500kV 甲变电站 500kV 系统为 3/2 接线方式。220kV 系统为双母线双分段带旁母接线方式，1 号主变压器、3 号主变压器、220kV 坪琏东西线、坪江东西线、坪界三四线、坪环南北线、坪环三线运行在 1、2 号母线，2 号主变压器、220kV 坪人南北线、坪皂南北线、旁路运行在 3、4 号母线，如图 1-114 所示。

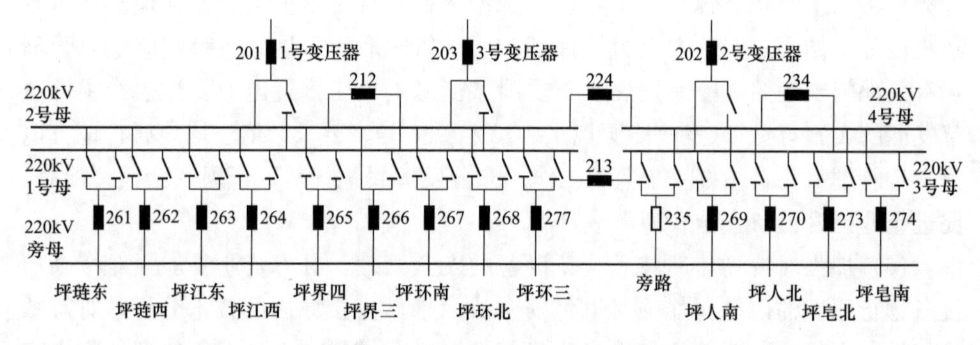

图 1-114　甲变电站 220kV 母线接线图

项目于 2019 年 10 月开工，2020 年 4 月完成 220kV 坪龙南、北间隔改造，2020 年 11 月完成 220kV 母联 234 间隔改造。2021 年 9 月 1 日到 10 月某日，计划开展 220kV 坪琏东、西线间隔 220kV 母联 212 间隔、1 号母线 TV、2 号母线 TV 设备改造。

二、故障发生过程及处理步骤

某送变电公司在某检修公司在 500kV 甲变电站 220kV 1 号母线停电开展 220kV 配电装置改造工作期间，按照正常运行方式安排，220kV 2 号母线跳闸将导致 5 座 220kV 变电站失电，构成五级电网风险。经电网安全校核，综合考虑电网安全约束，利用 220kV 旁路 235 代坪江东线 263（热稳限额 67 万 kW，甲变电站 220kV 2 号母线跳闸后不超限额）运行在 220kV 3 号母线。若甲变电站 220kV 2 号母线跳闸，由运行在 220kV 3 号母线的坪江东线带 5 座 220kV 变电站负荷，如图 1-115 所示。

220kV 旁路 235 代坪江东线 263 运行于 220kV 3 号母线，坪江东线 263 断路器停用。按照现场运行规程，500kV 甲变电站坪江东线 RCS-902 光纤距离保护切换至旁路 RCS-902 光纤距离保护运行，并退出坪江东线两 RCS-931 光纤差

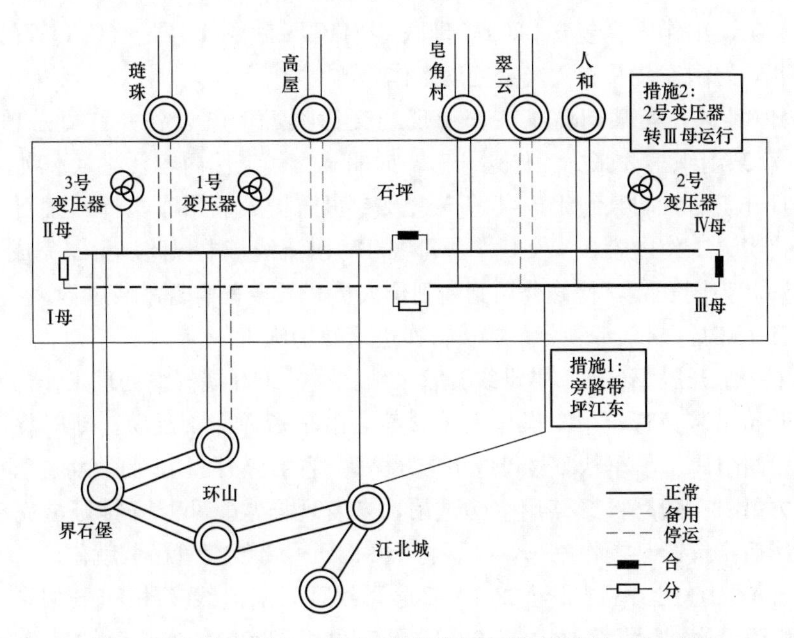

图 1-115 甲变电站 220kV 1 号母线停电期间运行方式示意图

动主保护，如图 1-116 所示。

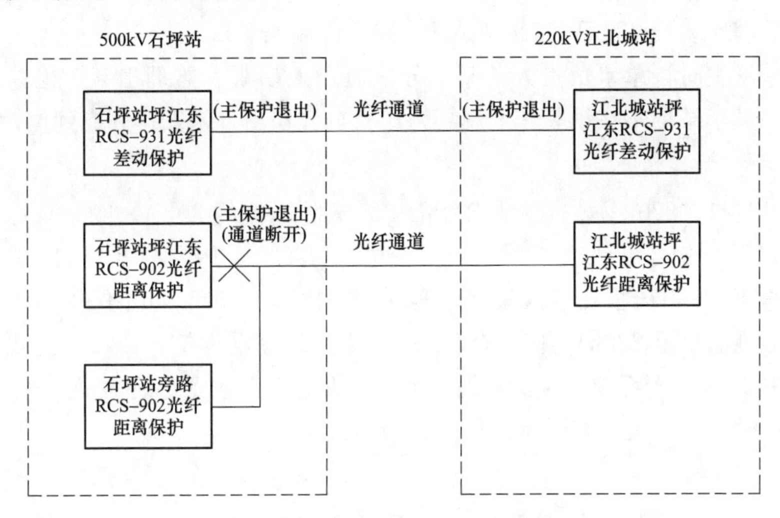

图 1-116 220kV 坪江东线旁路代路保护运行示意图

1. 事件经过

2021 年 9～11 月，送变电公司在 500kV 甲变电站开展 220kV 设备改造施工。

某日 14:13，检修公司运维人员李某向送变电公司蒋某许可总工作票（编号：变电施工-2021-10-13-04 含分 2，含 2 张分工作票），其中第 2 张分工作票负责人为胡某，工作内容包含220kV母联212HGIS间隔1号母线侧套管吊装、1号母线TV刀闸安装及相关气室处理工作。

某日08:00，李某向蒋某在作业现场交代临近带电设备并许可总票开工。08:40，蒋某组织第2张分工作票开工，向胡某交代工作内容及注意事项。

某日开工后，胡某组织彭某等5人及专责监护人兼吊车指挥邓某召开班前会，交代当天工作内容，未交代2号母线TV引流线带电风险。上午完成1号母线TV A相刀闸安装，检修公司到岗到位人员李某全程监督吊装过程。

某日13时，胡某带领分票成员再次进入现场施工。

其中一组开展HGIS 1号母线套管吊装，另一组开展气室处理工作。邓某安排彭某开始吊装套管，吊车操作人员彭某向吊车指挥邓某反映，新安装1号母线TV刀闸阻碍了吊车从1号母线下方吊入套管的运转路径，打算将套管由1号母线上方吊入。随后，彭某用空钩试吊，未发现异常。邓某安排班员完成套管绑扎，然后指挥彭某操作吊车，准备将HGIS 1号母线套管吊装就位。

某日14:16，当吊物吊至220kV 2号母线TV引流线A相和B相导线之间时，B相引流线对吊索放电。500kV甲变电站220kV母差保护动作，跳开220kV 2号母线所有运行断路器，并将远跳命令通过本侧RCS-931光纤差动保护传至对侧220kV江北城站坪江东线的RCS-931光纤差动保护，对侧接收到远跳命令后动作跳开220kV江北城站坪江东263断路器。

事件发生时，总票负责人蒋某、分票负责人胡某、监理祖某、检修公司到岗到位人员李某均不在吊装作业现场，送变电公司当日未安排到岗到位计划。

2. 保护动作情况

14:16:41，220kV 2号母线B相故障，故障电流约30kA，220kV母差保护动作跳220kV 2号母线断路器。因甲变电站220kV母差保护“出口跳坪江东263断路器”出口压板在投入位置（实际应退出），220kV母差保护通过该压板回路发远跳命令至220kV坪江东线RCS-931光纤差动保护，220kV江北城站坪江东线RCS-931光纤差动保护就地低电压判据启动，收到远跳命令后出口跳闸。保护动作时序、远跳回路示意图如图1-117所示。

3. 损失情况

事件造成6回220kV线路跳闸，5座220kV变电站、20座110kV变电站失电，损失负荷29.6万kW，占比2.2%。事件发生前，某电网总负荷1375万kW，5站总负荷46.5万kW；事件影响重要客户35户，其中一级重要客户3户、二级重要客户32户。一级重要客户中，市委、市政府在外电源全失电后，自备应急UPS电源自动投入，应急指挥、通信、机房等核心负荷未失电，15min后外电源恢复供电；市公安局备用电源失电，主供电源未失电。二级重要客户中，外电源全失电的29户（2户轻轨客户自动切换内部电源保障列车运行

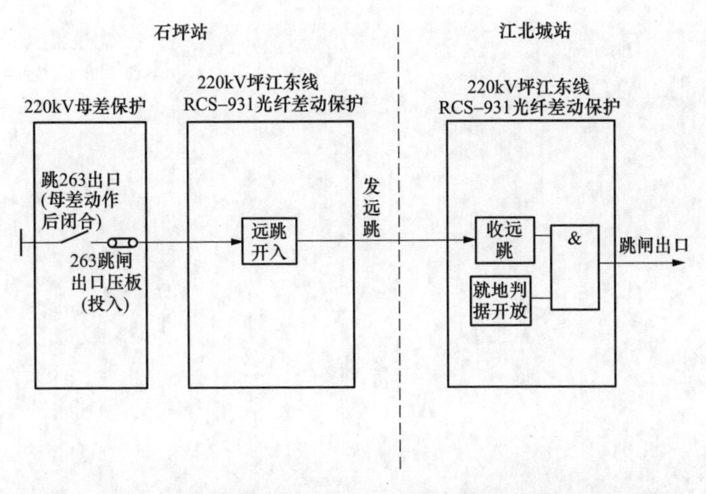

图 1-117　220kV 坪江东线 RCS-931 光纤差动保护远跳回路示意图

未受影响）。某片区运行方式变化示意图如图 1-118 所示，停电事件影响区域示意图如图 1-119 所示。

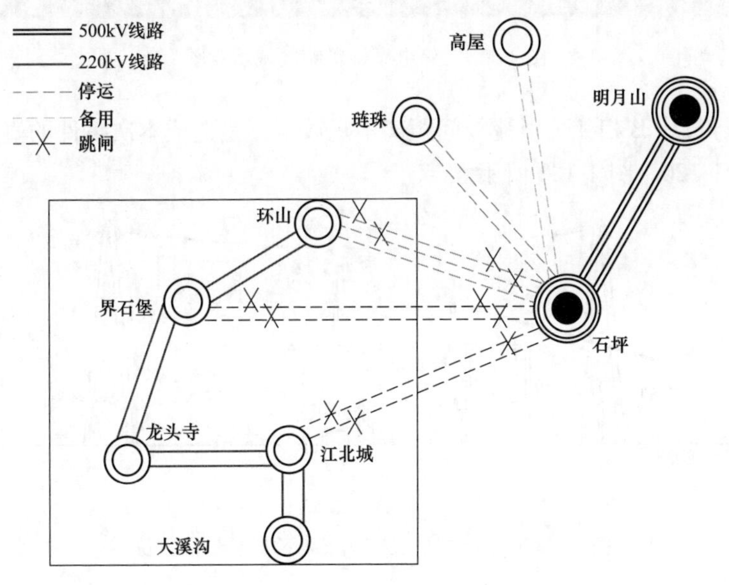

图 1-118　某片区运行方式变化示意图

三、故障原因分析

1. 事件直接原因

（1）吊车指挥兼工作监护人邓某和吊车操作人员彭某擅自采取从带电的 220kV 2 号母线 TV 引流线上方吊入的方式开展吊装作业，导致吊索与带电的

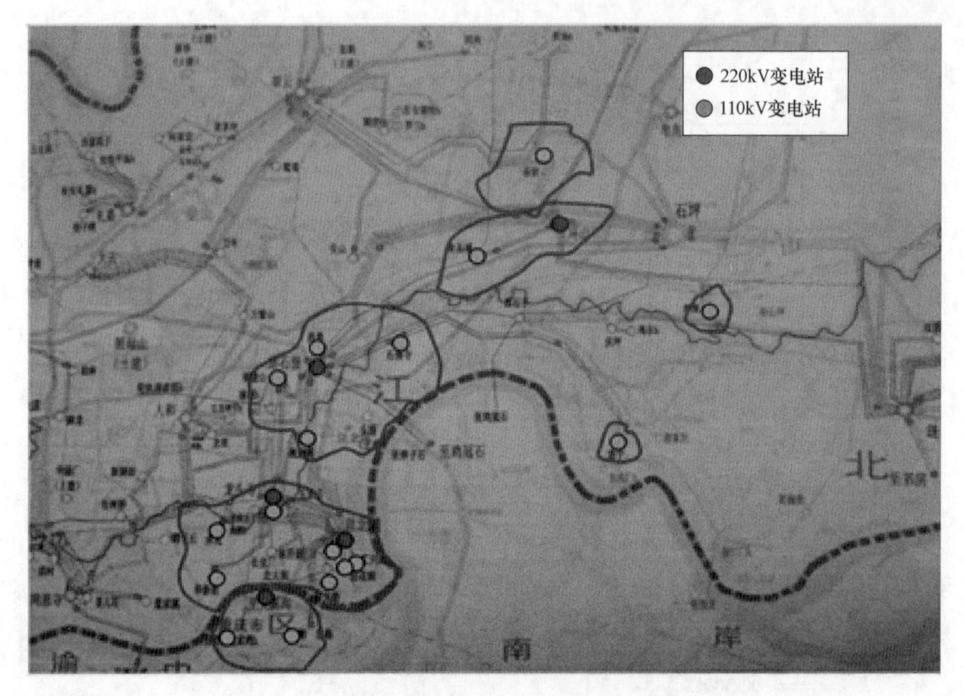

图 1-119　停电事件影响区域示意图

220kV 2 号母线 B 相 TV 引流线间距离不足放电，是造成本次事件的直接原因之一，如图 1-120、图 1-121 所示。

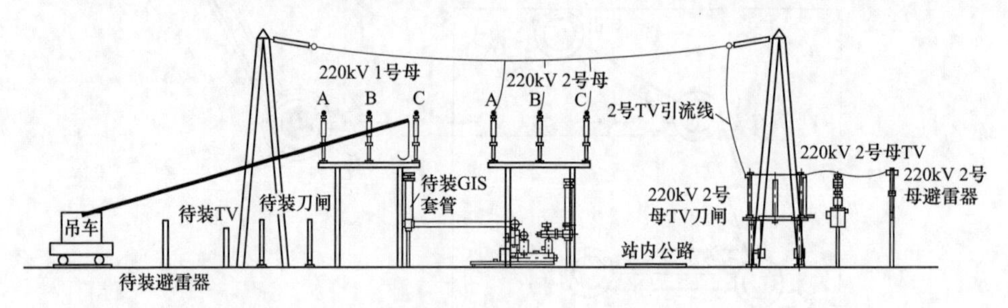

图 1-120　原计划吊装方式（未考虑 1 号已就位）

（2）在 220kV 2 号母线 TV 引流线带电的情况下，施工方案采用吊车进行吊装作业，安排不合理，对吊装作业风险没有可靠的控制措施，是造成本次事件的另一直接原因。

2. 事件扩大原因

500kV 甲变电站 220kV 旁路代坪江东线运行时，坪江东 263 断路器停用，220kV 母差保护跳坪江东 263 断路器压板在投入位置。当甲变电站 220kV 2 号

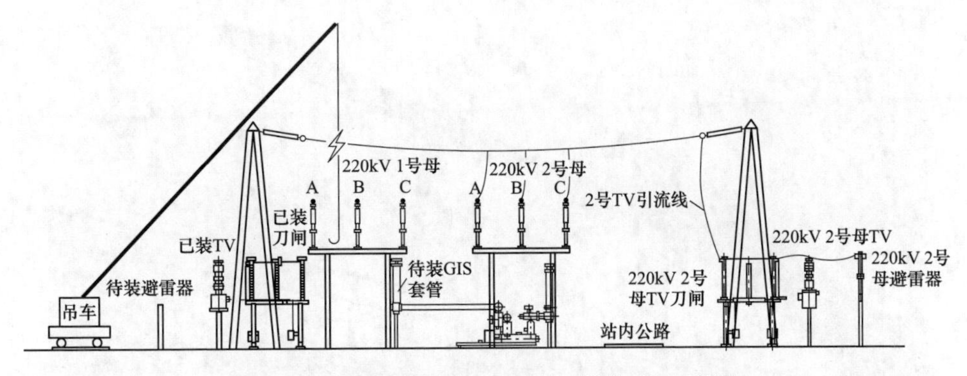

图 1-121 实际吊装方式（1 号 TV 就位后，正视图）

母线 B 相故障后，220kV 母差保护动作，通过该压板回路发远跳命令至坪江东线 RCS-931 光纤差动保护，致使对侧 220kV 江北城站坪江东线 RCS-931 光纤差动保护收到远跳命令后出口跳闸，如图 1-122、图 1-123 所示。

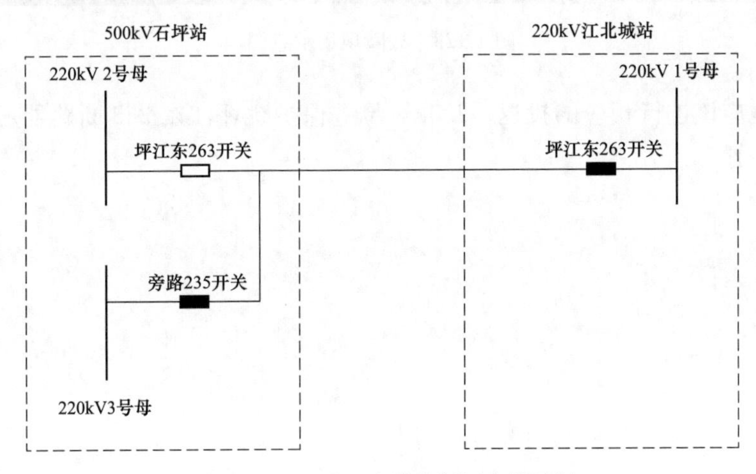

图 1-122 220kV 旁路代坪江东线运行

四、 整改措施

(1) 在 220kV 2 号母线 TV 引流线带电的情况下，施工方案采用吊车进行吊装作业，安排不合理，应对吊装作业风险采取可靠的控制措施。

(2) 工作负责人责任心不强，安全意识不高。工作负责人交代当天工作内容时，未交代 2 号母线 TV 引流线带电风险，需加强工作负责人责任心和安全意识。

(3) 加强现场安全管控。

(4) 二次设备专业技术需提高。一次设备的运行方式发生变化时，继电保

图 1-123　故障现场示意图

护压板也应该进行相应的投退，220kV 母差保护跳坪江东 263 断路器压板应该在退出位置。

案例 54：500kV 甲变电站 220kV 南母东段跳闸

一、故障前运行状态

500kV 甲变电站位于某市，2001 年 12 月投运，现有 220kV 出线 10 回、主变压器 2 台，220kV 系统双母双分段接线，使用敞开式设备，如图 1-124 所示。

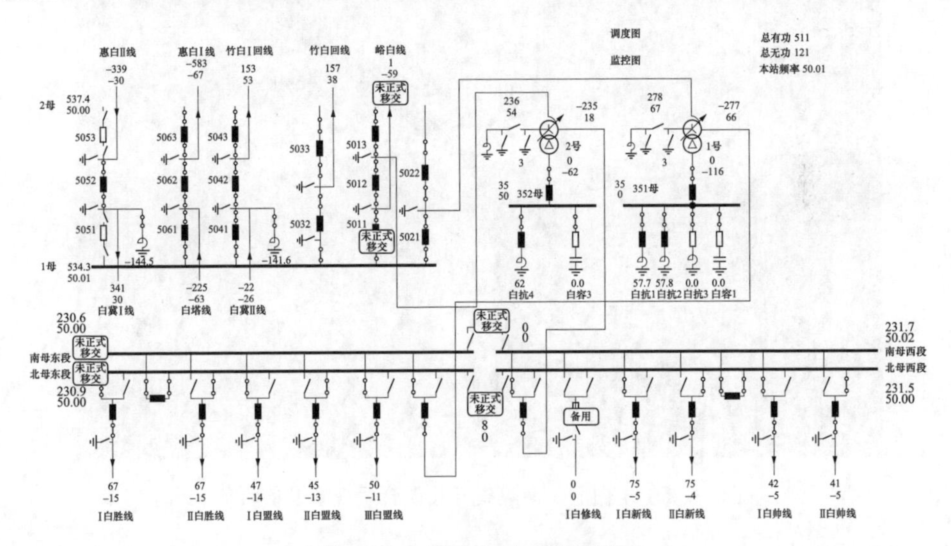

图 1-124 甲变电站系统接线图

一次设备：白 221 间隔、Ⅱ白胜线、Ⅱ白盟线、Ⅲ白盟线运行于白 220kV 南母东段。白 1 号主变压器、白 2 号主变压器运行。

检修设备：Ⅰ白胜 1、Ⅰ白盟 1 间隔，白 220kV 北母东段。

二次设备：220kV Ⅰ白胜、Ⅰ白盟线路保护退出运行，其余按正常方式运行。

二、故障发生过程及处理步骤

某日，检修人员计划开展Ⅰ白胜 1 间隔整体调试及验收工作。10 时左右，开展Ⅰ白胜 1 北隔离开关回路调试工作，通过分、合Ⅰ白胜 1 北隔离开关至北母东段母线（检修状态）检查刀闸动作情况及回路接线正确性。

10:57，在Ⅰ白胜 1 断路器端子箱合上Ⅰ白胜 1 北隔离开关电源空气开关，通过短接端子箱内 810 与 815 回路发出Ⅰ白胜 1 北隔离开关合闸命令，Ⅰ白胜 1 北隔离开关未动作，Ⅰ白胜 1 南隔离开关向南母东段母线（运行状态）合闸，合闸过程中，南母东段母线对Ⅰ白胜 1 南隔离开关 B、C 相放电（如图 1-125 所示），通过接地线形成放电通道（如图 1-126 所示），220kV 东段母线差动第一套、第二套保护动作，白 220kV 南母东段 BC 相间接地短路，故障电流 30.03kA，白 220kV 南母东段失压。

图 1-125　Ⅰ白胜 1 南隔离开关误合后现场设备状态

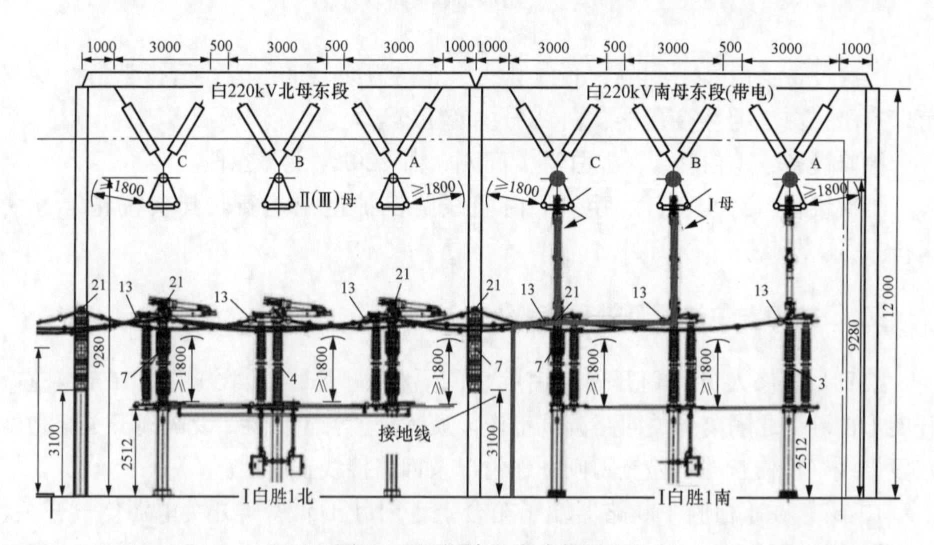

图 1-126　短路电流路径图

故障发生后，甲变电站 220kV 东段母线运行方式为：Ⅰ白胜 1、Ⅰ白盟 1 间隔，白 220kV 北母东段处于检修状态。白 221、Ⅱ白胜 1、Ⅱ白盟 1、Ⅲ白盟

1 断路器跳闸，白 220kV 南母东段失压。

1. 一次设备检查情况

Ⅰ白胜 1 南隔离开关为河南平高电气股份有限公司产品，生产日期 2021 年 9 月，设备型号 GW16B-252W。现场检查Ⅰ白胜南隔离开关 B 相静触头导电杆存在明显灼伤痕迹（如图 1-127 所示），动触头引弧触指烧损 50%（如图 1-128 所示）；C 相动、静触头也存在轻微烧损痕迹；接地线挂接位置存在放电痕迹。Ⅰ白胜 1 南隔离开关无配套接地刀闸，无机械闭锁。

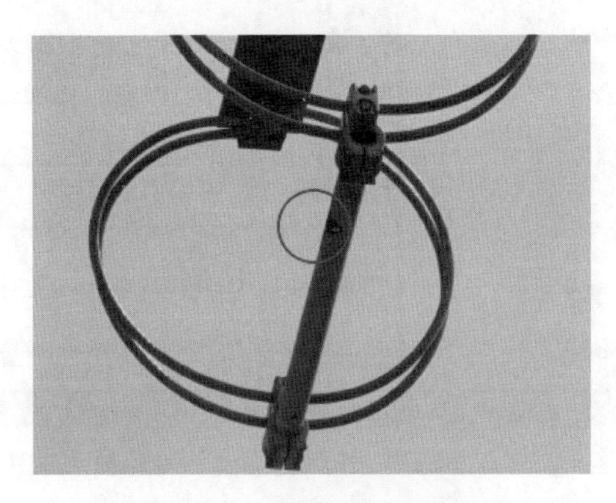

图 1-127　B 相静触头烧蚀痕迹

图 1-128　B 相动触头引弧触指烧损

2. 二次设备检查情况

检查保护动作录波文件（如图 1-129、图 1-130 所示），220kV 东段母线差动第一套保护（WXH-801A）、220kV 东段母线差动第二套保护（PCS-915A）均显示 BC 相出现故障电流，BC 相间接地故障特征明显，双套差动保护动作，差动电流 15.01A（折算一次电流约 30.03kA），故障持续约 61ms。保护动作情况与现场一次设备检查结果吻合，母线保护正确动作。

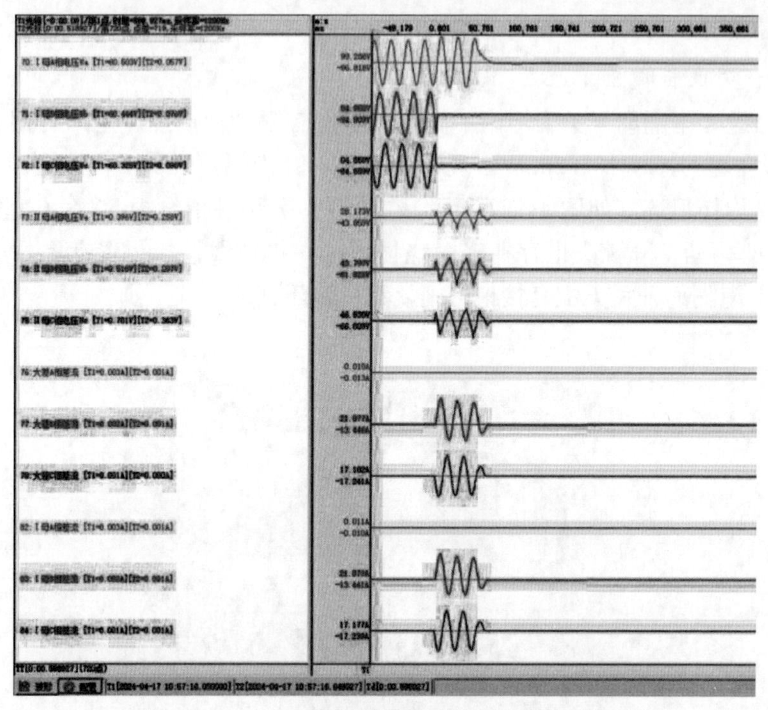

图 1-129　220kV 东段母线差动第一套保护录波图

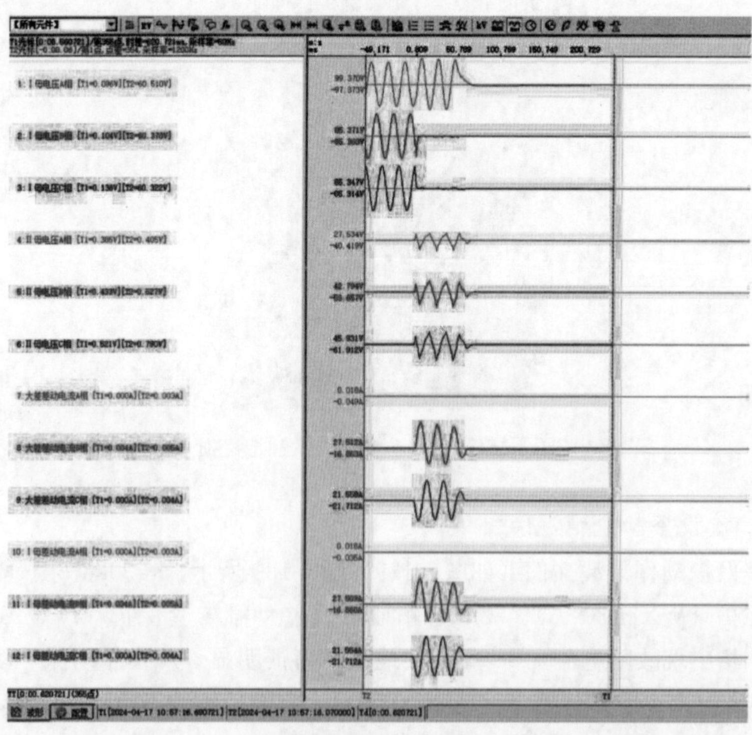

图 1-130　220kV 东段母线差动第二套保护录波图

三、故障原因分析

事件主要原因为：Ⅰ白胜1北隔离开关调试期间，由于Ⅰ白胜1断路器端子箱内南、北隔离开关控制回路及电源回路接线错误（如图1-131所示），导致Ⅰ白胜1南隔离开关合闸至运行母线。

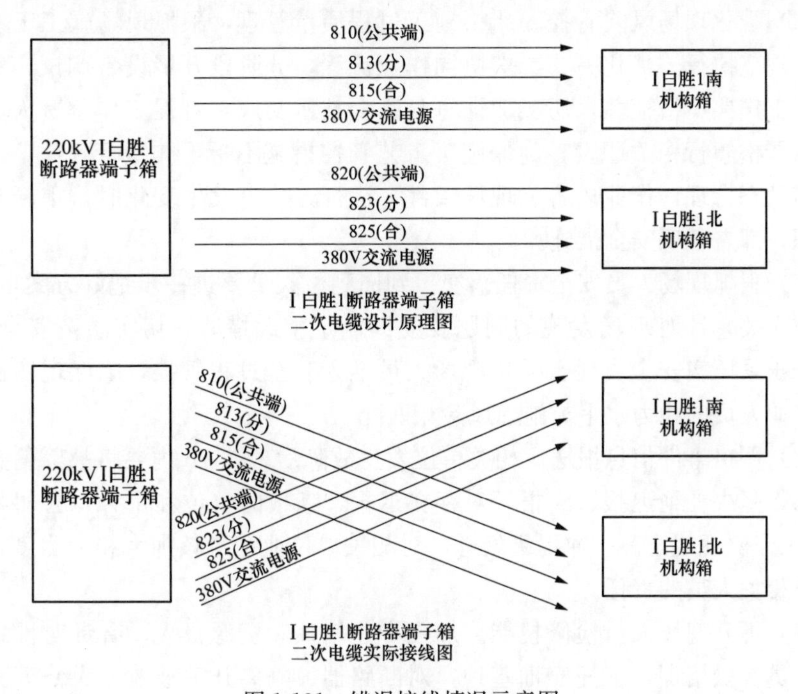

图1-131　错误接线情况示意图

追溯至上一施工阶段，某日Ⅰ白胜1南隔离开关施工完毕后，该间隔内其他一次设备未安装，端子箱内接线不完整，不具备开展远方遥控分合功能验收条件，导致前期接线错误问题未被及时发现。

四、整改措施

（1）开展停工整顿反思。立即停止现场作业，重新学习《关于做好2024年开复工安全管理的通知》和《关于印发2024年春季百日安全攻坚行动实施方案的通知》文件精神，对相关作业人员开展教育学习，举一反三，全面分析施工存在的安全风险和薄弱环节，反思施工过程中可能存在的不安全行为和风险点，细化制定施工现场安全管控强化措施。

（2）加强技改项目组织。科学合理配足检修人员力量，加强施工项目部管理人员配置，将调试专业技术人员纳入项目管理团队；将监理单位纳入施工方案组织机构，满足不同作业面对监理人员的需求，督促监理有效履行安全旁站监理责任。技改大修管理再学习。

(3) 强化施工方案审查管理。深入分析此次事件原因，查找问题根源，编制例试定检、技改大修等典型现场风险点及预控措施。加大二次接线正确性核查力度，提前开展风险辨识措施审核，仔细审查作业过程中各项预控措施是否充足无遗漏。

(4) 强化现场风险管控。严格施工过程质量管理，狠抓现场施工工艺流程和施工规范执行。优化一、二次协同作业流程，分阶段开展设备调试，对施工方案、工作票严格把关，切实加强每日安全技术交底，督促工作负责人、专责监护人严格履行相关职责，确保施工工艺管控措施不折不扣执行到位。强化安全措施动态管理，作业内容、现场条件、运行方式等发生变化时，重新开展风险辨识，部署各项安全措施。

(5) 狠抓现场人员安全责任落实。到岗到位人员要进一步把好方案审核关、人员准入关，针对现场发现的问题要立即制定整改措施，切实防范安全风险，进一步压紧压实安全责任，强化现场人员准入和全过程管控，确保现场班组骨干和作业人员的能力水平与施工风险相匹配。

(6) 严格事件信息报送。相关单位发生故障后，在 1h 内要将故障信息报送至总部，坚决杜绝迟报、瞒报。对存在迟报、瞒报的单位和个人，公司将按照《安全工作奖惩规定》一律提级处理，对相关单位业绩考核加大扣分力度，并严肃追究相关人员的责任。

(7) 提升现场人员检修技能。加强专业培训和资源投入，有针对性地开展检修人员实操培训，依托实训基地，对断路器、隔离开关技改、大修等大型复杂工作开展检修练兵和二次接线技能提升培训，提高全员技术技能水平。

第二篇

缺陷篇

案例1：20kV低压电抗器故障处置

一、缺陷前运行状态

正常运行方式，站内无其他工作。

20kV系统Ⅱ母运行，022断路器合闸，2号站用变压器投入，站内AVC投入，无功设备自动投切，故障前024断路器合闸，026断路器热备。缺陷前运行状态如图2-1所示。

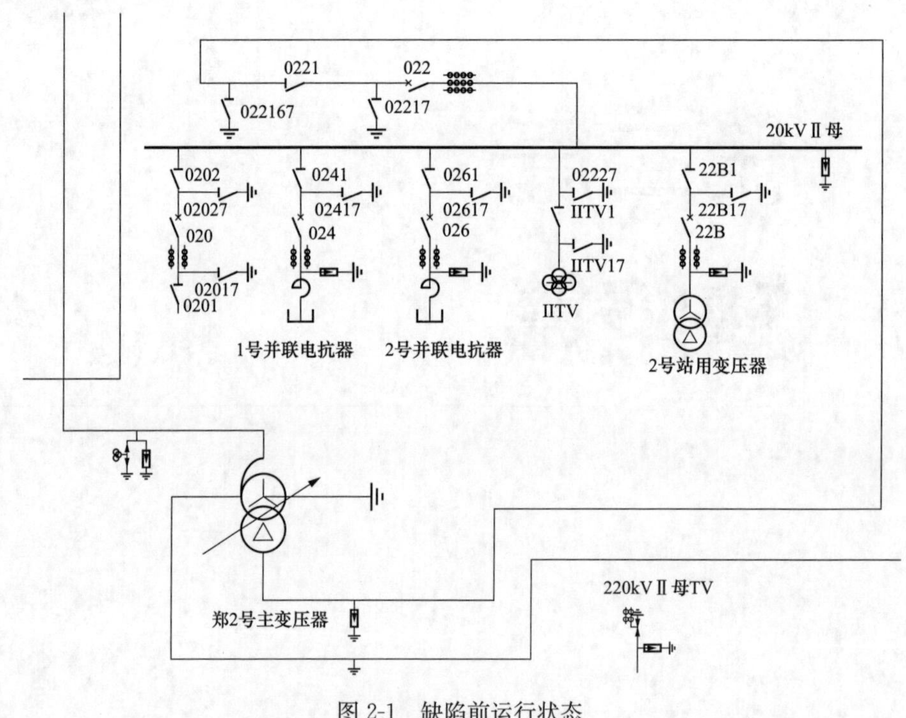

图2-1　缺陷前运行状态

二、缺陷发生过程及处理步骤

某日22:57，20kV 024断路器跳闸，随即申请间隔转检修。

三、缺陷原因分析

1. 保护信息及分析

从后台SOE报文可以看出，024断路器AVC合闸后，接着过电流Ⅱ段动作跳闸，如图2-2所示。

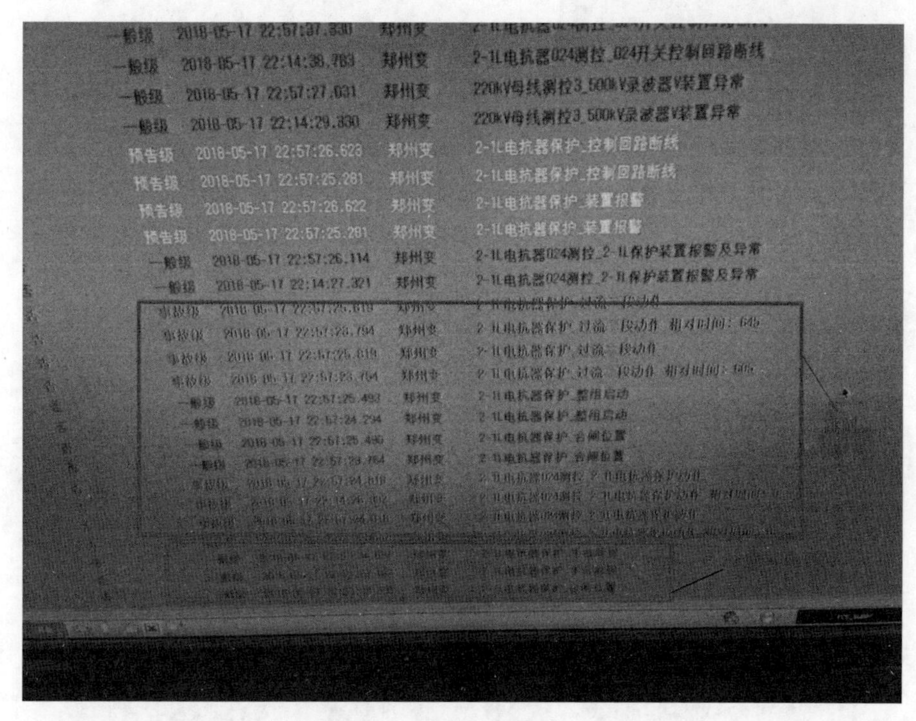

图 2-2 后台 SOE 报文图

根据 SOE 报文看出，故障前 AVC 动作抗 1 开关合闸，2 号主变压器低压侧仅带 1 号并联电抗器运行（2 号并联电抗器未跳闸前未投入运行）。主变压器低压侧属于中性点不接地系统，故障时低压母线 B 相电压降低，A、C 相电压升高，系统出现零序电压，可以判断 B 相发生单相接地故障，因该处零序过电压保护动作定值为 40V、5s，同时满足才会发出零序过电压告警信号，未达到时间定值，因此零序过电压保护未发信号，保护正确。同时，故障时出现故障电流 5.43A，大于过电流Ⅱ段电流定值 5.13A，且故障电流持续时间超过过电流Ⅱ段时间定值 0.6s，满足过电流Ⅱ段动作条件，过电流Ⅱ段保护正确动作。

2. 一次设备现场检查

首先对故障 B 相进行了外观检查，发现其支柱绝缘子有烧黑痕迹，见图 2-3。本体故障位置上部、下部电抗器绕组引出线均烧断，如图 2-4、图 2-5 所示。

对 B 相进行外观检查，发现其中 1 支支柱绝缘子表面有烧蚀痕迹，本体从内向外第二层封包自上而下形成贯穿性放电痕迹，且正上方防雨罩有黑色烧蚀痕迹。另本体故障位置上下部绕组引出线烧断，断面整齐。其他设备无异常。

图 2-3　支持绝缘子

图 2-4　下部电抗器绕组引出线

图 2-5　上部电抗器绕组引出线

3. 故障后试验

根据 Q/GDW 1168—2013《输变电设备状态检修试验规程》，试验人员对故障后电抗器进行了试验，故障相支持绝缘子绝缘电阻 30 000MΩ，符合上述规程要求；故障 B 相电抗器直阻为 33.71MΩ，其余正常。A、C 相分别为 24.57MΩ、25.43MΩ，三相互差 32.75%，远远超过规程中“在相同测量条件下，绕组电阻值相间互差不大于 2%”的规定。因此，怀疑为绕组引出线烧断后导致直阻增加。

综合保护信息、现场检查、试验结果，初步分析故障原因如下：电抗器内向外第二层封包内部受潮，绝缘能力降低，或风道内落入异物造成了匝间短路，短路后产生的烧蚀物下落，最终通过支柱绝缘子形成导电通道，随后发生接地故障，维持 0.6s（保护定值）后，断路器跳闸。具体原因需返厂解体后进一步分析。

四、 整改措施

（1）尽快安排厂家准备备件，对该电抗器进行更换。

（2）对运行年限较长、巡视发现异常的电抗器开展电抗器匝间绝缘试验。

案例2： 500kV甲变电站35kV母线电压互感器发热

一、 缺陷前运行状态

500kV系统：500kV断路器、线路、母线均处于正常运行方式，例2号主变压器高压侧运行于第二串。

220kV系统：220kV断路器、线路、母线均处于正常运行方式，例222断路器运行于例220kV东母南段。

35kV系统：例35kV Ⅱ母运行；例352断路器、例1号站用变压器、例抗3断路器、例抗4断路器运行于例35kV Ⅱ母；例容4断路器、例容5断路器、例容6断路器备用于例35kV Ⅱ母。

二、 缺陷发生过程及处理步骤

某日20:18，检测人员在某500kV变电站对现场一、二次设备进行红外测温时，发现例35kV Ⅱ母电压互感器A相电磁单元温度异常，三相电磁单元温度分别为37、26、26.6℃。根据缺陷定级库缺陷定级标准确定为危急缺陷，汇报相关调度、公司生产调度室及分部。变检中心人员根据红外图谱，综合考虑该型号设备历史缺陷情况，判断为例35kV Ⅱ母电压互感器A相谐振电容故障，后立即申请停电，对缺陷设备元件进行了更换处理。

次日13:29，省调下令将35kV Ⅱ母电压互感器停运解备做安措。15时该型号电压互感器谐振元件配件到达现场，变检中心人员将35kV Ⅱ母电压互感器吊开，更换三相谐振元件。更换时发现例35kV Ⅱ母TV A相电磁单元内部的谐振电容器已经发生了爆裂，内部已经断线，在运行过程中因谐振的破坏导致发热。

待A相电压互感器更换绝缘油静置完毕后排气，进行介损及电容量，绝缘电阻、变比等试验，试验数据合格后调度下令投入运行。

经与设备厂家核对，该厂谐振电容结构的TYD35/$\sqrt{3}$-0.02FH设备主要为2018年及之前生产的，之后开始采用速饱和绕组结构。对同厂家、同型号、同结构的设备进行统计。对以上设备重点开展红外测温工作，有异常温升现象及时上报处理。同时储备同型号液压型机构备品备件，做好应急准备。

三、 缺陷原因分析

电容式电压互感器由电容分压器和电磁装置两部分组成。电磁装置由中间变压器T、补偿电抗器L和阻尼器（C1×、L×、Rd）等组成，密封于一充油钢制箱体内，此箱体亦作为分压电容器底座。

正常运行状态下，中间变压器 T 处于非饱和线性伏安特性下，励磁阻抗较大，此时在电路中励磁支路可以忽略为开路，并且负载阻抗远大于励磁阻抗，因此负载也为开路。当系统电压受操作过电压等因素影响，可使得中间变压器铁芯饱和，此时中间变压器处于非线性伏安特性曲线范围内，励磁阻抗迅速下降，此时可能出现频率较低的分频或高频形成等效回路中容抗等于或接近于感抗情况，即此时电路处于串联谐振或接近串联谐振状况。在谐振条件下，回路中的电流和在中间变压器 T 的电压都将异常增大，将使电压互感器严重受损甚至烧毁。

为有效消除谐振，最有效的方法就是在互感器二次剩余绕组并联接入一阻尼器。由于阻尼电阻与励磁变压器并联，且相对于励磁电抗很小，并联回路中阻尼起主要作用，能有效逆抑制铁磁谐振的发生。其中一种阻尼器由产生并联谐振的电容器 C1×和电抗器 L×并联后再串联电阻 Rd 组成，即例 35kVⅢ母电压互感器的结构。正常运行时，电容器 C1×和电抗器 L×在工频电压下处于并联谐振状态下而呈高阻抗，相当于开路，流经 Rd 的电流很小。但当系统出现操作过电压时，电流分频或高频分量较大，回路并联谐振条件破坏，则电流剧增，流过电阻 R 的电流增大，消耗较大功率，可以有效阻止谐振的发生。

当 C1×出现问题时，会使阻尼电路中电抗器 L×、电容器 C1×170 并联工频谐振条件破坏，阻尼器流过的工频电流剧增，串联电阻 Rd 异常发热，从而使得电磁单元温度升高。这也是例 35kVⅢ母电压互感器异常发热的原因。同时，阻尼器流过的工频电流剧增，造成 CVT 中的中间变压器铁芯饱和时，其激磁支路相当于非线性电感。此非线性电感的作用，打破了原有的谐振回路，从而影响一次和二次之间的比例关系，其中二次电压中激发出了不同频率的谐波分量并出现波形畸变，铁磁谐振在中间电压回路会产生大电流和过电压，引起二次电压异常。

四、 整改措施

（1）电压互感器发热可能是由于多种原因导致的，如过载、绕组匝间短路、铁芯松动等。为了解决这个问题，需要对电压互感器进行排查和维修，以找出导致发热的具体原因并采取相应的措施进行修复。

（2）对于过载导致的发热，需要对用电设备进行检查和调整，以减少电压互感器的负载，从而避免过载情况的发生。如果需要同时使用多个设备，可以采取并联电阻等方式来分担负载，以减轻电压互感器的负担。

（3）对于绕组匝间短路导致的发热，需要对电压互感器进行解体检查和维修。具体来说，可以采取更换绕组、修复绝缘层等方式来修复故障。在修复后，需要进行试验检查，确保电压互感器已经恢复正常运行状态。

（4）对于铁芯松动导致的发热，需要对电压互感器的铁芯进行紧固或更换。在维修时需要注意安全问题，如切断电源、避免触电等。

（5）可以采取一些预防措施来减少电压互感器发热的发生。例如，定期检查和维护设备，如清理灰尘、更换密封件等，以保持设备的正常运转和延长设备的使用寿命。此外，还需要注意设备的存放和使用环境，避免设备受到高温、湿度、灰尘等不良因素的影响。

总的来说，电压互感器发热是一种常见的故障，需要采取一系列措施来排查和修复故障，并采取预防措施来减少故障的发生。通过这些措施的实施，可以确保电压互感器的正常运行，保障整个电力系统的稳定性和安全性。

案例3：110kV甲变电站电子式互感器采集模块

一、缺陷前运行状态

110kV甲变电站为采用电子式互感器和合并单元采集模式的第一代智能变电站，投运于2013年。110kV电气设备采用室内GIS和电子式互感器配置模式，10kV电气设备采用室内封闭式金属手车柜和电子式互感器配置模式，全站所有的互感器类型均为有源式电子式互感器和采集模块配置模式。异常发生时，110kV Ⅰ薛魏2带魏110kV南母运行，魏1号主变压器运行在魏110kV南母；110kV Ⅱ运魏2带魏110kV北母运行，魏2号主变压器运行在魏110kV北母；魏110断路器备用，两台主变压器分列运行，魏110kV分段备用电源自动投入装置投入。天气晴，室外温度32℃，室内温度48℃。

二、缺陷发生过程及处理步骤

某日23:20，监控人员发现110kV甲变电站110kV南母三相电压显示为零，同时110kV Ⅰ薛魏2线路保护装置报二次设备告警，魏1号主变压器高后备保护装置报二次设备告警，魏110kV分段备用电源自动投入装置报二次设备告警。运维值班人员当即驱车赶往甲变电站，检查后发现后台监控显示魏110kV南母三相电压均为零，检查110kV Ⅰ薛魏2线路保护装置TV断线告警指示灯点亮，报TV品质异常报文，检查魏1号主变压器高后备保护报复压开放，检查魏110kV分段备用电源自动投入装置保护告警、链路异常指示灯点亮，备用电源自动投入装置放电。运维人员随即检查魏110kV南母TV汇控柜，发现魏110kV南母TV合并单元SR1、SR2、SR3三个指示灯熄灭，因此怀疑是魏110kV南母TV电子式互感器电压采集模块三相故障。将上述情况汇报调度及有关领导，调度下令退出魏110kV分段备用电源自动投入装置。00:20，检修人员到达现场，经检查后，确认为电压采集模块故障，需厂家更换配件。

某日10:20，运维值班人员再次来到甲变电站，对站内设备进行特巡，发现后台监控主机魏111断路器C相电流显示为零，魏1号主变压器差动保护装置告警指示灯点亮，报高压侧TA品质因数异常报文，魏1号主变压器后备保护装置告警指示灯点亮，报高压侧TA品质因数异常报文。运维人员进一步检查魏111汇控柜，发现魏111合并单元SR4指示灯熄灭。怀疑是魏111电子式互感器电流采集模块C相故障。将上述情况汇报调度和有关领导，调度下令退出魏1号主变压器差动保护，退出魏1号主变压器高后备保护。

11:40，检修人员及厂家到达甲变电站，办理故障抢修单后开始处理缺陷。01:30，工作全部结束，检查魏110kV南母电压恢复正常，检查魏111高压侧C相电流恢复正常，检查各保护装置无告警后，汇报调度，之后接调度令投入魏110kV分段备用电源自动投入装置，投入魏1号主变压器差动保护，投入魏1号主变压器高后备保护。5h后巡视设备运行正常。

5天内，甲变电站站魏110kV北母TV电压采集模块，魏110电流采集模块，魏112电流采集模块，110kV Ⅰ薛魏2电流采集模块，110kV Ⅱ运魏2电流采集模块先后故障，对相应采集模块更换后恢复正常。总共更换16块采集模块。

三、 缺陷原因分析

1. 判断异常设备

以魏110kV南母TV电压采集模块异常为例，根据上述异常现象：后台南母电压为零（如图2-6所示），Ⅰ薛魏2线路保护装置三相电压显示为零（如图2-7所示），魏1号主变压器高后备保护装置三相电压显示为零，魏110kV备用电源自动投入装置Ⅰ母三相电压显示为零（如图2-8所示），以及相应的告警指示灯和报文，可以判断为南母电压失去，检查魏110kV南母TV汇控柜合并单元，发现合并单元SR1、SR2、SR3三个指示灯不亮（如图2-9所示）。

根据合并单元装置技术说明书和竣工图纸可知，SR1为南母TV A相电压采集模块指示灯，SR2为南母PT B相电压采集模块指示灯，SR3为南母TV C相电压采集模块指示灯，这三个指示灯分别指示从对应采集模块通过光纤接到该合并单元的通信情况。而合并单元上的SR4、SR5、SR6分别为北母TV对应采集模块通过光纤接到该合并单元的通信情况。由此可以判断为南母TV三相的电压采集模块到合并单元的通信不通。

2. 排查故障原因

首先判断是否是硬件故障，可以看到合并单元运行指示灯正常点亮，告警指示灯为熄灭，因此可以初步判断合并单元硬件正常。因采集器无对应指示灯，故无法判断是否是采集器硬件故障。

其次判断是否是电源问题，在汇控柜左侧打开柜门，可以看到采集模块的电源空气开关，测量其空气开关上口有电，空气开关下口有电，因此可以判断不是装置电源问题。

最后是重启装置，在重启合并单元和采集模块之前，需要做好安全措施。

做好安全措施后，重启合并单元和采集模块，异常并未消失，因此根据《国调中心关于印发智能变电站继电保护和安全自动装置现场检修安全措施指导意见的通知》（调继〔2015〕92号）文件要求，保留安全措施。

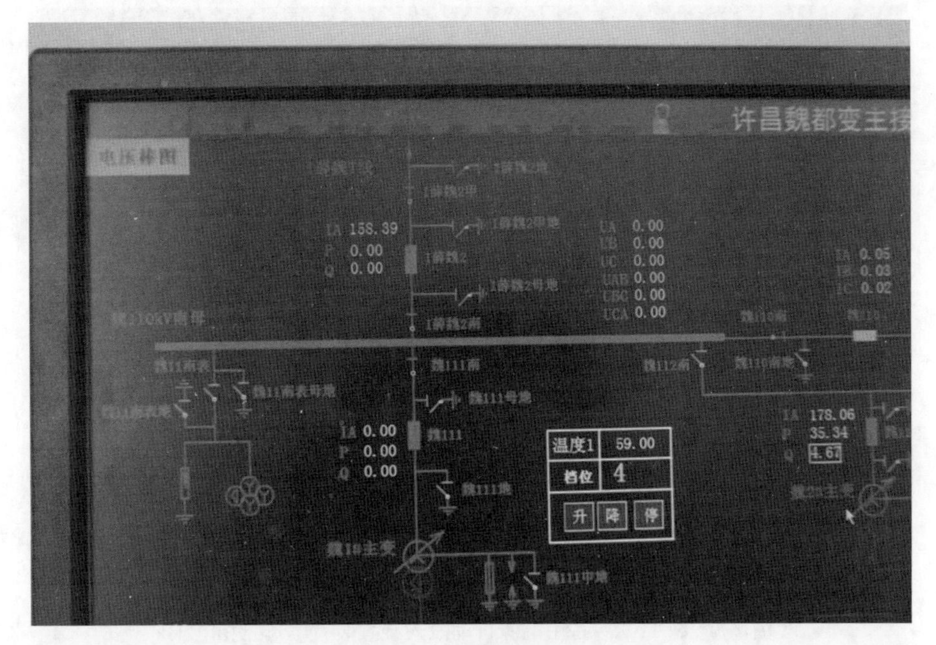

图 2-6 后台南母电压

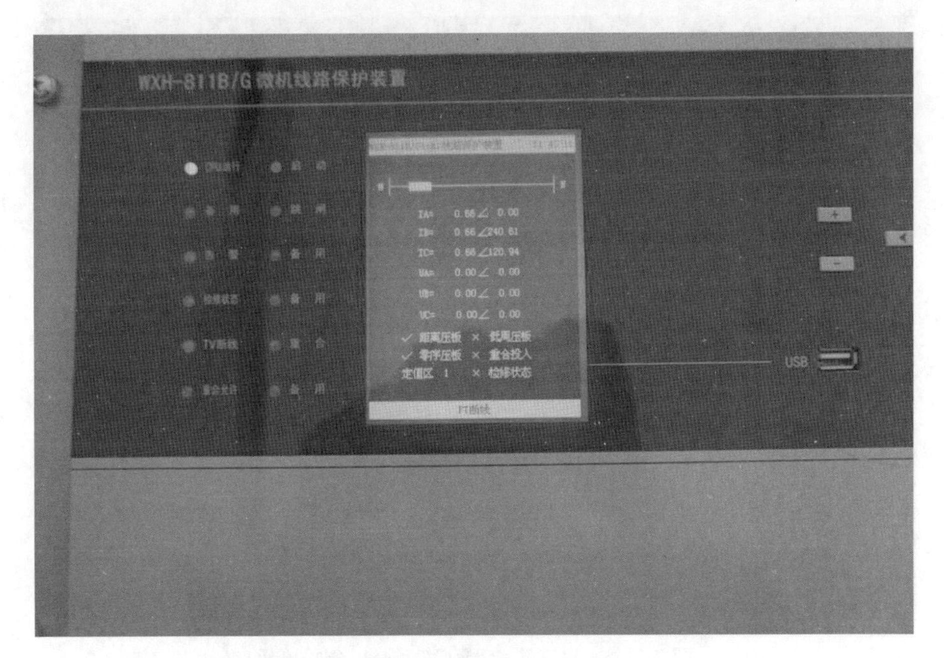

图 2-7 Ⅰ薛魏 2 线路保护装置三相电压

3. 运维紧急处理措施

针对Ⅰ薛魏 2、魏 111、魏 110kV 备用电源自动投入装置来说，失去三相电

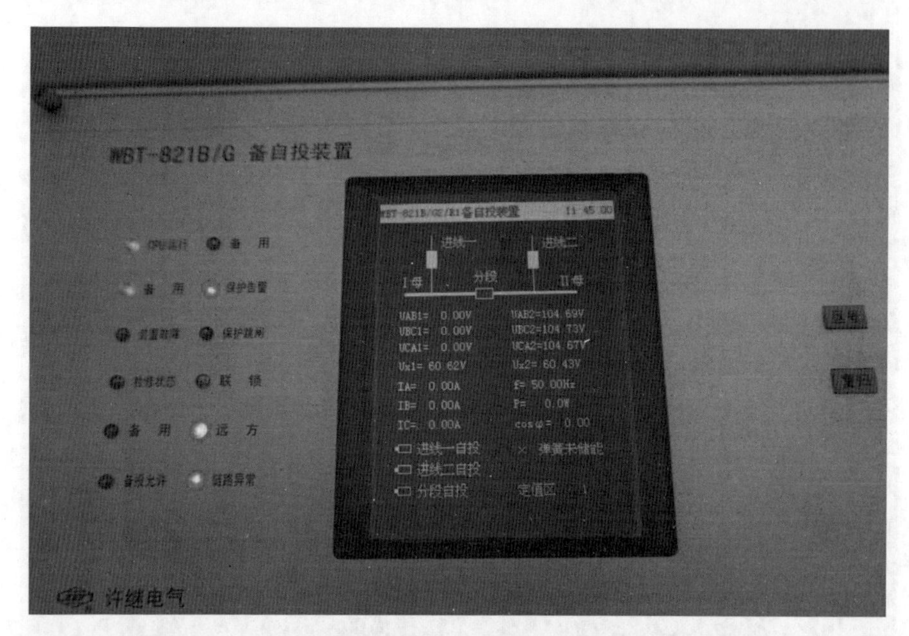

图 2-8　魏 110kV 备用电源自动投入装置装置Ⅰ母三相电压

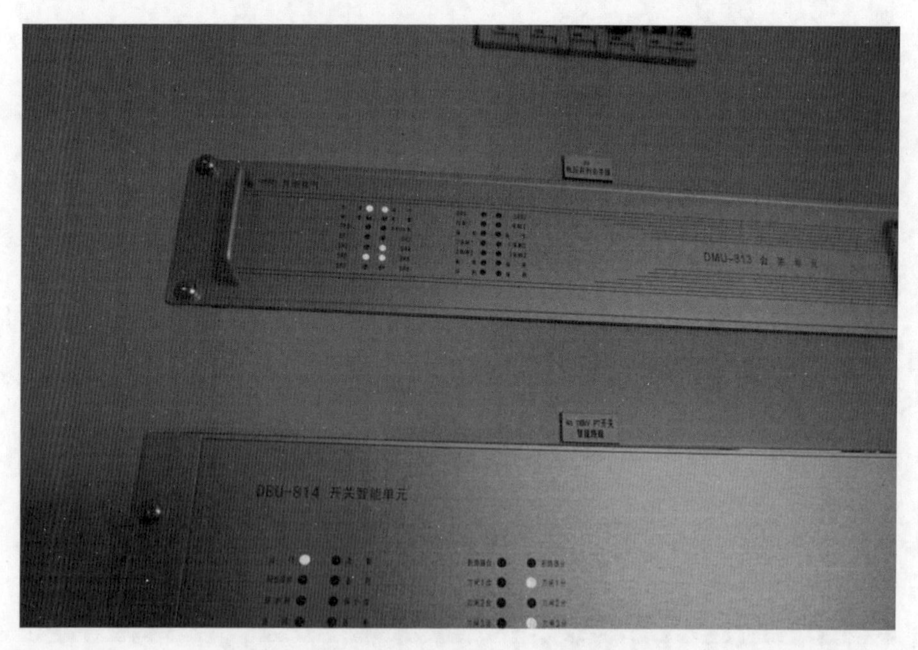

图 2-9　魏 110kV 南母 TV 汇控柜合并单元

压，影响Ⅰ薛魏 2 距离保护，影响魏 1 号主变压器高后备保护，影响魏 110kV 备用电源自动投入装置。根据保护装置说明书，只要是 SV 中断，就会闭锁有关

的保护。因此，Ⅰ薛魏2距离保护会被闭锁，装置自动投入TV断线纯过电流和零序过电流保护；魏1号主变压器高后备复压开放；魏110kV备用电源自动投入装置自动放电。因此，根据某地调处理原则“影响什么保护就退出什么保护”，应退出Ⅰ薛魏2线路距离保护，退出魏1号主变压器高后备保护，退出魏110kV分段备用电源自动投入装置。

在完成上述操作后，重启装置时还需投入魏110kV南母TV合并单元检修压板，检查保护装置和测控装置报检修不一致后，进行合并单元和采集模块的重启工作。

4. 归纳总结

（1）故障排查方法。

针对智能站二次设备来说，一般情况下，“所有的告警信号都是接收方接收不到对应的信息后发出的”。因此，针对××站的情况，可以初步判断，如果合并单元有告警或者异常，应该是采集模块的问题，因为合并单元接收不到采集模块的信息；如果合并单元没有告警，则很可能是合并单元的问题，比如合并单元死机等等。注意，一般认为智能站光纤回路是完好的，如果真是光纤问题，可以打光排查。

（2）故障现象分析。

针对甲变电站母线合并单元来说，SR1-SR6分别代表两段母线的电压采集模块通过光纤与合并单元的通信状态。

对于甲变电站线路合并单元来说，SR1-SR3分别代表线路电流采集模块通过光纤与合并单元的通信状态；SR4代表线路TV电压采集模块通过光纤与合并单元的通信状态；SR5代表母线合并单元通过光纤级联到线路合并单元的通信状态。

因此，如果线路合并单元SR4指示灯灭，应检查对应的线路TV电压采集模块；如果线路合并单元SR5指示灯灭，应检查对应的母线合并单元是否异常。

（3）二次设备故障对一次设备的影响。

退出主变差动保护，相当于主设备失去主保护运行，构成电网质量事件；

退出线路距离保护和零序保护，但是注意到甲变电站的线路为纯馈线，如果线路发生故障，是靠电源点的保护切除故障，本侧保护不起作用，因此可以退出线路距离保护和零序保护，此时不影响设备运行；

退出备用电源自动投入装置，备用电源自动投入装置属于安全自动装置，如果影响运行可短时退出。

四、整改措施

（1）更换电源模块。110kV甲变电站损坏的采集单元均使用15W功率的电源模块，已全部升级更换为 5W 的电源模块，提升电源工作效率，降低采集单元发热损耗。对甲变未更换电源模块的采集单元，提前部署、安排更换工作，逐步安排进行更换。

（2）改善变电站现场工作环境。在持续高温天气下，增加变电站现场的通风措施，检测室内设备温度信息，定期检查风箱、空调等降温设备是否正常工作，降低室内工作温度。

案例4：智能变电站主变压器差动保护失电异常

一、缺陷前运行状态

110kV甲变电站110kV母线采用单母分段接线方式，110kV Ⅰ夏滨2运行在滨110kV北母，110kV Ⅱ夏滨2运行在滨110kV南母，滨110断路器热备状态。

110kVⅠ夏滨2配置四方CSC-163光纤电流差动保护测控装置；110kV Ⅱ夏滨2配置四方CSC-163光纤电流差动保护测控装置。

滨1号主变压器配置CSC-326主变压器差动保护装置和CSC-326主变后备保护装置。

滨2号主变压器配置EPS-3131差动保护装置、EPS-3132高后备保护装置、EPS-3132低后备保护装置和EPS-3171综合测控装置。

滨110kV母线配置四方CSC-246备用电源自动投入装置，具备自投方式三、自投方式四共两种分段自投模式和进线一自投、进线二自投共两种线路自投模式，四种工作模式根据一次设备的运行方式自适应。

滨110断路器配置四方CSC-122充电保护，配置合智一体。

二、缺陷发生过程及处理步骤

1. 监控端信息

（1）智能变电站过程层的告警信息，遵循接收端告警的原则：只有在接收信息的装置，收不到或者收到的信息判断为错误时，由接收方发出对应的告警信息。比如，合并单元要向保护装置发送采样信息，当合并单元（发送方）故障时，保护装置将接收不到合并单元的采样信息，此时由保护装置（接收方）发出相应的告警信息。但是，合并单元并不接收保护装置的信息，因此在保护装置故障时，合并单元并不会发出相应的告警信息。

（2）由上述原则，当主变压器差动保护装置故障时，需要接收差动保护装置跳闸命令的高压侧智能终端、低压侧智能终端会发出告警信息等。

高压侧智能终端GOOSE总告警和低压侧智能终端GOODE总告警，按照《增补智能变电站设备监控典型信息》技术规范（调监2014〔82〕号）中的要求：

智能终端应具备“智能终端GOOSE总告警”“智能终端收×× GOOSE链路中断”异常告警信息，如图2-10所示。

监控端将会报出：高压侧二次设备或回路告警、低压侧二次设备或回路告警两个合并信息，如图2-11所示。

序号	分类	信息名称	类型								备注
11	智能终端	××第一套智能终端装置故障	异常	√		√			◇		装置无法运行或失电
12		××第一套智能终端装置异常	异常	√		√				□	装置有异常或GOOSE告警
13		××第一套智能终端对时异常	异常	√		√				□	
14		××第一套智能终端就地控制	异常	√		√				□	
15		××第一套智能终端检修状态投入	告知	√		√					
16		××第一套智能终端GOOSE总告警	异常	√		√				□	包含GOOSE链路中断或发送与接收不匹配等情况
17		××第一套智能终端收××GOOSE链路中断	异常	√		√					传输开关、刀闸位置或开关、刀闸跳合闸及遥调等信息
18		[illegible]									

图 2-10 《增补智能变电站设备监控典型信息》技术规范相关要求

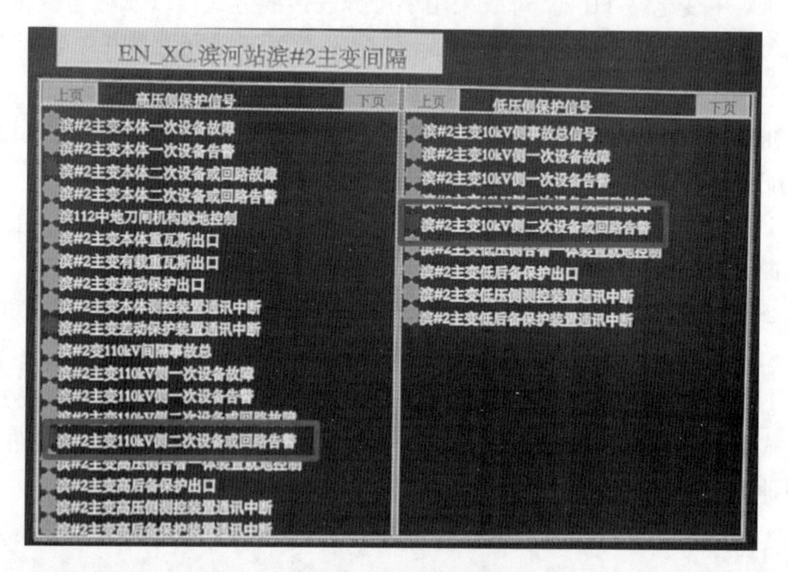

图 2-11　监控端报文

（3）差动保护装置故障失电时，将会失去与站控层设备的通信，所以监控端还会有通信中断的告警。

（4）本体二次设备或回路故障告警产生的原因，是由于差动保护装置本身开出硬节点去公用测控装置，由公用测控装置发出装置失电的告警信息。该信息合并在本体二次设备或回路故障中报出，如图 2-12 所示。

合并信号	信息名称	设备	类型	
	#2主变本体压力释放	滨#2主变	异常	
	#2主变本体油温高报警	滨#2主变	异常	
滨#2主变本体二次设备或回路故障	#2主变本体智能终端装置闭锁	滨#2主变	异常	
	#2主变本体合并单元装置闭锁	滨#2主变	异常	
	#2主变本体测控装置失电	滨#2主变	异常	
	#2主变差动保护装置失电	滨#2主变	异常	
	#2主变差动保护CT断线	滨#2主变	异常	
	#2主变本体智能终端对时异常	滨#2主变	异常	

图 2-12　滨 2 号主变压器本体二次设备或回路故障

2. 主变压器差动保护装置故障失电

初步判断为装置电源消失，可能原因为装置电源空气开关跳闸或装置电源插件烧毁等。初步判断受影响的设备有主变压器差动保护装置的所有功能。依据设备缺陷管理规定中的要求，判断为重大缺陷，需要立即联系检修人员处理。

考虑现场主变压器保护配置方式为一台差动保护装置和一台后备保护装置，在瓦斯保护无异常的情况下，考虑不需要进行负荷转移，主变压器不需要停运，缺陷应立即处理，并通知运维人员现场检查设备运行状况。

3. 运维人员检查现场后台告警状况

检查监控后台主变压器高压侧光字中“高压侧合智一体 GOOSE 总告警”，如图 2-13 所示。

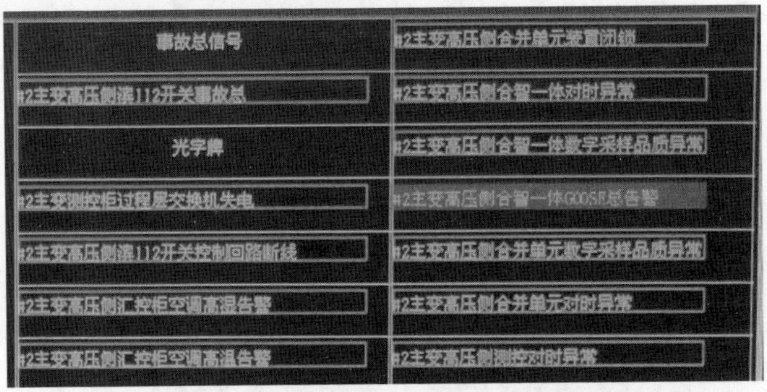

图 2-13　高压侧合智一体 GOOSE 总告警

主变压器低压侧光字中“低压侧合智一体 GOOSE 总告警”，如图 2-14 所示。

4. 运维人员检查现场设备告警状况

检查发现室外高压侧智能终端柜“GOOSE 异常指示灯亮”，如图 2-15 所示。

图 2-14　低压侧合智一体 GOOSE 总告警

图 2-15　室外高压侧智能终端柜“GOOSE 异常指示灯亮”

检查发现高压室低压侧断路器柜“GOOSE 异常指示灯亮”，如图 2-16 所示。

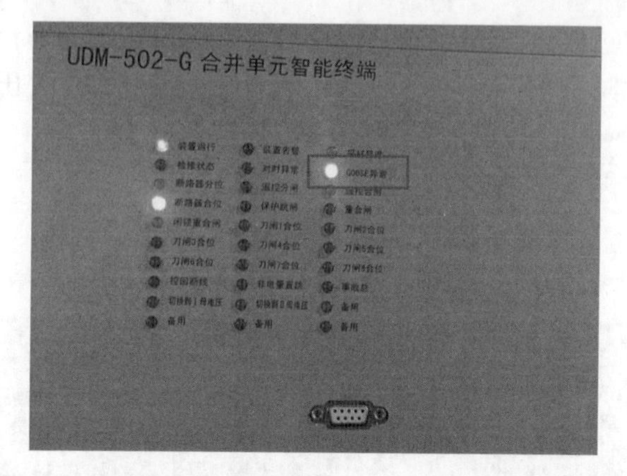

图 2-16　高压室低压侧断路器柜“GOOSE 异常指示灯亮”

检查主控室主变压器测控屏“GOOSE 告警指示灯亮”，如图 2-17 所示。

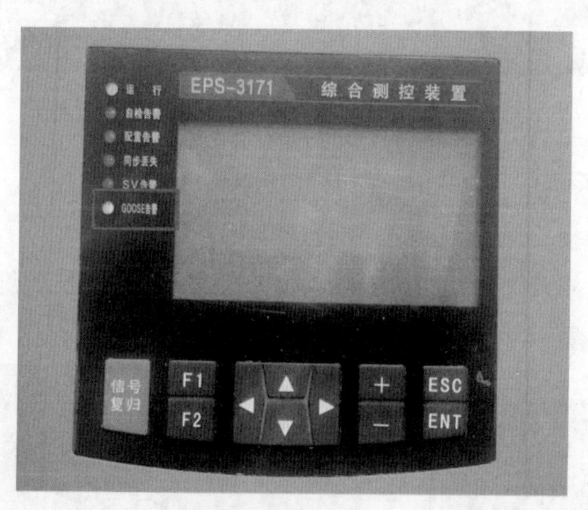

图 2-17　主控室主变压器测控屏“GOOSE 告警指示灯亮”

该告警产生的原因，是因为高压侧测控装置接收主变压器差动保护装置保护动作的开入遥信信息，当差动保护装置故障时，高压侧测控装置收不到该开入遥信信息，所以会报出 GOOSE 断链告警，触发 GOOSE 总告警，如图 2-18 所示。

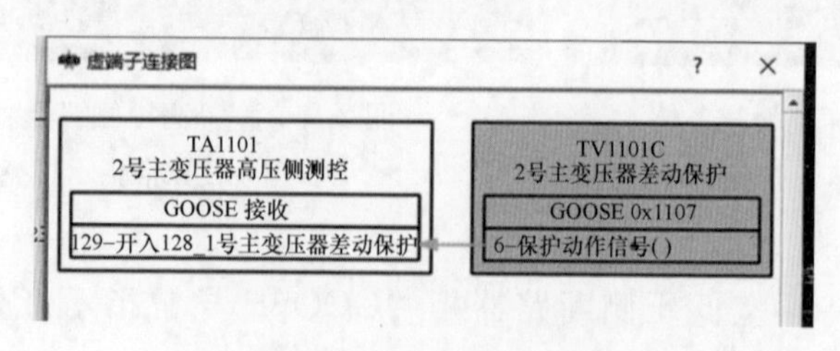

图 2-18　GOOSE 总告警

主控室主变压器保护屏“运行指示灯不亮”“装置液晶面板无反应”“装置后电源插件指示灯不亮”，如图 2-19 所示。

图 2-19　主控室主变压器保护屏

5. 运维人员检查现场设备运行状况

运维人员判断为主变压器差动保护装置故障失电。检查主变压器保护屏后的装置电源正常投入，且万用表测量直流电压正常。断开装置电源空气开关后重启装置无效。检查主变压器运行无异常。综合分析判断此异常影响主变压器差动保护功能。

6. 后续处理

危急缺陷处理不超过 24h，检修人员办理变电第二种工作票，更换差动保护装置电源插件后，设备恢复正常，所有异常信号消失。

依据《智能变电站安全管控措施》（运维 2015〔62〕号）中的要求，当继电保护装置检修时需要完整的安全措施有：①经调度允许，退出继电保护 GOOSE 出口软压板；②退出继电保护功能投入软压板；③投入继电保护检修硬压板。

需要注意的是，此案例中继电保护装置故障失电，因此对装置内 GOOSE 出口软压板和功能软压板的投退均无法完成。只需要投入继电保护装置检修硬压板即可。

三、 缺陷原因分析

智能变电站的告警信息是由接收方接收不到或接收到错误的信息之后报出的。因此，根据 SCD 虚端子配置图，可以得出当主变压器差动保护装置故障时，哪些设备会发出告警信息。这是一个正向思维的过程。但是在实际现场工作中，监控员往往需要对大量的数据信息进行筛选，统计并加以分析后综合判断，这是一个逆向思维的过程。因此，熟悉智能变电站的信息流，以及加强 SCD 文件的管控，是改、扩建和新建智能站工程验收中一项很重要的环节。积极参与SCD文件和信息点表验收，将有助于逆向思维的培养和锻炼，对监控员实现全面监视和全科医生提供技术铺垫。

四、 整改措施

通过对智能变电站中监控端收到的告警信息进行分析，综合判断出可能的故障设备和故障原因，有利于运维人员在进行异常检查时全面掌握设备的运行状况并做出异常判断和处理，达到全科医生和设备主人的要求。对于运维和监控人员，需要对变电站内的设备非常熟悉，通透了解设备的功能和原理，才能在发生异常和故障时做出准备的分析和判断，达到对安全因素全方位管控的目的。

案例5：110kV甲变电站110kV备用电源自动投入装置SCD文件配置错误

一、缺陷前运行状态

110kV甲变电站110kV母线采用单母分段接线方式，110kV Ⅰ夏滨2运行在滨110kV北母，110kV Ⅱ夏滨2运行在滨110kV南母，滨110断路器热备状态。

110kV Ⅰ夏滨2配置四方CSC-163光纤电流差动保护测控装置；110kV Ⅱ夏滨2配置四方CSC-163光纤电流差动保护测控装置。

滨1号主变压器配置CSC-326主变压器差动保护装置和CSC-326主变压器后备保护装置。

滨110kV母线配置四方CSC-246备用电源自动投入装置，具备自投方式三、自投方式四共两种分段自投模式和进线一自投、进线二自投共两种线路自投模式，四种工作模式根据一次设备的运行方式自适应。

滨110断路器配置四方CSC-122充电保护，配置合智一体。

二、缺陷发生过程及处理步骤

某日，夏都运维班运维人员在检查所辖变电站备用电源自动投入装置投入情况时，发现110kV甲变电站SCD配置文件中，有关110kV备用电源自动投入装置部分的配置存在问题。SCD配置中，误将线路保护动作开出节点，通过虚端子拉至备用电源自动投入装置闭锁开入节点。在此配置情况下，当甲变电站主电源线路故障跳闸后，线路保护将会错误闭锁滨110kV备用电源自动投入装置，造成滨110kV备用电源自动投入装置无法正确动作，严重时可造成全站失压。运维人员随即询问厂家有关人员现场配置情况，并将发现的问题情况上报二次检修中心和变电运维中心。二次检修中心安排某日带领厂家进行处理。

三、缺陷原因分析

在甲变电站201910161544版本的SCD文件配置中，Ⅰ夏滨2保测一体装置、Ⅱ夏滨2保测一体装置中，保护跳闸开入备用电源自动投入装置闭锁备用电源自动投入装置功能；滨1号主变压器差动保护动作闭锁高压侧备用电源自动投入装置。如图2-20、图2-21所示。

在单母分段接线方式下，线路保护动作不应闭锁备用电源自动投入装置功能。在线路发生故障时，线路保护动作跳开两侧断路器后，应由备用电源自动投入装置动作，保障备用电源正确投入。

	内部端子路径	内部端子描述	外部IED	外部端子描述	外部端子路径
1	PIGO/GOINGGIO1.DPCSO1.stVal	电源1跳位	[IL1102]110kVII夏演线合智一体	断路器位置	IL1102RPIT/XCBR1STPos.stVal
2	PIGO/GOINGGIO2.DPCSO1.stVal	电源2跳位	[IL1101]110kVI夏演线合智一体	断路器位置	IL1101RPIT/XCBR1STPos.stVal
3	PIGO/GOINGGIO3.DPCSO1.stVal	分段跳位	[IE1101]110kV分段合智一体	断路器位置	IE1101RPIT/XCBR1STPos.stVal
4	PIGO/GOINGGIO4.SPCSO1.stVal	备自投总闭锁1	[IL1102]110kVII夏演线合智一体	STJ信号	IL1102RPIT/GGIO6STInd4.stVal
5	PIGO/GOINGGIO5.SPCSO1.stVal	备自投总闭锁2	[IL1101]110kVI夏演线合智一体	STJ信号	IL1101RPIT/GGIO6STInd4.stVal
6	PIGO/GOINGGIO6.SPCSO1.stVal	备自投总闭锁3	[IE1101]110kV分段合智一体	STJ信号	IE1101RPIT/GGIO6STInd4.stVal
7	PIGO/GOINGGIO7.SPCSO1.stVal	备自投总闭锁4	[SL1102]110kVII夏演线测保	保护跳闸	SL1102PIGO/goPTRC2STTr.general
8	PIGO/GOINGGIO8.SPCSO1.stVal	备自投总闭锁5	[SL1101]110kVI夏演线测保	保护跳闸	SL1101PIGO/goPTRC2STTr.general
9	PIGO/GOINGGIO9.SPCSO1.stVal	备自投总闭锁6	[SE1101]110kV分段测保	保护跳闸	SE1101PIGO/goPTRC2STTr.general
10	PIGO/GOINGGIO20.SPCSO1.stVal	2#变保护动作1	[PT1101]#2主变高后备保护	闭锁备自投	PT1101PIGO/PTRC9STTr.general
[illegible]	PIGO/GOINGGIO12.SPCSO1.stVal	1#变保护动作1	[PT1102A]#1主变差动保护	[illegible]	PT1102APIGO/goGGIO14STInd.stVal
12	PIGO/GOINGGIO13.SPCSO1.stVal	1#变保护动作2	[PT1102B]#1主变后备保护	闭锁高压侧备自投	PT1102BPIGO/goGGIO14STInd.stVal

图 2-20　甲变电站 110kV 备用电源自动投入装置虚端子配置（1）

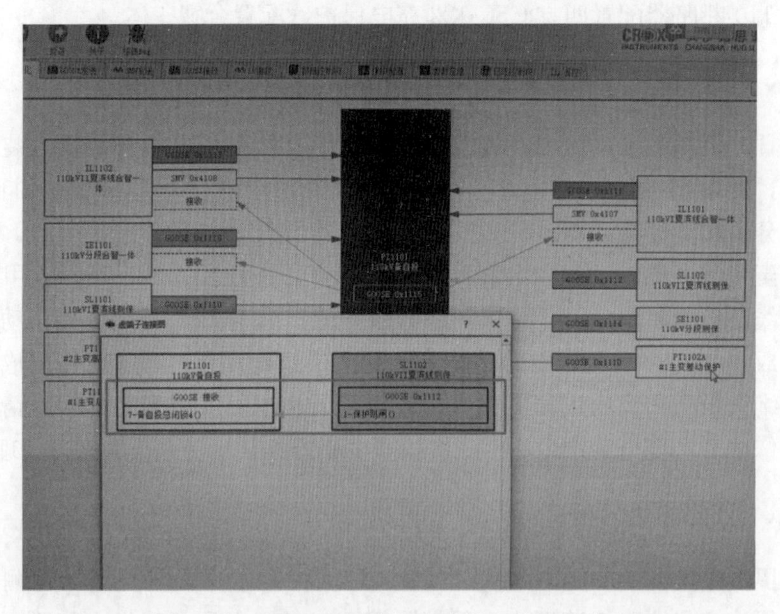

图 2-21　甲变电站 110kV 备用电源自动投入装置虚端子配置（2）

同理，在单母分段接线方式下，主变压器差动保护动作不应闭锁高压侧备用电源自动投入装置功能。

在内桥接线方式下，主变压器差动保护、非电量保护及高后备保护动作时应闭锁高压侧备用电源自动投入装置功能。

滨1号主变压器差动保护中“闭锁高压侧备用电源自动投入装置出口软压板”正常未投入，因此即使差动保护动作时，也不会出口闭锁滨110kV备用电源自动投入装置。暂无影响。

Ⅰ夏滨2或Ⅱ夏滨2保测一体装置保护动作时，会闭锁滨110kV备用电源自动投入装置功能，造成备用电源自动投入装置放电，备用电源无法自动投入，严重时造成全站失压。

四、整改措施

（1）对于运维专业，需要加强对保护压板投退的理解，尤其是对于智能变电站各软、硬压板的功能和投退要求做到心中有数，对智能变电站保护动作逻辑能够熟练掌握，并将变电站保护配置情况和软、硬压板功能和投退说明写入该站现场专用规程中，开展定期培训。

（2）对于二次专业，严格审核智能变电站SCD文件，做到对SCD文件全面安全管控。严把设备验收关，对于装置功能逐项验收，确保设备无带病运行。开展设备排查工作，对于类似配置的变电站进行摸排，排查问题及时整改。

案例 6：智能变电站内桥接线方式下 TA 极性错误导致主变压器差流越限

一、缺陷前运行状态

110kV 甲变电站主接线形式为内桥接线，110kV 薛鹿 2 运行于鹿 110kV 南母，带鹿号 1 主变压器运行；110kV 汉鹿 2 运行于鹿 110kV 北母，带鹿号 2 主变压器运行。主接线形式 110kV 部分如图 2-22 所示。

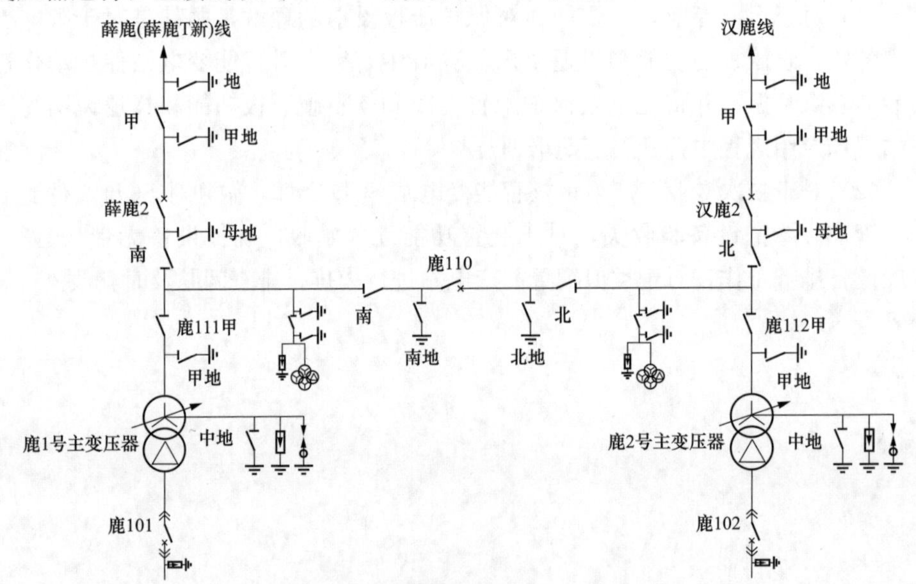

图 2-22　甲变电站主接线形式 110kV 部分

二、缺陷发生过程及处理步骤

在 110kV 甲变电站内桥接线桥 TA 电流回路在实际配置时，鹿 1 号主变压器差动保护装置采用的设备厂家和型号为积成电子 SAT66，鹿 1 号主变压器高后备保护装置采用的设备厂家和型号为积成电子 SAT66，鹿 2 号主变压器差动保护装置采用的设备厂家和型号为思源弘瑞 UDT531，鹿 2 号主变压器高后备保护装置采用的设备厂家和型号为思源弘瑞 UDT531C，鹿 110 合并单元采用的设备厂家和型号为北京四方 CSD602，鹿 110 合智一体装置采用的设备厂家和型号为北京四方 CSD603。

而在鹿 110 合并单元 CSD602 这种型号设备 CID 模型中，同一装置只能输出极性相同的电流通道，无法配置极性相反的电流通道。因此无法通过配置合并单元的电流虚端子通道来满足设计要求。

在鹿1号主变压器高后备保护装置SAT66和鹿2号主变压器高后备保护装置UDT531C的CID模型中，无法通过配置反极性电流接收通道来实现电流取反。因此无法通过配置保护装置的电流虚端子通道来满足设计要求。

施工人员与设计人员商议后，改变鹿110TA电流回路的设计，由桥TA 1号和3号绕组提供反极性电流输入鹿110合智一体装置，鹿110合智一体装置向鹿2号主变压器差动保护和鹿2号主变压器高后备保护提供电流；由桥TA 2号和4号绕组提供正极性电流输入鹿110合并单元，鹿110合并单元向鹿1号主变压器差动保护和鹿1号主变压器高后备保护提供电流。更改后的配置如图2-23、图2-24所示。

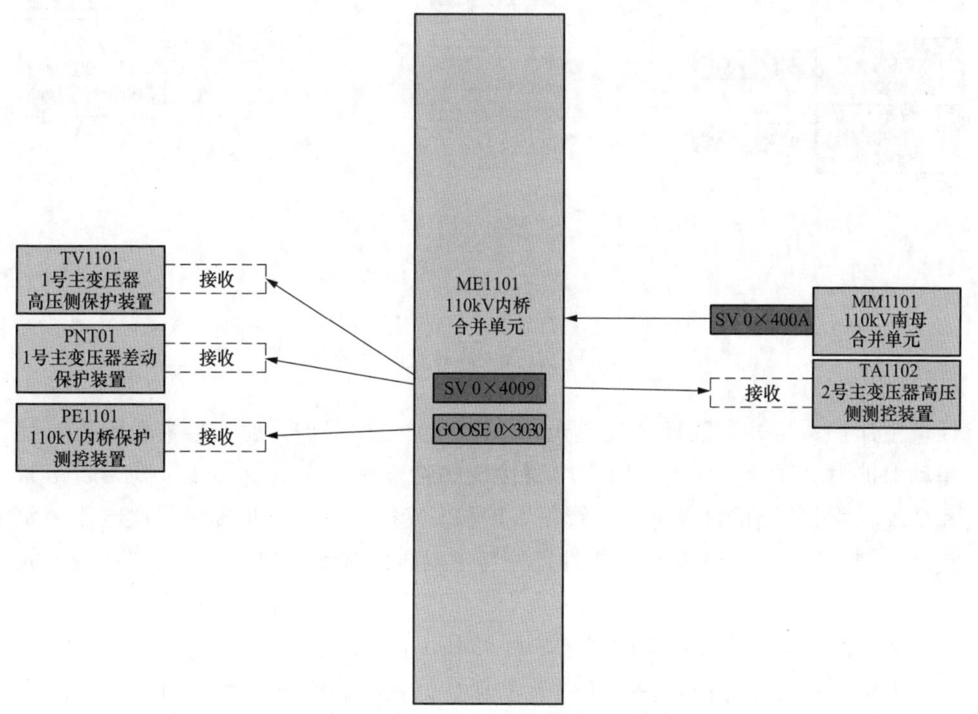

图2-23　鹿110合并单元虚回路示意图

修改配置后，鹿1号主变压器和鹿2号主变压器保护范围仍交叉，不会存在保护死区。但如果桥TA 1号绕组出现问题或鹿110合智一体装置损坏，则鹿2号主变压器将同时失去差动保护和高后备保护；同理，如果桥TA 2号绕组出现问题或鹿110合并单元装置损坏，则鹿1号主变压器将同时失去差动保护和高后备保护。

三、缺陷原因分析

110kV薛鹿2配置距离保护为主保护，鹿1号主变压器配置差动保护为电

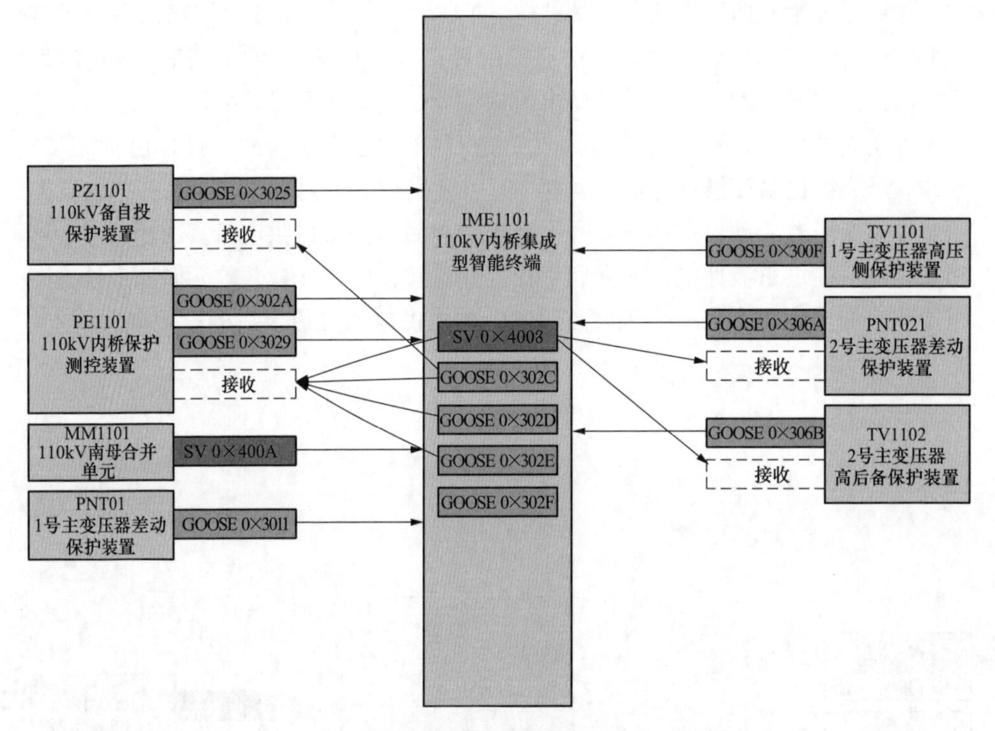

图 2-24　鹿 110 合智一体装置虚回路示意图

气量主保护；110kV 汉鹿 2 配置光纤差动保护为主保护，鹿 2 号主变压器配置差动保护为电气量主保护。因为内桥接线的特殊性，主变压器高压侧无断路器和 TA，因此线路的 TA 分别向线路保护和主变压器差动保护提供二次电流。而线路保护所需 TA 二次绕组的极性正好与主变压器差动保护所需 TA 二次绕组的极性相反。

为了满足电流回路配置的要求，可采用以下三种方法：

方法一：线路保护和主变压器差动保护共用一台合并单元，通过配置 SCD 虚回路，分别向线路保护和主变压器差动保护提供两组相反极性的二次电流；保护配置如图 2-25 所示。

方法二：线路保护和主变压器差动保护共用一台合并单元，同时输出两路极性相同的二次电流，在保护装置内部设置电流极性取反。

方法三：配置两台合并单元，通过合并单元外部接线调整，分别向线路保护和主变压器差动保护提供不同极性的二次电流。保护配置如图 2-26 所示。

三种方法的比较：

对于方法一，只需要一组 TA 二次保护级绕组即可，设备的投入相对较少。但线路保护和主变压器差动保护由同一台合并单元提供二次电流，SCD 文件需要配置两组极性相反的电流虚回路，比较复杂。另外在线路保护鹿 110 合智一

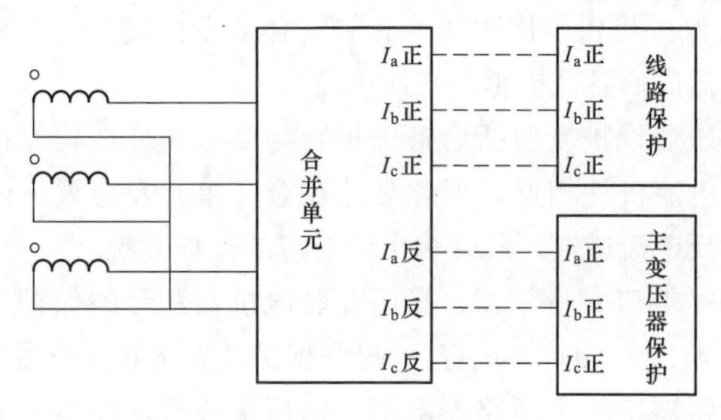

图 2-25　方法一保护配置图

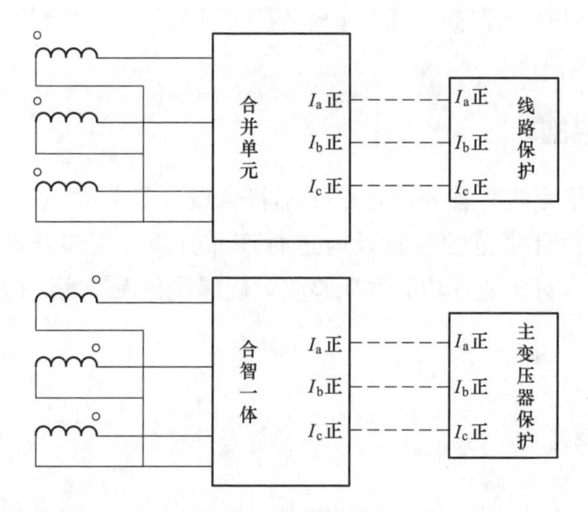

图 2-26　线路保护与主变压器差动保护分别使用合并单元电流回路配置图

体装置虚回路示意图或者主变压器差动保护检修时，由于共用一台合并单元，两种保护回路有交叉，因此二次安全措施相对来说比较复杂。

对于方法二，与方法一类似，只需要一组 TA 二次保护级绕组即可，需要在 SCD 文件中配置两组电流回路虚端子，分别向线路保护和主变压器差动保护提供二次电流。同时需要在相应的保护装置内对所取的电流极性进行设置。与方法一的不同在于，电流极性的取反在保护装置内实现，而不是在合并单元中实现。

对于方法三，需要两组 TA 二次保护级绕组，需要多配置一台合并单元，增加了设备投资。但线路保护和主变压器差动保护电流回路不交叉，不仅 SCD 文件配置简单，同时提高了保护检修时的可操作性和安全性。

甲变电站桥 TA 共有 4 组二次绕组，两组保护用绕组，两组测量用绕组。根据设计方案和相关规程规定，1 号和 3 号绕组接入桥间隔合智一体化装置，2 号和 4 号绕组接入桥间隔合并单元。合并单元向鹿 1 号主变压器差动保护和鹿 2 号主变压器高后备保护提供二次电流，合智一体装置向鹿 2 号主变压器差动保护和鹿 1 号主变压器高后备保护提供二次电流。

而 1 号主变压器保护（包括后备保护）与 2 号主变压器保护（包括后备保护）所取桥 TA 电流极性相反，因此必须在合并单元及合智一体装置内部分别配置两组极性相反电流通道，分别输出给对应的保护装置。

根据 Q/GDW 1175《变压器、高压并联电抗器和母线保护及辅助装置标准化设计规范》第 4.2.8（d）条规定，“母线保护装置母联（分段）支路电流，变压器保护 3/2 断路器接线中断路器电流、内桥接线桥断路器电流，应能通过不同输入虚端子对电流极性进行调整。”因此，鹿 1 号主变压器高后备保护装置 SAT66 和鹿 2 号主变压器高后备保护装置 UDT531C 不符合标准化设计规范的要求。

四、 整改措施

二次专业严格审核装置入网，对于不符合设计规范的二次设备严禁入网运行，对于不满足设计规范的装置及时进行产品升级、逐步开展技改更换工作。严把设备验收关，对于装置功能逐项验收，确保设备无带病运行。

案例7：内桥接线方式下TA极性错误导致主变压器过负荷闭锁调压

一、缺陷前运行状态

110kV 甲变电站主接线形式为内桥接线，110kV 薛鹿 2 运行于鹿 110kV 南母，带鹿 1 号主变压器运行；110kV 汉鹿 2 运行于鹿 110kV 北母，带鹿 2 号主变压器运行；鹿 1 号主变压器和鹿 2 号主变压器并列运行，110kV 线路备用电源自动投入装置退出。主接线形式 110kV 部分如图 2-27 所示。

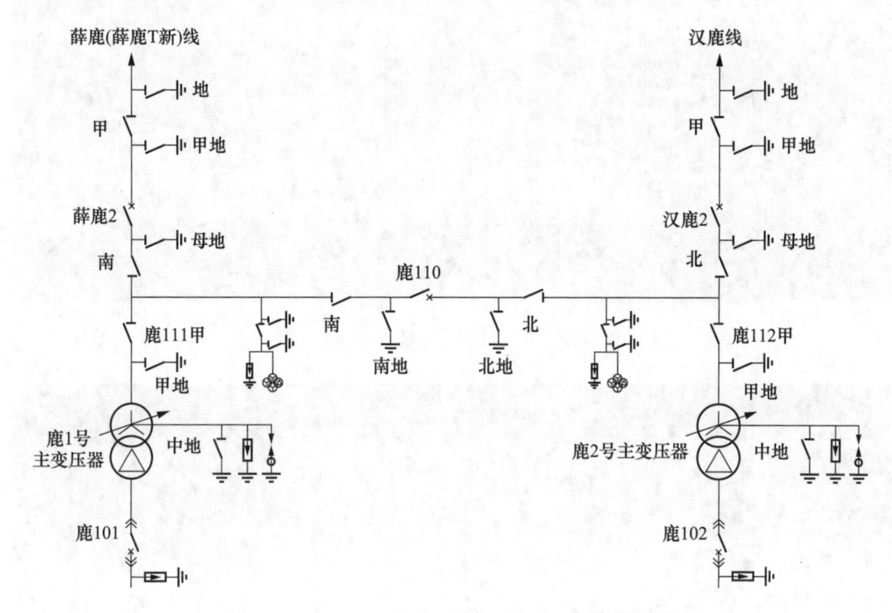

图 2-27 110kV 甲变电站主接线 110kV 部分

二、缺陷发生过程及处理步骤

110kV 甲变电站于 2017 年 5 月投运。甲变电站高压侧采用内桥接线，低压侧采用单母分段接线。某年某月，监控报“鹿 2 号主变压器过负荷闭锁有载调压”，“鹿 2 号主变压器不能调档”。

值班人员到达甲变电站后，检查后台监控主机报“鹿 2 号主变压器高后备保护装置过负荷闭锁有载调压”，见图 2-28。检查鹿 101 负荷为 330A；检查鹿 2 号主变压器差动保护正常，检查鹿 2 号主变压器高后备保护装置告警指示灯点亮，鹿 2 号主变压器高后备保护装置报“高压侧过负荷闭锁有载调压”，见图 2-29。

	序号	名称	原始值	处理值	旧数据	无效	闭锁	取代	测试	时标
105	105	鹿2号主变高后备保护装置FPGA开出异常告警	□	□						2017-08-16 23:14:
106	106	鹿2号主变高后备保护装置定值整定错	□	□						2017-08-16 23:14:
107	107	鹿2号主变高后备保护装置装置报警	■	■						2017-08-16 23:20:
108	108	鹿2号主变高后备保护装置定值失效报警	□	□						2017-08-16 23:20:
109	109	鹿2号主变高后备保护装置接点传动	□	□						2017-08-16 23:20:
110	110	鹿2号主变高后备保护装置投检修状态	□	□						2017-08-16 23:20:
111	111	鹿2号主变高后备保护装置遥测置数	□	□						2017-08-16 23:20:
112	112	鹿2号主变高后备保护装置CT断线告警	□	□						2017-08-16 23:20:
113	113	鹿2号主变高后备保护装置高压桥CT断线告警	□	□						2017-08-16 23:20:
114	114	鹿2号主变高后备保护装置PT断线告警	□	□						2017-08-16 23:20:
115	115	鹿2号主变高后备保护装置采样异常告警	□	□						2017-08-16 23:20:
116	116	鹿2号主变高后备保护装置启动继电器长时间启动	□	□						2017-08-16 23:20:
117	117	鹿2号主变高后备保护装置高压侧过负荷告警	■	■						2017-08-16 23:20:
118	118	鹿2号主变高后备保护装置高压侧闭锁调压告警	■	■						2017-08-16 23:20:
119	119	鹿2号主变高后备保护装置高压侧启动风冷告警	□	□						2017-08-16 23:20:
120	120	鹿2号主变高后备保护装置复压开入长期启动	□	□						2017-08-16 23:20:
121	121	鹿2号主变高后备保护装置AD双通道采样异常	□	□						2017-08-16 23:20:
122	122	鹿2号主变高后备保护装置时间跳变侦测状态告警	□	□						2017-08-16 23:20:
123	123	鹿2号主变高后备保护装置对时信号状态告警	■	■						2017-08-16 23:20:
124	124	鹿2号主变高后备保护装置对时服务状态告警	■	■						2017-08-16 23:20:
125	125	鹿2号主变高后备保护装置对时异常	■	■						2017-08-16 23:20:
126	126	鹿2号主变高后备保护装置弹簧未储能	□	□						2017-08-16 23:20:
127	127	鹿2号主变高后备保护装置控制回路断线	□	□						2017-08-16 23:20:
128	128	鹿2号主变高后备保护装置5号板光口1接收光强低	□	□						2017-08-16 23:20:
129	129	鹿2号主变高后备保护装置5号板光口2接收光强低	□	□						2017-08-16 23:20:
130	130	鹿2号主变高后备保护装置5号板光口3接收光强低	□	□						2017-08-16 23:20:
131	131	鹿2号主变高后备保护装置5号板光口4接收光强低	□	□						2017-08-16 23:20:
132	132	鹿2号主变高后备保护装置5号板光口5接收光强低	□	□						2017-08-16 23:20:
133	133	鹿2号主变高后备保护装置5号板光口6接收光强低	□	□						2017-08-16 23:20:

图 2-28 鹿 2 号主变压器监控后台告警信息

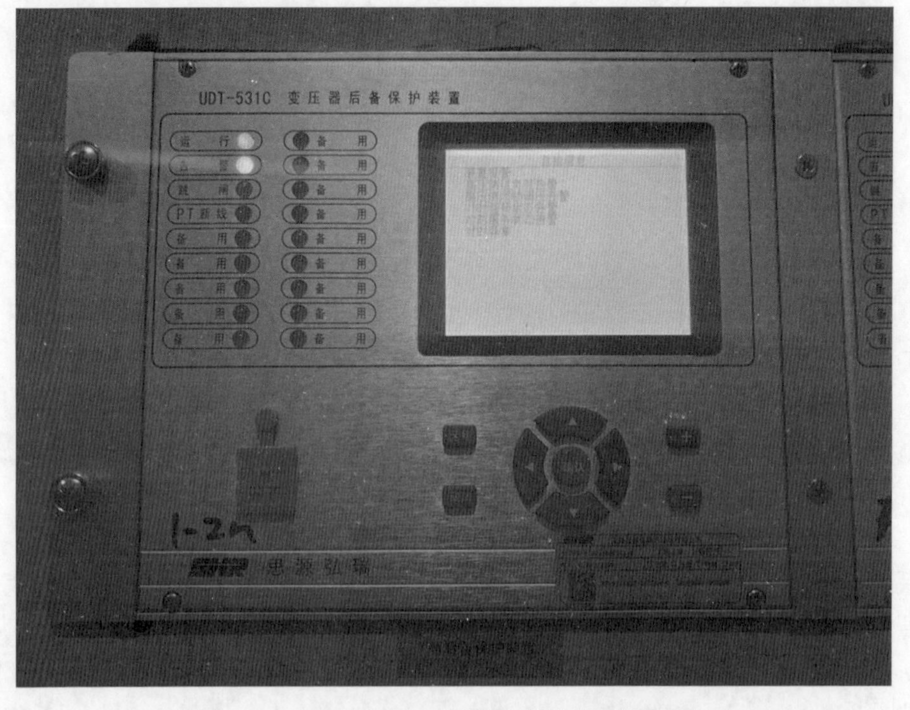

图 2-29 鹿 2 号主变压器高后备保护装置告警信息

根据当时甲变电站的负荷情况，110kV 汉鹿 2 有功功率为 30.76MW，电流为 156A；鹿 110 有功功率为 23.26MW，电流为 116A，见图 2-30。经过计算，鹿 2 号主变压器实际负荷为 7.5MW，电流为 40A。而鹿 2 号主变压器额定容量为 50MW，因此当时的运行情况并未过负荷，出现高压侧过负荷闭锁有载调压是不正确的。

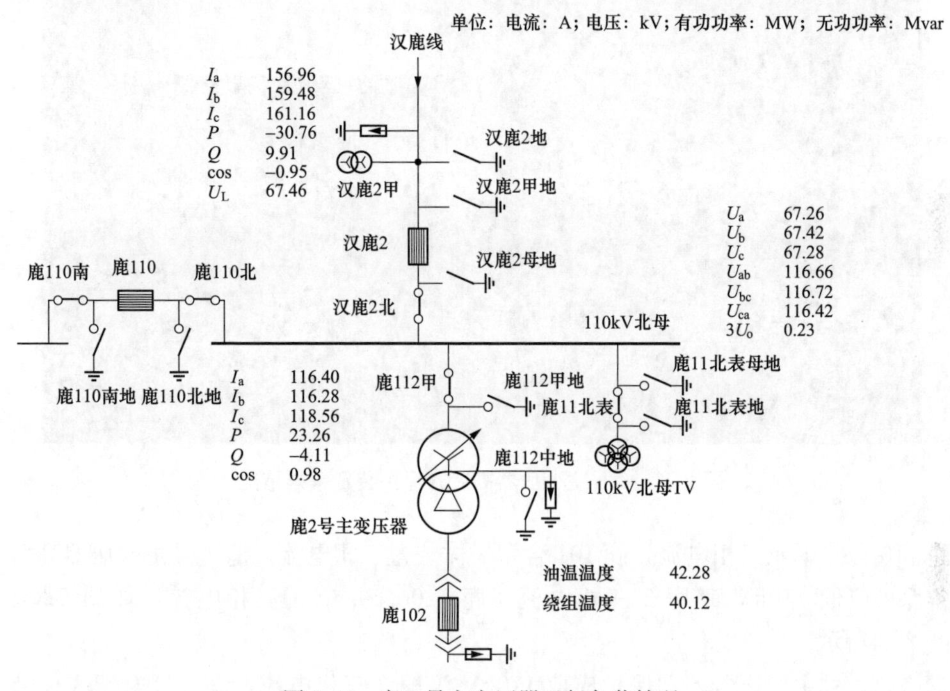

图 2-30 鹿 2 号主变压器运行负荷情况

某日，经施工人员检查，见图 2-31，判断为“鹿 2 号主变压器高后备保护装置电流采样回路配置错误”，错误配置如图 2-32 所示。施工人员处理时，“将鹿 2 号主变压器高后备保护装置的内桥电流采样回路光纤，由鹿 110 合并单元改接至鹿 110 合智一体装置；并对鹿 110 合智一体装置进行相关配置”。处理后，鹿 2 号主变压器高后备异常并未消失，施工方无法处理，需厂家配合解决。

某日，施工人员再次办理工作票进行处理。经厂家检查 SCD 文件，发现鹿 110 合智一体装置 SCD 文件配置错误，“鹿 2 号主变压器高后备取鹿 110 合智一体装置电流极性配置错误”。经厂家重新配置 SCD 文件，对装置重下配置后，异常消失。

三、 缺陷原因分析

正常运行方式下，鹿 1 号主变压器差动保护应取 110kV 薛鹿 2 三相电流，

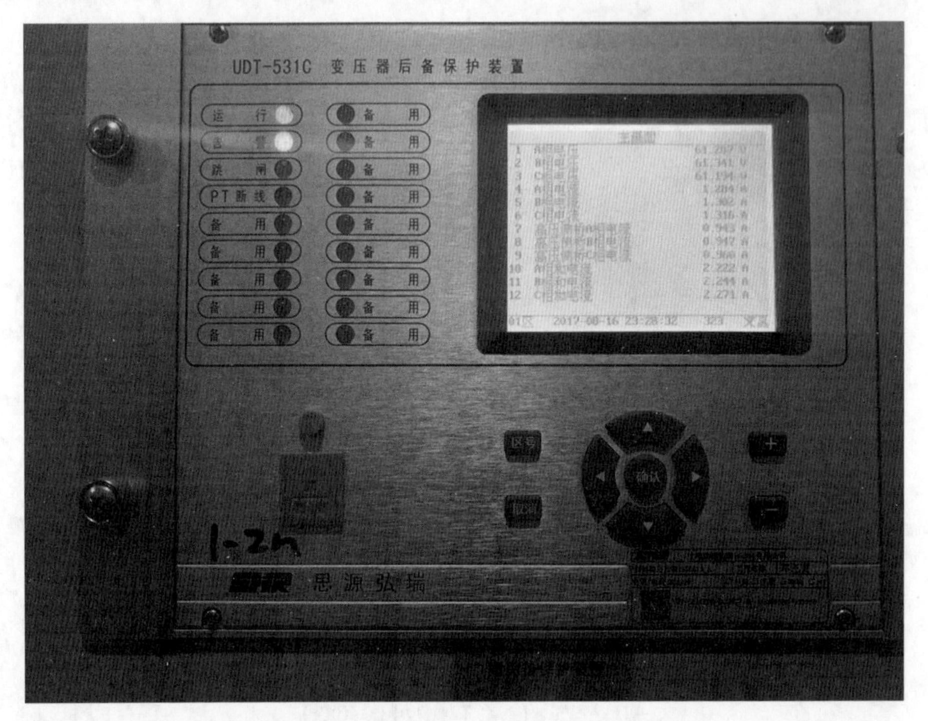

图 2-31　2 号主变压器高后备保护装置采样情况

鹿 110 合并单元三相电流，鹿 101 合智一体装置三相电流；鹿 1 号主变压器高后备保护应取 110kV 薛鹿 2 三相电流，鹿 110 合并单元三相电流，如图 2-33、图 2-34所示。

鹿 2 号主变压器差动保护应取 110kV 汉鹿 2 三相电流，鹿 110 合智一体装置三相电流，鹿 102 合智一体装置三相电流，如图 2-35 所示；鹿 2 号主变压器高后备保护应取 110kV 汉鹿 2 三相电流，鹿 110 合智一体装置三相电流，如图 2-36 所示。

而原先的配置中，错误将“鹿 2 号主变压器高后备保护装置取鹿 110 合并单元三相电流”，而鹿 110 电流互感器极性与鹿 1 号主变压器极性一致，且鹿 110 电流互感器只有一个二次绕组，因此鹿 2 号主变压器高后备电流极性错误，故高压侧和电流不正确，出现过负荷闭锁有载调压。

正确的配置应为，“鹿 2 号主变压器高后备保护装置取鹿 110 合智一体装置三相电流，且极性应与鹿 2 号主变压器一致”。在第一次处理时，处理人员取鹿 110 合智一体装置三相电流没错，但是“SCD 文件中鹿 110 合智一体装置三相电流极性配置与鹿 2 号主变压器相反”，因此异常仍然存在。在第二次处理时，SCD 文件正确配置，鹿 110 合智一体装置电流与鹿 2 号主变压器极性一致，异常消失。

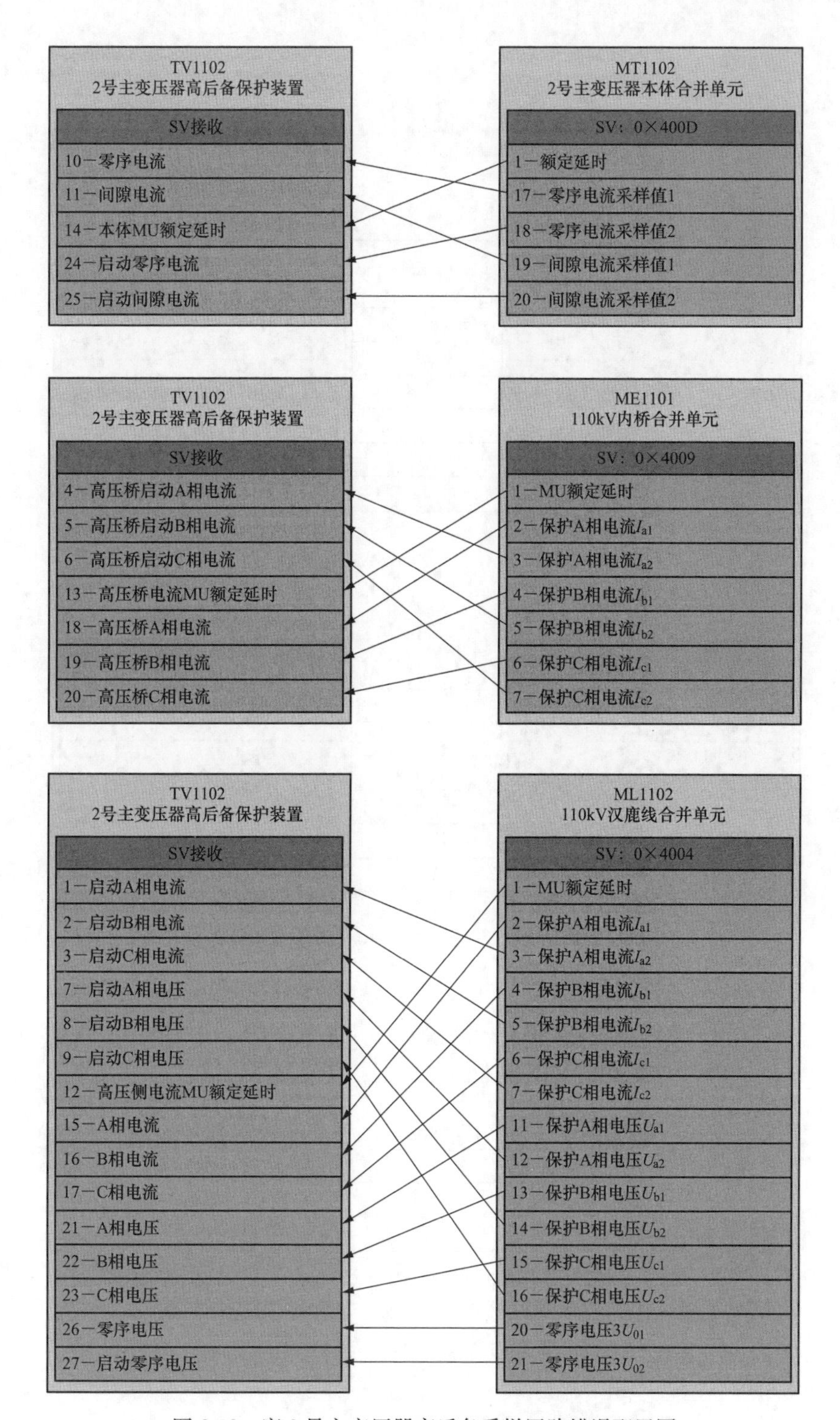

图 2-32 鹿 2 号主变压器高后备采样回路错误配置图

图 2-33　鹿 1 号主变压器差动保护装置采样回路正确配置图

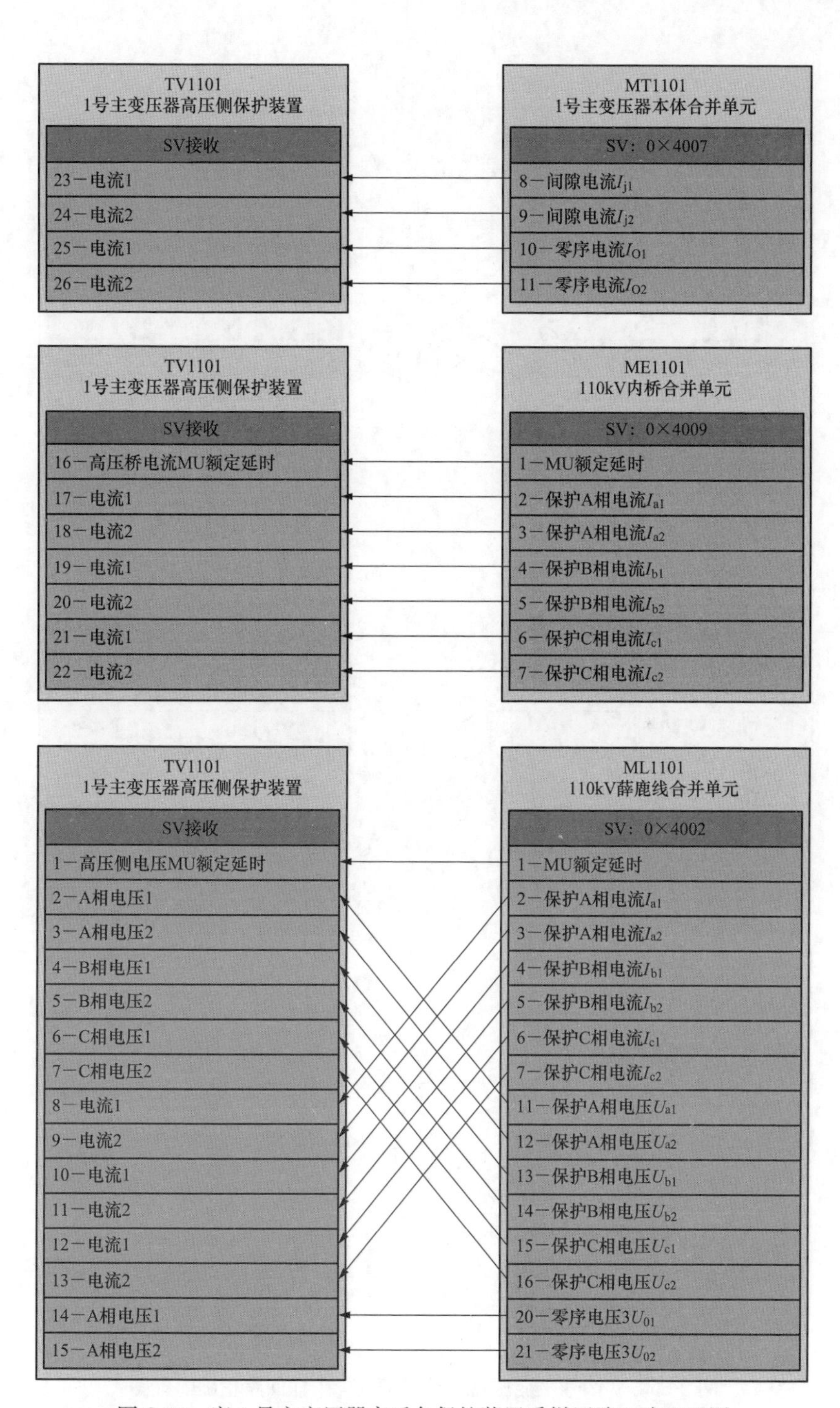

图 2-34　鹿 1 号主变压器高后备保护装置采样回路正确配置图

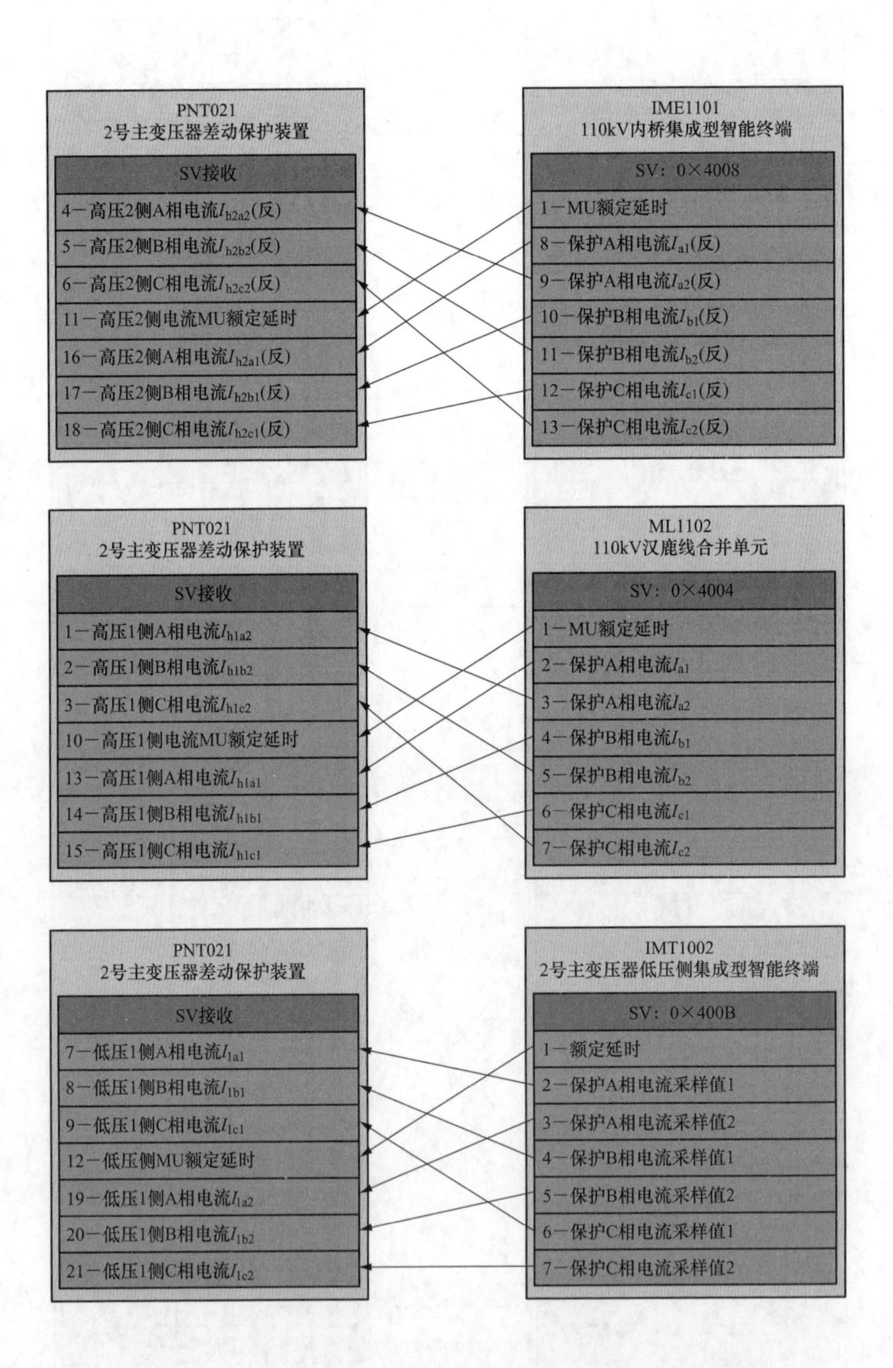

图 2-35　鹿 2 号主变压器差动保护装置采样回路正确配置图

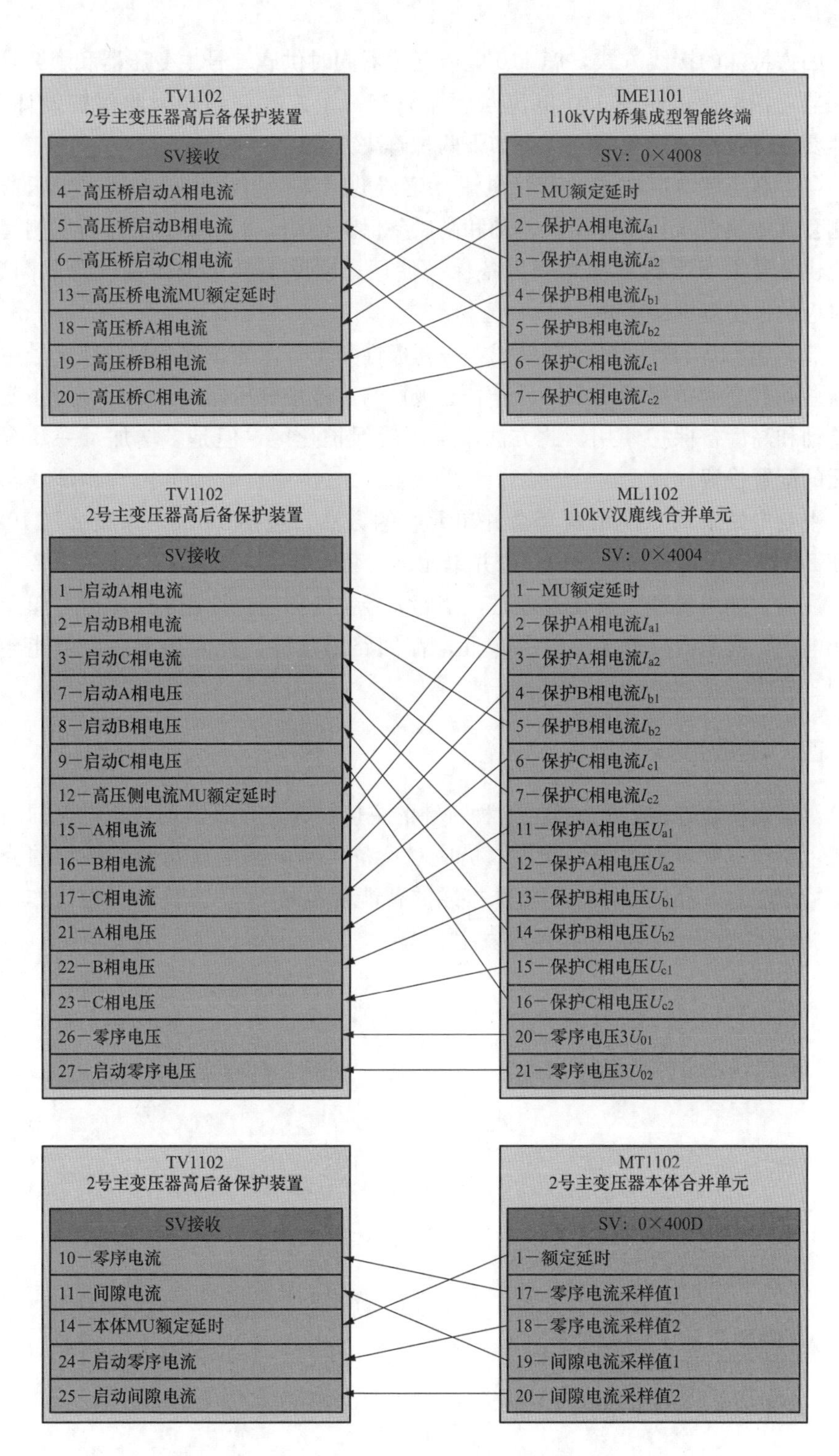

图 2-36　鹿 2 号主变压器高后备保护装置采样回路正确配置图

因为特殊的接线方式，鹿110电流互感器同时供鹿1号主变压器和鹿2号主变压器三相电流，而鹿110电流互感器只有一个二次绕组，因此保护设计时，必然要注意极性的配置问题。有如下两种解决方法：

（1）高压侧电流取主变套管电流互感器的二次绕组，此时1号主变压器高压侧套管电流供1号主变压器差动和高后备保护使用，2号主变压器高压侧套管电流供2号主变压器差动和高后备保护使用，因此不会出现极性配置的问题，但对应的保护范围会缩短。

（2）鹿110配置两套合并单元，一套极性与1号主变压器一致，供1号主变压器差动和高后备保护使用；另外一套极性与2号主变压器一致，供2号主变压器差动和高后备保护使用，此方法不会出现保护死区，但是多增加了一套合并单元的配置投资。

甲变电站采取“使用两套合并单元”的方法，包括110kV薛鹿2、110kV汉鹿2、鹿110间隔均配置一套合并单元、一套合智一体装置。

注意，如果处理人员在处理时，使鹿2号主变压器仍取用鹿110合并单元的三相电流，而是改变鹿110合并单元电流回路的极性，此时送电后，可能会造成鹿1号主变压器差动误跳闸。

四、整改措施

对于内桥、外桥、3/2接线这种特殊的主接线方式，因出现共用电流回路的问题，所以需要特别注意。验收人员应对设备二次回路电流互感器绕组的分配问题特别注意，还应加强这种特殊接线的智能变电站SCD文件的管控工作，避免SCD文件配置错误的问题再次发生。

案例8：220kV母线避雷器故障处置

一、缺陷前运行状态

变电站设备正常运行，无异常信息。

二、缺陷发生过程及处理步骤

某日，检修人员按照专业化巡视及带电检测工作要求，对变电站开展例行巡视和带电检测，在对变电站开展避雷器运行中持续电流检测过程中，发现甲变电站220kV西母南段B相避雷器全电流、阻性电流数据异常。为确认试验的可靠性，三天后试验人员使用不同厂家仪器进行复测。两种仪器检测结果基本一致。

本次检测的B相全电流初值差达109.26%，阻性电流初值差达781.13%。《国家电网公司变电检测管理规定（试行）》［国网（运检/3）829—2017］要求：阻性电流初值差不大于50%，且全电流不大于20%，当阻性电流增加0.5倍时应缩短试验周期并加强监测，增加1倍时应停电检查。通过与历史数据及同组间其他金属氧化物避雷器的测量结果相比较做出判断，彼此应无显著差异。

由此判断，B相避雷器阻性电流和全电流均严重超标，需进行停电检查试验。

对220kV西母南段避雷器进行红外测温，检测图谱如图2-37所示。

B相避雷器上下两节温度分布不均匀，上节温度范围在30.0～30.5℃，下节温度范围在29.5～30.0℃，上节整体温度比下节高0.5K左右，上下节最高温度相差0.8K，下节绝缘子上法兰与绝缘子交接部位发热最高，为33.2℃。A、C相上、下节温度分布均匀。

依据DL/T 664—2016《带电设备红外诊断应用规范》，B相避雷器整体发热且上节及中部较热，温差超过0.5K，需停电进行检查试验。停电对三相避雷器进行了更换，更换后，避雷器停电试验数据合格。

三、缺陷原因分析

综合避雷器全电流、阻性电流、红外测温及停电试验，初步分析如下：

（1）由于避雷器下节内部阀片存在老化劣化或整体受潮的可能，导致整体绝缘性能减小，在承受相同运行电压的情况下，全电流、阻性电流等泄漏电流增大。

（2）下节绝缘电阻小的避雷器承受较小的电压，上节绝缘电阻大的避雷器

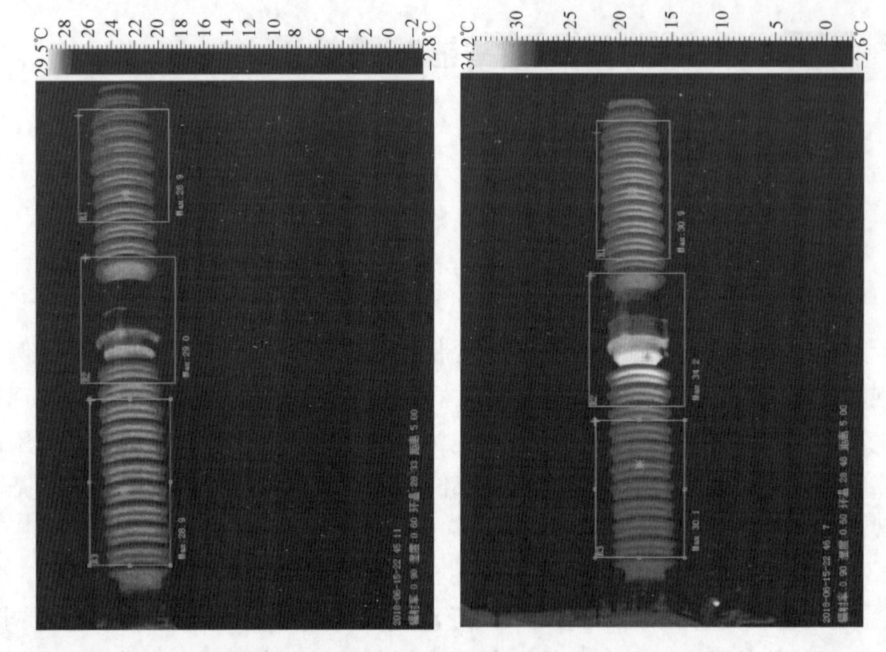

图 2-37 220kV 西母南段避雷器红外测温检测图谱

承受较高的电压，发热最为明显。

四、 整改措施

（1）组织开展解体检查，确定缺陷原因。

（2）加强巡视，密切关注避雷器泄漏电流表数值变化。

1）交流泄漏电流指示值纵横比增大 20%，开展红外测温、避雷器阻性电流检测等 D 类检修，根据试验结果开展相关工作。

2）交流泄漏电流指示值纵横比增大 100%或交流泄漏电流指示值异常大幅降低，开展红外测温、避雷器阻性电流检测等 D 类检修，适时开展 C 类检修，更换损坏部件。

（3）加强雷雨季节前后运行电压下交流泄漏电流阻性分量检测和分析。

1）测量值与初始值比较，增加 20%，加强红外测温、避雷器阻性电流检测等 D 类检修，进行跟踪监测。

2）测量值与初始值比较，增加 50%，开展 C 类检修，进行诊断性试验，根据试验结果开展相关工作。

（4）加强精确测温，提升发现电压致热型缺陷的能力，对运行 15 年以上的避雷器、电压互感器等设备进行重点检测。

案例9： 220kV 1号主变压器信号异常

一、 缺陷前运行状态

某日天气小雨，24～31℃。之前三周内变电站出现9天的连续多雨天气，降雨量明显增多。

二、 缺陷发生过程及处理步骤

某日18:56，监控人员发现220kV甲变电站频繁报“10kV一体化电源2号直流/Ⅱ段直流母线绝缘能力降低告警”，直流母线为正接地，正极对地电压93V，变对站内一次设备检查，未发现异常。

某日20:53，变电检修人员检查微机直流绝缘监测装置，发现直流支路57状态：正极对地1.5kΩ、负极对地3.6kΩ。

某日21:05，用接地测试仪测得Ⅱ段直流母线正对地93V，负对地136V，电压对地不平衡，呈正接地状态。

某日21:18，直流接地查找，再次确定接地点为支路57，1号主变压器本体智能柜第二路电源，接地点为1号主变压器本体端子箱至有载调压气体继电器之间。

某日21:25，在本体端子箱，拆除3～10主变压器侧信号线，接地故障消失，判断接地点在气体继电器侧，因主变压器运行，无法登上主变压器进行进一步检查。

判断有载调压重瓦斯接点二次接线处绝缘严重降低，需紧急停电处理。

某日22:00，临时隔离故障点，并申请1号主变压器临时停运。

某日23:50，1号主变压器停运操作结束。

三、 缺陷原因分析

某日00:50，对有载调压气体继电器接电线盒外观检查，防雨罩正确安装，盒盖密封完好。接线盒开盖检查，密封条完好，盒内存有大量水珠。正极接线柱有腐蚀痕迹，并在水中发现铜绿。如图2-38所示。

某日01:00，将接线盒内积水清除，用热风枪进行烘干处理。利用密封胶封堵波纹管与接线盒连接处。

某日01:30，对有载调压重瓦斯信号线绝缘测试，经测试绝缘恢复正常。恢复正常接线，模拟信号正确。

某日02:29，现场检修工作结束。

图 2-38　号 1 主变有载调压气体继电器接线盒内受潮情况

某日 04:15，1 号主变压器恢复运行，变电站恢复正常运行方式。

存在有载调压瓦斯信号线设计布置不合理，变压器信号线布线使用波纹管。1 号有载调压重瓦斯信号线跨过有载调压机构顶部接入接线盒，导致波纹管高过接线盒；设备长期运行，波纹管外壁破损，在遭遇连续阴雨天气时，水珠顺着波纹管倒灌入接线盒，造成接线盒进水受潮，绝缘能力降低。

四、整改措施

排查所有变压器气体继电器、油流速动继电器、温度计、油位表、户外 SF_6 设备密度继电器等设备的防雨罩安装是否牢固、有效防雨措施。

1. 暴露问题

（1）例试定检仍局限于在传统、常规试验检查范围，对整体设备附件检查不细、应对不足。

（2）未对继电器及接线盒开展针对性防雨、防潮测试。

（3）验收投运把关不严。1 号主变压器有载调压重瓦斯信号线跨过有载调压机构顶部接入接线盒，波纹管高过接线盒隐患，未及时发现整改。

2. 反措及建议

（1）加强设备验收投运管理，对存在设计缺陷的设备，及时提出整改意见，拒绝带“病”投运。

（2）结合主变压器停电定检，对变压器气体继电器、油流速动继电器、温度计、油位表、户外 SF_6 设备密度继电器等设备引出线接口处进行密封及防潮防水检查。

（3）在多雨季节严密监视变电站直流告警信息，及时消除影响电网安全运行的隐患。

案例 10：220kV 甲变电站断路器临停

一、缺陷前运行状态

变电站全接线方式运行，天气晴天、温度负荷正常，现场无工作。220kV 母线双母线运行。

二、缺陷发生过程及处理步骤

某日 13:12，值班人员发现甲变电站 220kV 甲沙 1 断路器报“故障分闸”“非全相运行”等异常信息。运行人员现场检查发现甲沙 1 断路器汇控柜温度控制器烧毁，柜内二次配线烧损，存在断路器误动风险，申请紧急停运。

检修人员到达现场，对烧损配线进行详细检查，发现汇控柜温度控制器烧毁、远方就地把手、分合闸按钮及柜内配线烧损，造成控制回路等 12 根配线外绝缘融化粘连，其中 B 相合闸线与操作电源负电短接，使操作箱 B 相跳位监视继电器动作，导致与跳位监视继电器有关的“故障分闸”“非全相运行”等异常信息报出。检修人员检查监控后台、保护装置、故障录波均无其他异常信号。

间隔停电解备后，检修人员对现场烧毁 12 根配线逐根记录、更换，检查并更换分闸按钮、合闸按钮、远方就地把手，检查甲沙 1 操作箱插件无异常。18:30，现场抢修工作完成，对断路器控制回路进行绝缘检查、上电试验、电位检查、就地分合闸试验、遥控分合闸试验、保护带断路器传动试验，均未发现异常。19:32，220kV 甲沙 1 断路器恢复送电。

三、缺陷原因分析

甲沙 1 断路器汇控柜温度控制器故障烧毁，主要原因为近期当地阴雨天气较多，汇控柜内潮气较大，温度控制器频繁启动，导致继电器绕组发热引燃。温控器与汇控柜配线线槽距离过近（约 3cm），与分合闸按钮距离约 20cm，温控器高温融化后，高温炙烤该部分线槽及配线，致使绝缘破坏。如图 2-39、图 2-40所示。

四、整改措施

1. 暴露问题

（1）三箱温控器排查不全面、不深入。

（2）温控器未加装独立的保护断路器。温控器与加热器共用一个电源空气断路器，由于加热器功率较大，该空气断路器开断电流不够，温控器故障时，

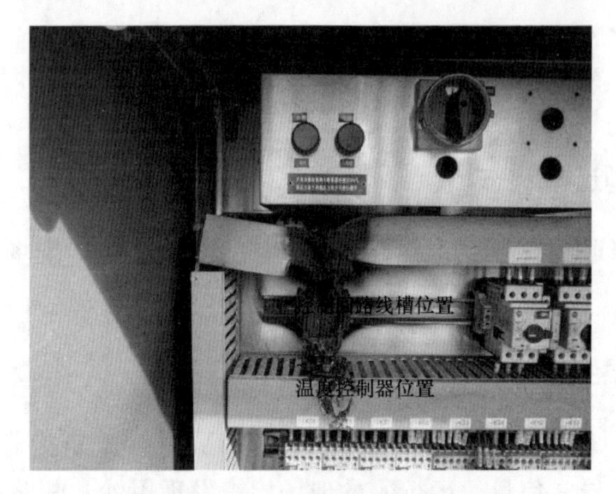

图 2-39　汇控柜柜内照片

图 2-40　分合闸按钮、远方就地转换把手

无法及时隔离电源。

2. 改进措施

（1）加大变电站三箱温控器的排查力度，重点排查温控器和加热器损坏情况、回路完整情况、温控器材质、安装位置、有无隔离措施、保护空气开关等，发现问题及时治理。

（2）变电站三箱温控器安装位置与其他电气元件、配线距离小于 5cm 的，开展整改。变电站三箱温控器外壳为非阻燃材料或不满足反措要求的全部更换。

（3）温控器加装独立的空气断路器，根据温控器功率选配开断电流适当的

空气断路器，切实起到保护作用。

（4）温控器增加隔离托板，防止温控器燃烧后引起其他元件及配线烧损。针对 220kV 设备及重要设备三箱加装在线测温远传装置，实时监视温度异常信号。同时加装自动灭火帖，当三箱内发生电气元件着火时，温度度超过 170℃，自动灭火帖启动喷出灭火气体进行灭火。

案例 11：500kV 甲变电站 220kV HGIS 组合电器气室压力低

一、缺陷前运行状态

500kV 系统：500kV 断路器、线路、母线均处于正常运行方式，例 2 号主变压器高压侧运行于第二串。

220kV 系统：220kV 断路器、线路、母线均处于正常运行方式，Ⅰ例某线、Ⅰ例某 1 断路器、例 222 断路器运行于例 220kV 东母南段。

35kV 系统：35kV 断路器、母线、电容器、电抗器均处于正常运行方式，例 352 断路器、例 1 号站用变压器运行于例 35kV Ⅱ母。

二、缺陷发生过程及处理步骤

某日 23:41，某 500kV 变电站监控后台告警信息显示："220kV Ⅰ例某线测控PCS9705_东母南段气室 SF_6 气压低告警（告警值 0.55MPa）"，后台机 220kV Ⅰ例某线分图光字报"东母南段气室 SF_6 气压低告警（告警值 0.55MPa）"，运维人员现场检查 220kV Ⅰ例某线间隔东母南段 A 相套管气室 SF_6 压力值 0.55MPa。经检查后初步判断为 HGIS 组合电器存在漏点，通知运维部及设备厂家到站。

缺陷发生后，运维人员立即联系检修人员及厂家，经过与检修人员及厂家语音电话沟通及现场检查，初步推断故障可能为 220kV Ⅰ例某线间隔 HIS 组合电器东母南段气室 SF_6 气压低故障，需厂家到站检查补气。

第二日 10:30，检修人员及厂家到站进一步检查后，确认 220kV Ⅰ例某线间隔 HGIS 组合电器东母南段 A 相套管气室 SF_6 气压低故障，对 220kV Ⅰ例某线间隔 HGIS 组合电器东母南段 A 相套管气室进行补气后，SF_6 压力值指示 0.62MPa，后台光字告警信息复归，后台机报文告警信息复归。

两天后 10:51，检修人员及厂家到站检查 220kV Ⅰ例某线间隔 HGIS 组合电器东母南段 A 相套管气室漏气点，经检测 220kV Ⅰ例某线间隔 HGIS 组合电器东母南段 A 相套管气室表计上方阀门处存在漏气点。11:26，检修人员及厂家更换表计上方阀门处胶垫后，经检测，未发现有漏气情况，缺陷已消除。

设备运行一定时间后，运维人员定期对站内 HGIS 组合电器 SF_6 值进行抄录，若发现有 SF_6 压力明显下降的设备及时上报并进行补气，保障设备功能正常。排查设备检漏点时需用专用仪器，排查时注意与带电设备保持足够安全距离。

三、缺陷原因分析

220kV Ⅰ例某线间隔 HGIS 组合电器东母南段 A 相套管气室气室表计上方阀门处存在漏气点，导致 220kV Ⅰ例某线间隔 HGIS 组合电器东母南段气室 SF_6 气压低故障，后台机报文报“220kV Ⅰ例某线测控PCS9705_东母南段气室 SF_6 气压低告警（告警值 0.55MPa）”，光字报“东母南段气室 SF_6 气压低告警（告警值 0.55MPa）”。检修人员及厂家到站检查 220kV Ⅰ例某线间隔 HGIS 组合电器东母南段 A 相套管气室漏气点，经检测 220kV Ⅰ例某线间隔 HGIS 组合电器东母南段 A 相套管气室表计上方阀门处存在漏气点。更换表计上方阀门处胶垫后，经检测，未发现有漏气情况，缺陷已消除。SF_6 压力表如图 2-41 所示。

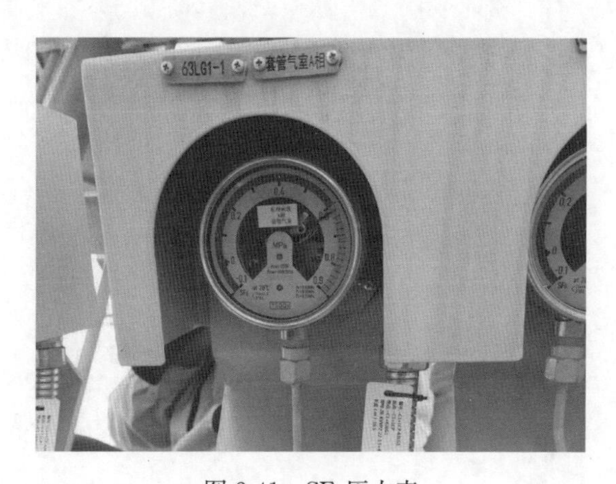

图 2-41 SF_6 压力表

四、整改措施

（1）HGIS 组合电器气室压力低的原因包括设备密封不良、气温下降导致气体压力下降等。这是一种常见的故障，会导致设备的性能下降，甚至可能引起严重的安全问题。为了解决这个问题，需要采取一些措施来监控和调整气室压力，并在出现压力低的情况时能够及时处理。

（2）监控气室压力，可以在设备上安装压力传感器或压力表等设备，定期检查和记录气室压力的变化情况。如果发现气室压力低于正常范围，需要及时进行调整。调整气室压力的方法包括补充气体、更换干燥剂等措施，以确保气室内的压力保持在一个合适的水平。

（3）在处理气室压力低的问题时，需要注意一些安全问题。首先，在处理前需要先确认气室内的气体已经完全排放，避免在处理过程中出现气体泄漏等

情况。其次，在补充气体时需要注意气体的质量和纯度，避免引入不纯的气体导致设备性能下降或安全问题。最后，在处理过程中需要采取必要的防护措施，如佩戴手套、防护眼镜等，以避免受伤。

（4）可以采取一些预防措施来减少气室压力低的发生。例如，定期检查和维护设备，如清洗干燥剂、更换密封件等，以保持设备的正常运转和延长设备的使用寿命。此外，还需要注意设备的存放和使用环境，避免设备受到高温、湿度、灰尘等不良因素的影响。

总的来说，HGIS组合电器气室压力低是一种常见的故障，需要采取一系列措施来监控和调整气室压力，并在出现压力低的情况时能够及时处理。通过这些措施的实施，可以确保设备的稳定性和安全性，延长设备的使用寿命。

案例12：500kV甲变电站220kV保护装置死机

一、缺陷前运行状态

1. 运行方式

500kV系统：500kV断路器、线路、母线均处于正常运行方式，例2号主变压器高压侧运行于第二串。

220kV系统：220kV断路器、线路、母线均处于正常运行方式，Ⅰ例某线、Ⅰ例某1断路器、例222断路器运行于例220kV东母南段。

35kV系统：35kV断路器、母线、电容器、电抗器均处于正常运行方式，例352断路器、例1号站用变压器运行于例35kVⅡ母。

2. 保护配置

500kV母线各两套保护，第一套采用南瑞PCS-915C，第二套采用国电南自SGB-750C。500kV线路保护各两套，第一套采用南瑞PCS-931A，第二套采用国电南自PSL-603U。220kV第一套母差保护采用南瑞PCS-915A，220kV第二套母差保护采用南自SGB-750A。220kV线路保护各两套，Ⅰ例某线第一套采用南瑞NSR-303A，第二套采用许继WXH-803A。主变压器第一套保护采用南瑞PCS-978T5，主变压器第二套保护采用国电南自PST-1200UT5。

二、缺陷发生过程及处理步骤

某日06:05，某500kV变电站后台报“220kV Ⅰ例某线WXH803保护装置告警”，现场检查发现保护面板报“检CPU2保护程序异常”信号，并伴随保护装置故障灯亮。07:25，500kV变电站220kV Ⅰ例某线回线WXH803保护装置退出，并重Ⅰ例某线WXH803保护装置，装置面板异常信号复归，故障灯熄灭，后台告警消失。现场对装置观察6h后，再无异常信号报出，于当日13:27投入220kV Ⅰ例某线WXH803保护，设备运行正常。

后续运维人员对全站保护装置进行统计检查：

（1）检查保护装置运行环境的温湿度是否满足标准。

（2）对保护装置运行时的温度进行监测。

（3）对于投运时间较长，设备老化的保护装置后期在保护运行中应重点关注装置运行情况，若再出现此类故障，应及时更换CPU插件，并申报保护装置更换计划。

三、缺陷原因分析

内部芯片和电路温度不断升高，这会加速整个装置老化速度；运行过程中可能发生短路，短路电流可能会远高于漏电保护器的额定电流，对保护器的内置元件造成损伤，加速漏电保护器的老化；如果保护器所在的环境潮湿，或者保护器自身漏水，可能会导致保护器的老化；长期不使用可能会导致其内部元件老化，失去保护功能。

本次缺陷的原因为220kV Ⅰ例某线WXH803保护装置CPU2信息阻塞，造成CPU2出错死机，装置故障灯亮，重启Ⅰ例某线WXH803保护装置后，装置恢复正常，如图2-42、图2-43所示。

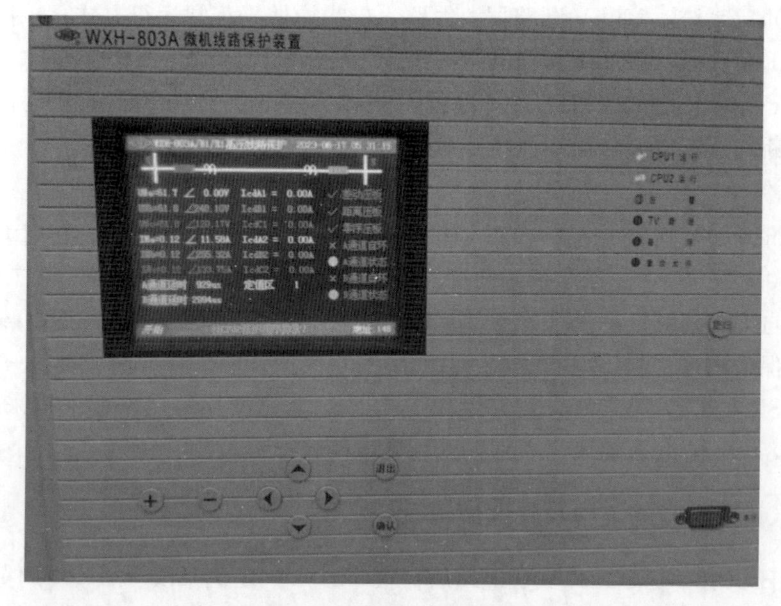

图2-42　保护装置报警信息

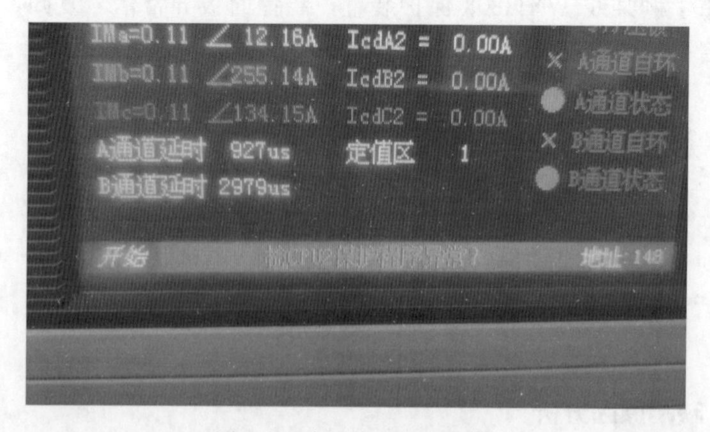

图2-43　保护装置面板报文

四、整改措施

（1）电力保护装置死机是一种严重的故障，它会导致设备无法正常运行，甚至可能引起安全问题。为了解决这个问题，需要采取一些措施来排查和处理死机故障，以恢复设备的正常运行。

（2）对于死机故障的排查，可以采取重启装置的方法。这种方法通常是最简单有效的处理方法，可以通过将保护装置电源从插座中拔出一段时间，然后再插回来，使其重新启动。如果重启后仍无法解决问题，则需要进行其他的故障排查。例如，检查通信线路是否故障、软件版本是否需要升级等。

（3）在处理死机故障时，需要注意一些安全问题。首先，在处理前需要先确认设备已经完全断电，避免在处理过程中出现电击等安全问题。其次，在重新启动设备时需要注意设备的状态，如显示面板是否有故障代码、设备是否有异常声音等，以帮助判断故障原因。

（4）除了重启装置外，还可以采取其他措施来预防死机故障的发生。例如，定期检查和维护设备，如清理灰尘、更换密封件等，以保持设备的正常运转和延长设备的使用寿命。此外，还需要注意设备的存放和使用环境，避免设备受到高温、湿度、灰尘等不良因素的影响。

总的来说，电力保护装置死机是一种严重的故障，需要采取一系列措施来排查和处理故障，以恢复设备的正常运行。通过这些措施的实施，可以确保设备的稳定性和安全性，延长设备的使用寿命。

案例13：500kV甲变电站220kV智能终端控制回路断线

一、缺陷前运行状态

1. 运行方式

500kV系统：500kV断路器、线路、母线均处于正常运行方式，例2号主变压器高压侧运行于第二串。

220kV系统：220kV断路器、线路、母线均处于正常运行方式，Ⅰ例某线、Ⅰ例某1断路器、例222断路器运行于例220kV东母南段。

35kV系统：35kV断路器、母线、电容器、电抗器均处于正常运行方式，例352断路器、例1号站用变压器运行于例35kV Ⅱ母。

2. 保护配置

500kV母线各两套保护，第一套采用南瑞PCS-915C，第二套采用国电南自SGB-750C。500kV线路保护各两套，第一套采用南瑞PCS-931A，第二套采用国电南自PSL-603U。220kV第一套母差保护采用南瑞PCS-915A，220kV第二套母差保护采用南自SGB-750A。220kV线路保护各两套，Ⅰ例某线第一套采用南瑞NSR-303A，第二套采用许继WXH-803A。主变压器第一套保护采用南瑞PCS-978T5，主变压器第二套保护采用国电南自PST-1200UT5。

二、缺陷发生过程及处理步骤

某日上午09:13，500kV甲变电站监控后台信息光字牌报出Ⅰ例某线A套智能终端控制回路断线告警信号，Ⅰ例某线智能汇控柜A套智能终端控制回路断线红灯点亮。现场一次设备的状态220kVⅠ例某1断路器在分闸位置。Ⅰ例某线智能汇控柜使用的是思源弘瑞生产的UDM-501F型智能终端，于2017年投产。

现场保护人员通过查阅图纸在Ⅰ例某线智能汇控柜用万用表测量合闸回路电位发现联锁继电器的接点LSJ-21是正电，LSJ-22是负电，说明正是因为联锁继电器的常闭接点LSJ-21和LSJ-22断开才报出的Ⅰ例某线A套智能终端控制回路断线。

现场通过检查发现CK14凸轮的行程接点是因为没有被固定螺丝压紧，所以导致CK14行程接点闭合。现场重点检查为什么CK14凸轮的行程接点没有被固定螺丝压紧。通过进一步检查沟通了解到，此设计是基于思源弘瑞一次设备厂家的设计理念，造成采用该设计方案的CK14凸轮的行程接点往往会因为没有被固定螺丝压紧而导致行程接点闭合，进一步导致合闸回路被切断，频报Ⅰ例某

线 A 套智能终端控制回路断线。

下一步措施：

排查例子变及其他变电站采用此种设计机构的间隔断路器，在合闸状态下，如果 CK14 凸轮行程接点可能已经出现问题，导致开关一旦跳开将不能重合闸，需和一次设备厂家共同商讨加以补救的方案和措施。通过和一次机构设备思源弘瑞厂家沟通初步建议将 CK14 行程接点 COM、NC 接点短接，确保今后不会因 CK14 行程接点位移故障导致控制回路断线情况的发生。

对于采用首台首套设备或是新入网厂家产品设备，要严格按照国家电网公司的相关规定进行逻辑验收和功能性测试，并按照实际运行环境、操作过程与投产后状态一致的条件进行全面检验。简化非必要的闭锁回路设计，保证操作回路的可靠运行，达到故障时正确动作的目标。

三、 缺陷原因分析

某 500kV 甲变电站Ⅰ例某线 A 套智能终端控制回路断线缺陷现场处理情况，结合和思源弘瑞一次设备厂家沟通，进一步发现加装 CK14 凸轮行程接点的作用是：在现场运维人员手动操作隔离刀闸的情况下再合断路器，会造成电弧闪络，伤及人身和设备，基于此设计理念才加装的 CK14 凸轮行程接点。并且厂家设想只有现场操作需要手动操作时，现场运维人员才会使用摇棒插入，CK14 凸轮行程接点随着摇棒的旋转，行程被释放，行程接点闭合，闭锁断路器合闸。但是基于此种设计往往会因为现场开关的振动以及现场环境风力大造成的振动等不利因素，造成 CK14 凸轮的行程接点出现偏差，会导致部分 220kV 间隔控制回路频繁断线，进而导致开关不能分合闸。Ⅰ例某线是因为开关在分位才会报出 A 套智能终端控制回路断线，引起现场人员和保护人员的重视，进而进行消缺处理。而对于现在采用此种设计理念正在运行的 220kV 间隔，因为断路器都在合位，即便 CK14 凸轮行程接点有问题也不会报出控制回路断线，因为跳闸回路没有引入该相关接点。如果此时线路发生瞬时性故障，断路器单相跳开，但是因为此时 CK14 凸轮行程接点有问题导致控制回路断线，进而引起开关不能正常重合，三相不一致保护经过延时跳开三相，本来是单相瞬时性故障，重合单相即可恢复正常供电。但是因为采用该种设计理念却有可能使得开关三跳，不能保证电网的安全可靠运行，如图 2-44 所示。

四、 整改措施

（1）智能终端控制回路断线是一种常见的电路问题，出现的原因包括接线端子松动、电缆损坏、控制开关损坏等。它会导致电流无法正常流通，从而影响电路的正常工作。为了解决这个问题，需要采取一些措施来避免回路断线，

图 2-44　缺陷图

并在出现断线时能够及时处理。

(2) 对于避免回路断线，需要对电路进行合理的设计和布线。具体来说，应该根据电流大小、电压等参数来选择合适的导线材料和规格，以确保电流能够正常流动。同时，还要注意回路的连接方式，采用可靠的连接方式，如焊接或螺栓连接，避免使用容易松动的连接器件。在电路的安装和使用过程中，要注意保护电路，避免外界因素对电路造成损害。例如，要避免电路受到机械振动、温度变化、湿度过高等因素的影响。此外，还要注意避免电路受到电磁干扰，如与高频设备或强磁场设备的干扰。

(3) 当出现回路断线的情况时，需要及时进行处理。首先，应检查回路的连接是否松动或断开，如有松动或断开的情况，应及时重新连接。如果回路的连接正常，但仍然存在断线现象，就需要检查导线是否损坏。可以使用万用表或电阻计等工具进行检测，找出断线的位置，并及时更换或修复导线。在处理回路断线问题时，还需要注意安全问题。在处理电路时，应先切断电源，避免触电危险。对于高压电路或危险电路，应由专业人员进行处理，确保安全。

(4) 除了以上措施外，运维人员还可以采取一些预防措施来减少回路断线的发生。例如，定期检查电路的连接情况，如发现松动或断开的情况，及时进行修复；定期清洁电路设备，如清除灰尘、污垢等杂物，以保持电路的正常工作；定期检查电路的工作状态，如测量电压、电流等参数，发现异常情况及时处理。

总的来说，为了避免智能终端控制回路断线问题，运维人员需要采取一系列措施来保护电路的正常工作。这些措施包括合理的设计和布线、保护电路免受外界因素干扰、及时处理回路断线问题以及采取预防措施来减少回路断线的发生。通过这些措施的实施，可以确保智能终端控制回路的稳定性和可靠性。

案例 14：TV 二次电压异常并列

一、缺陷前运行状态

220kV 甲变电站 110kV 母线为双母线接线形式，某日开展 110kV 东母停电工作，110kV 东母停运后，检查后台机发现 110kV 东母三相仍有电压。

二、缺陷发生过程及处理步骤

经现场检查，110kV 东母 TV 端子箱处电压总空气开关跳闸，110kV 东母 TV 二次回路均带电。进一步检查发现 110kV 甲线用于电压切换的东母刀闸常闭接点因转换不到位未正常闭合，导致 TV 二次电压异常并列，但未报出“切换继电器同时动作”信号。

临时将该间隔电压切换磁保持继电器强制复归后，110kV 东母三相电压消失，如图 2-45 所示。

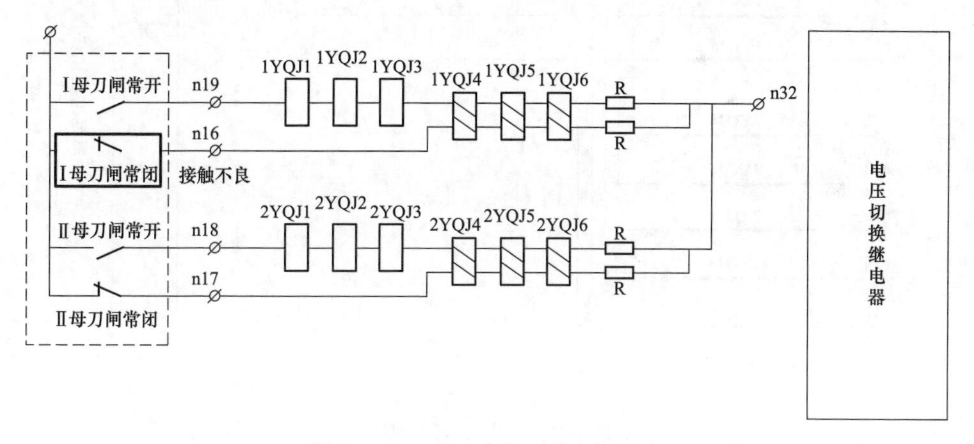

图 2-45　110kV 东母三相电压消失

三、缺陷原因分析

（1）出现两组母线电压二次异常并列的原因。

电压切换原理图如图 2-46 所示。110kV 甲线电压切换回路刀闸辅助接点采用双位置输入方式，保护电压切换采用磁保持继电器 1YQJ4、1YQJ5、1YQJ6、2YQJ4、2YQJ5、2YQJ6。

与非保持继电器相比，磁保持继电器采用两个绕组、双位置输入。动作绕组得电后，继电器触点动作，即使其失电，触点也不返回；复归绕组得电后，继电器触点返回，即使其失电，触点也不会再动作。

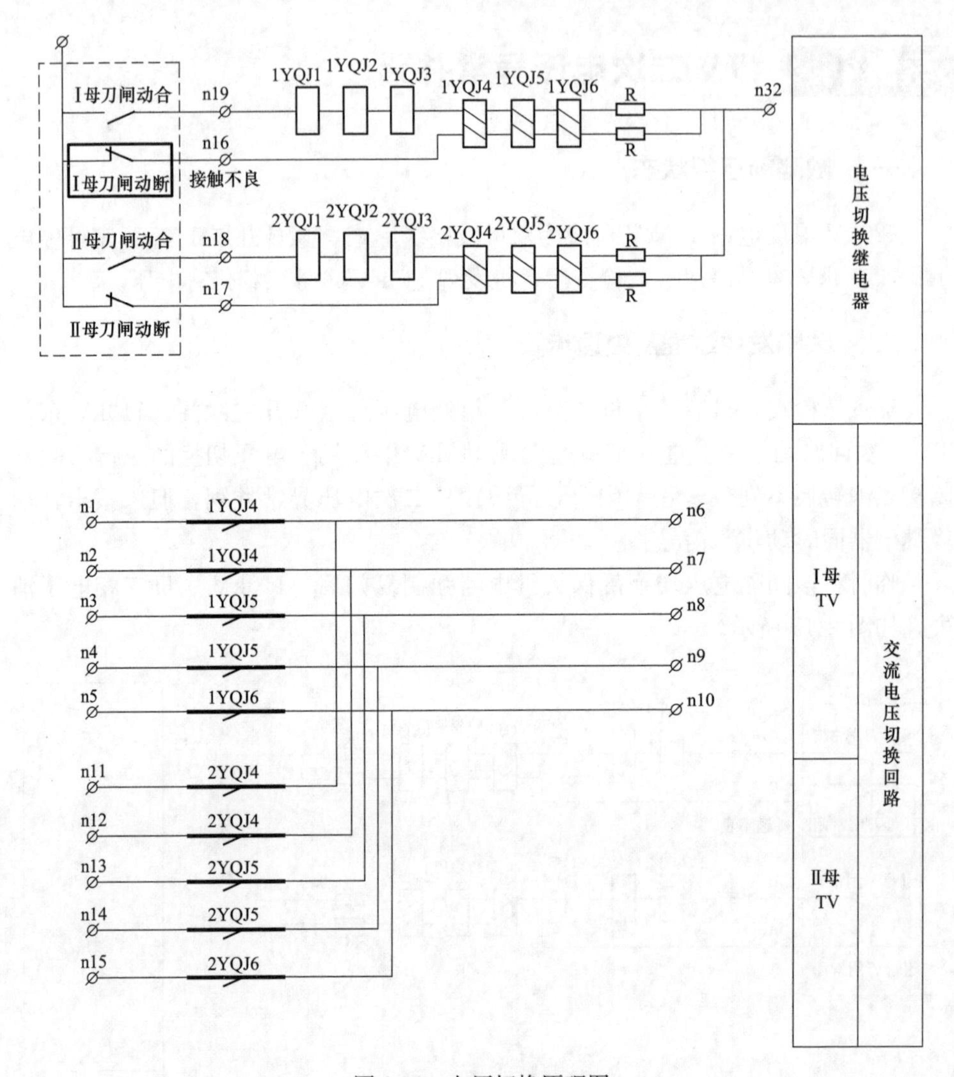

图 2-46　电压切换原理图

根据《国家电网有限公司十八项电网重大反事故措施（2018 修订版）》等规程规范要求：当保护采用双重化配置时，其电压切换箱（回路）隔离断路器辅助触点应采用单位置输入方式。单套配置保护的电压切换箱（回路）隔离断路器辅助触点应采用双位置输入方式。

本案例中 110kV 甲线保护单套配置，刀闸辅助接点采用双位置输入方式，优点为当接点接触不良时，单套配置的保护不失去电压；缺点在于倒闸操作过程中，如遇刀闸辅助接点异常或磁保持继电器本身故障引起接点粘死，则会导致两组母线电压二次异常并列。

本案例中，即是由于Ⅰ母 TV 刀闸辅助接点异常，磁保持继电器 1YQJ、

2YQJ 同时励磁，造成了两组母线电压二次异常并列。

（2）在倒闸操作过程中未报出“同时动作”信号的原因。

当 TV 二次电压存在异常并列的情况时，后台应报出“切换继电器同时动作”信号，但是此次操作过程中并未报出此信号。

“同时动作”信号原理如图 2-47 所示，接点 1YQJ1、2YQJ1 同时闭合时，后台报出此信号。由于 1YQJ1、2YQJ1 为非保持继电器，当Ⅰ母刀闸常开接点正确断开、Ⅰ母刀闸常闭接点未能正确闭合时，非保持继电器失电，接点断开。因此，TV 二次电压异常并列，但后台不会报出“同时动作”信号。

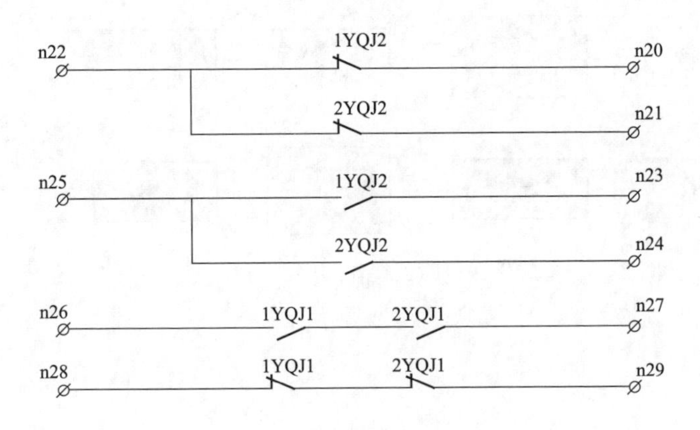

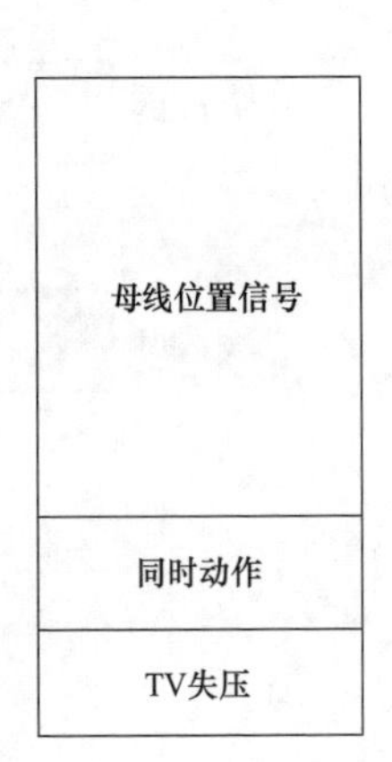

图 2-47 “同时动作”信号原理图

针对此问题，规范 Q/GDW 10766—2015《10kV～110(66)kV 线路保护及辅助装置标准化设计规范》中规定：切换继电器同时动作和 PT 失压时发信号，“切换继电器同时动作”信号采用保持型继电器接点。

“切换继电器同时动作”信号采用保持型继电器接点，可以真实反映当前电压切换回路的实际工作状态。由于切换采用保持型继电器接点，若信号采用非保持型继电器接点，当出现本案例中的情况时，切换接点未返回而信号接点返回，将造成两段母线 TV 电压误并列而无法发出信号。

（3）110kV 东母 TV 端子箱处电压总空气开关跳闸的原因。

通过上述分析可知，110kV 甲线在倒闸操作过程中发生 TV 二次电压异常并列情况，此时断开母联断路器，两段母线一次电压不一致，西母 TV 二次电压将通过并列点向停电的东母 TV 反送电。

由于电压互感器变比较大，即使停电的一次母线未接地，其阻抗（包括母线电容及绝缘电阻）较大，但从电压互感器二次侧看到的阻抗要除以变比的平方，阻值很小近乎短路。切换回路中将形成很大环流，可能会造成 TV 二次空气开关跳闸、电压切换装置烧坏、保护误动或拒动等异常情况。

四、 整改措施

（1）应确保电压切换回路满足相关规程要求。当保护单套配置时，电压切换箱（回路）隔离开关辅助触点应采用双位置输入方式；切换继电器同时动作和 TV 失压时发信号，“切换继电器同时动作”信号采用保持型继电器接点。

（2）在断开母联断路器前，应检查所有间隔的“切换继电器同时动作”信号已复归，同时应检查需停运母线 TV 二次空气开关已断开，切断 TV 二次反送电回路。母线停送电时的操作顺序如图 2-48 所示。

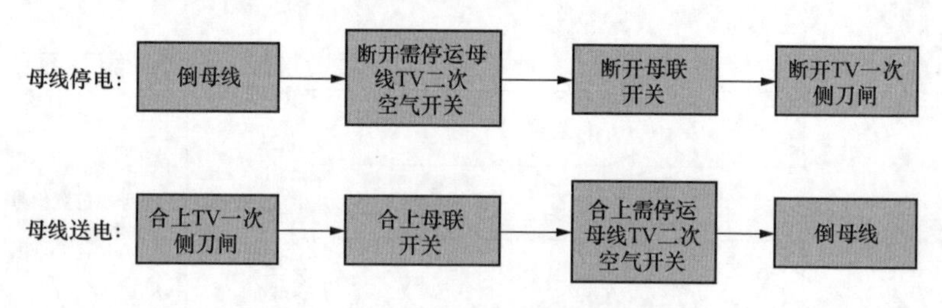

图 2-48　母线停送电时的操作顺序

案例15：2号主变压器B相异常处置

一、缺陷前运行状态

某日，因2号主变压器在线油色谱数据异常，申请将主变压器停运，进行检查，随即开展2号主变压器局部放电试验，结果严重超标（最大值约20 000pC），同时乙炔明显增长，判断主变压器存在内部放电缺陷。之前检修周期停电内检未发现放电痕迹。

设备基本情况：2号主变压器为西安电力变压器有限责任公司产品，2007年6月生产，2007年7月投运，型号ODFPSZ-250000/500，额定电压525/(230/±8×1.25%）/36kV，冷却方式为ODAF。

二、缺陷发生过程及处理步骤

2017年7月《国家电网公司变电检修管理规定（试行)》下发后，检修人员严格按照文件要求（每季度1次)，于2017年7月20日、9月30日、10月25日、2018年1月9日、5月8日开展专业化巡视，未发现异常。2018年7月之后，每月开展1次专业化巡视，最近一次开展于10月30日，未发现异常。

1. 检修记录检查情况

2017年1月以来，查阅检修记录4条，发现2017年10月10日前，可能导致乙炔突增的检修记录一条，为10月2～17日开展的“主变压器旧检修平台拆除，新检修平台安装”工作，需重点开展分析。

2. 试验记录检查情况

(1) 例行试验情况。依据Q/GDW 1168—2013《输变电设备状态检修试验规程》要求开展500kV变电设备例行试验，基准周期为3年，依据设备状态情况调整后，周期应不大于6年。2号主变压器最近一次例行试验于2014年9月10日开展，试验数据未见异常。

(2) 带电检测情况。2017年1月以来，2号主变压器各项带电检测均严格按周期开展，检测结果未见异常。

(3) 油中溶解气体情况。依据Q/GDW 1168—2013《输变电设备状态检修试验规程》要求，开展油浸式变压器油中溶解气体分析，周期为3月1次。

2号主变压器A、B、C三相自2007年投运以来，试验室油色谱数据始终未见异常，乙炔含量始终为0μL/L，异常前最后一次实验室油色谱分析开展于2017年9月5日。

2017年10月10日，2号主变压器B相在线监测装置于首次发现乙炔，为含量为6.15μL/L，2017年12月8日开展实验室油色谱分析，乙炔含量为4.37μL/L，在线及实验室数据均超过注意值（《国家电网公司变电检测管理规定（试行）》规定注意值为1μL/L），如图2-49所示。

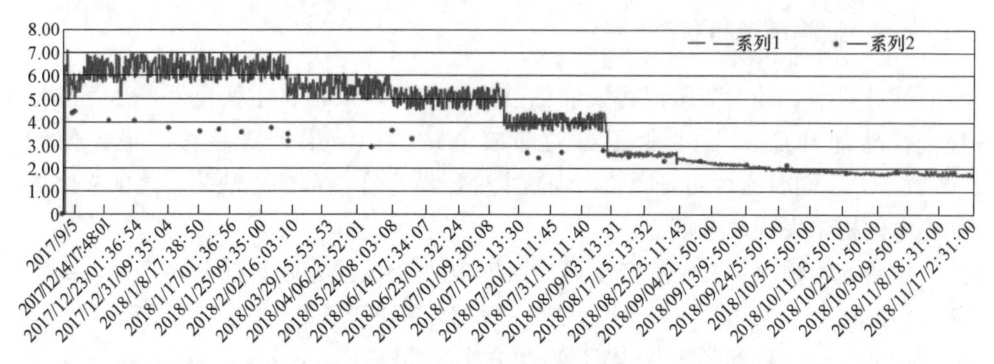

图2-49　主变压器B相实验室和在线监测装置乙炔数据统计图

自2017年10月乙炔突增后，该主变压器已持续运行13个月。在线监测装置和实验室数据趋势一致，均显示乙炔未增长，其中实验室乙炔缓慢下降至2μL/L左右。其他各种气体含量及总烃相均小于注意值，且无增长趋势，二氧化碳和一氧化碳比值正常。按三比值法分析显示油中出现过放电。

三、缺陷原因分析

某日，2号主变压器按计划停电开展试验。某日完成A、B、C相直流电阻、绝缘电阻、介质损耗因数和电容量等例行试验项目，均未见异常。某日至某日开展2号主变压器B相局放试验，发现局放量严重超标（最大值约20 000pC）。且局放前、后绝缘油色谱试验结果显示，乙炔有明显增长，其他烃类气体也有一定增长，可以判断乙炔增长由局放试验导致。局部放电前后色谱数据见表2-1。

表2-1　局部放电前后色谱数据

采样时间	氢气	甲烷	乙烷	乙烯	乙炔	总烃	一氧化碳	二氧化碳	备注
2018-11-28 14:30	32.78	22.8	5.65	6.24	2.83	37.52	522.12	2456.58	中部取样
2018-11-28 14:30	32.07	22.79	5.67	6.4	2.84	37.7	513.93	2488.33	下部取样
2018-11-29 07:35 试验后	65.09	24.84	5.18	11.12	19.52	60.66	505.19	1879.41	上部取样
2018-11-29 07:35 试验后	60.27	22.55	4.67	10.74	19.64	57.6	468.51	1691.5	中部取样
2018-11-29 07:35 试验后	43.91	20.62	4.4	8.46	14.12	47.6	438.76	1741.86	下部取样

某日，厂家技术人员于16:15～17:40进入本体，对可视范围内所有重点部位进行检查，未发现放电点或金属碎屑等可能导致乙炔突增的异常情况，需开

展返厂检修。

主变压器本体于某日运抵常州西电变压器有限责任公司，经吊罩、器身干燥脱油、吊出高压绕组检查（如图 2-50 所示），发现紧贴高压绕组内径侧第一道纸板之间发现明显放电痕迹，继续检查，在高压绕组内径侧表面发现有对应位置，中压绕组松动，器身内部绝缘件受污染。

图 2-50 吊罩、器身干燥脱油、吊出高压绕组检查

判断故障原因为高压绕组内径侧第一道纸板由两张纸板叠装，叠装搭接处存在台阶，形成小油隙，杂质从纸板下端进入油隙，在高压场强作用下形成局部放电，如图 2-51、图 2-52 所示。

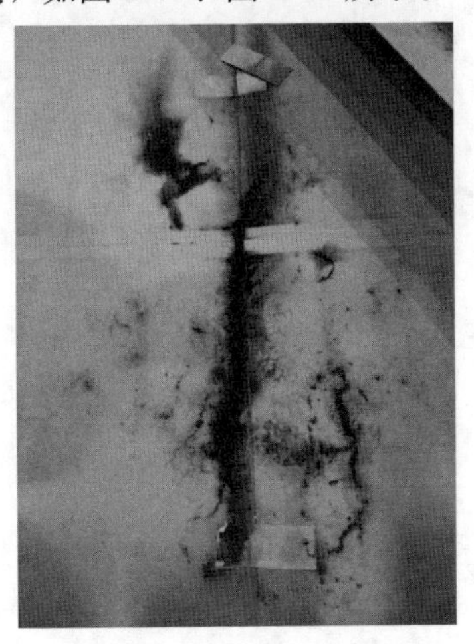

图 2-51 纸板放电位置

图 2-52 高压绕组内径侧对应位置

紧贴高压绕组内径侧第一道纸板（总厚度 4mm，由两张 2mm 纸板叠装），2mm 纸板过渡处有 80mm 搭接，在纸板之间存在台阶油隙，油隙之间有杂质后，在电场作用下形成局部放电，放电产生后，纸板之间在高压场强作用下形成放电通道，纸板自身绝缘强度虽然下降，但未完全击穿。局放试验过程中随

着电压升高，原故障缺陷区域电场场强增加，在接近高压绕组中部高场强位置区域的局部放电对纸板击穿。

四、 整改措施

（1）本次故障原因为紧贴高压绕组内径侧第一道纸板，2mm 纸板过渡处存在台阶油隙，杂质进入后，在电场作用下形成局部放电；中压绕组表面松动为工艺性原因所致；根据场强核算及理论分析 2mm 纸板搭接处的台阶油隙满足变压器主绝缘的电气强度要求；通过对同时期、同类型产品运行情况统计，本次故障为偶发性故障，A、C 相发生同类故障的可能性较低。

（2）对故障变压器重新设计器身绝缘结构，将原来 2mm 纸板叠装结构更改为单层纸筒，同时重新设计高压、中压、低压绕组。

（3）加强中压绕组工艺控制绕制中进行导线收紧，同时垫块材料采用密化后材料。

（4）对 A、C 相变压器，建议加强色谱跟踪，若色谱异常，及时与厂家进行联系，共同分析讨论。

案例16：500kV母线电压互感器二次电压下降

一、缺陷前运行状态

500kV甲变电站全接线方式正常运行。500kV母线电压互感器，一般是A相单独使用，主要功能为显示母线电压，无保护功能，不接入故障录波。

二、缺陷发生过程及处理步骤

某日11:15，运维人员检查发现监控后台显示500kV Ⅰ母电压为2.16kV。查看500kV Ⅰ母电压互感器端子箱内电压互感器二次空气开关在合位，用万用表测量该空气开关上端下端无电，空气开关本身接通良好，立即对500kV Ⅰ母电压互感器开展红外测温，显示电磁单元温度最高54℃，其他运行线路电压互感器同样位置28℃，判断该电压互感器本体可能出现异常，如图2-53所示。

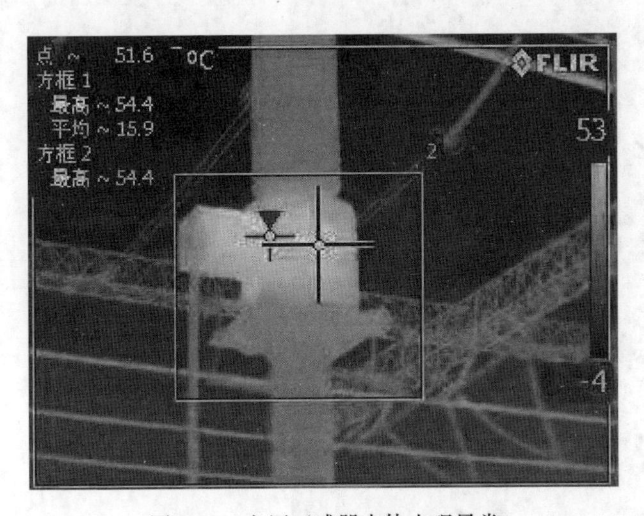

图2-53 电压互感器本体出现异常

根据《变电一次设备标准缺陷库》及DL/T 664—2016《带电设备红外诊断应用规范》规定，整体温升偏高，且中上部温度高，三相之间温差超过2～3K，判断为危急缺陷。随即汇报调度申请紧急停运。

三、缺陷原因分析

打开电磁单元油箱发现绝缘油已经严重变质，并有大量气泡，伴有刺鼻性气味，如图2-54所示。

放油后发现中间变压器二次绕组引线端部明显焦黑，中间变压器一次绕组

图 2-54　电压互感器电磁单元开盖后整体

外表面明显发热溢胶，如图 2-55 所示。

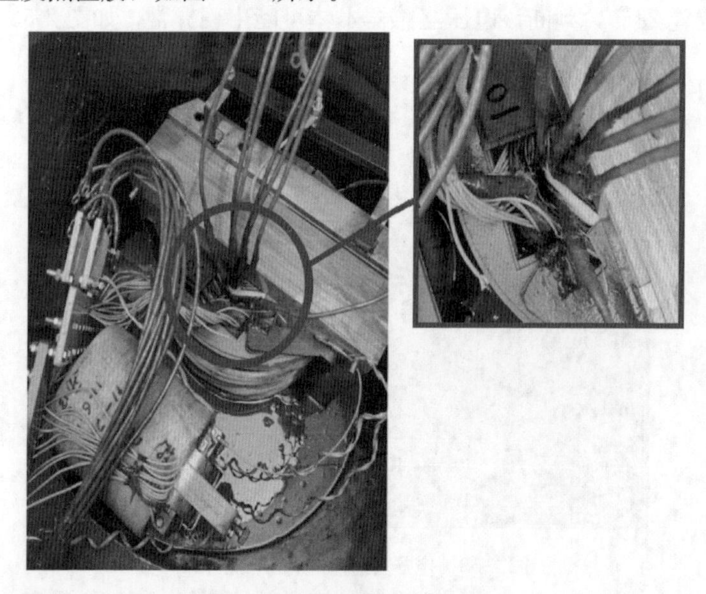

图 2-55　中间变压器二次绕组引线端部明显焦黑，中间变压器一次绕组外表面明显发热溢胶

电磁单元中间变压器二次绕组位于靠近铁芯柱内侧绕制，绕组为裸铜线材质，主绝缘为纸绝缘。继续将绕组逐层拆解后发现二次第一绕组（1a-1n）烧损严重，纸绝缘全部碳化发黑，二次第二绕组（2a-2n）烧损量略少，绕组中部绝缘碳化，但端部仍有部分绝缘，二次第三绕组（3a-3n）和第四绕组（da-dn）大部分绝缘未损坏，如图 2-56 所示。

清理表面碳化绝缘纸后发现以第一绕组 1a 端和 1n 端引出线位置向内

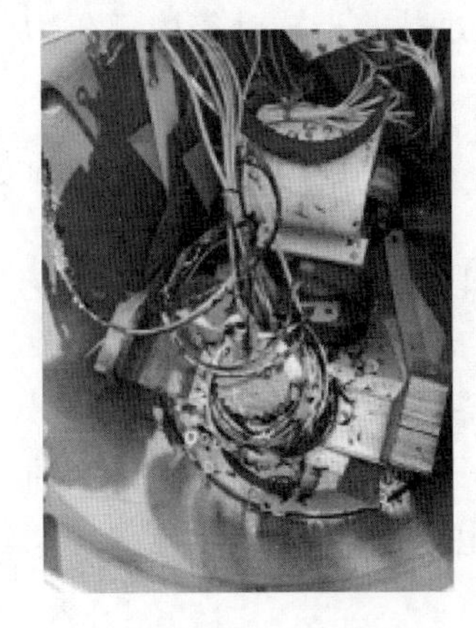

图 2-56 二次第一（1a-1n）、第二（2a-2n）、第三（3a-3n）绕组拆解情况

200mm 左右位置为界线，以外的铜线表面、表面缠绕的黄膜绸无受热痕迹，以内的纸包铜线缠绕的绝缘纸全部受热严重碳化破碎，清除碳化绝缘纸检查发现引出线的界线位置附近分别发现一处短路点，铜线表面有粗糙感，表面熔融，如图 2-57 所示。

图 2-57 铜线表面有粗糙感，表面熔融

电磁单元中间变压器一次绕组位于二次绕组外侧同柱绕制，绕组材质为漆包线，层间绝缘为绝缘纸和绝缘膜。拆解发现引出线之间漆包线间的漆包绝缘严重碳化脱落，层间绝缘受热碳化和破碎，端部绝缘受热断裂，部分一次绕组导线掉落至底部绝缘纸上，形成碳化痕迹。

根据电磁单元解体情况判断，中间变压器二次第一绕组 1a 端和 1n 端两个端部出线弯头下方的短路故障点，为该接地点为缺陷产生的直接原因。

中间变压器二次第一绕组的故障点，形成非常大的二次负荷，导致整个二次电压急剧下降，同时二次短路产生大量热量，造成绝缘纸碳化、变压器油裂解。现场解体认为 Ⅰ 母电压互感器二次绕组出现的短路情况发生及发展非常迅速且严重，如不能及时向调度申请停电，电磁单元的过热将造成油箱内部压力过大，进一步引起喷油甚至起火爆炸。

四、整改措施

根据解体分析检测及厂家溯源，因设备在出厂阶段制造工艺问题，中间变压器二次绕组存在纸绝缘破损，在绝缘油微水超标及运行中设备振动的共同作用下，二次绕组裸铜线产生接触，造成二次短路的设备缺陷。

其中设备出厂阶段工艺不良为缺陷产生的主要原因，设备电磁单元绝缘油微水超标，以及设备在运行中振动的叠加，为缺陷产生的次要原因。

1. 进一步梳理相关类似设备

本次电压互感器为电磁单元内部二次绕组短路缺陷，为省内首次发生，同时未搜集到其他省公司同类型设备缺陷及故障情况，判断此类型缺陷较为罕见。

梳理在运同批次电容式电压互感器，通过安排专项巡视、红外测温、排查上次例行试验，均未发现异常。

2. 具体防范措施

(1) 加强对生产阶段的电容式电压互感器电磁单元的工艺要求，应特别注意在绕制外层的绝缘包扎层时及时纠正叠线，防止发生铜线与铜线间的剪切而挤破铜线间的纸绝缘的情况。

(2) 出厂试验中增加电容式电压互感器电磁单元内绝缘油的微水检测试验项目，确保电磁单元内各元器件之间的绝缘性能。

(3) 加强500kV电容式电压互感器的日常巡视及带电检测，严格按照《国家电网公司变电运维管理规定》要求开展巡视，例行巡视2天1次，全面巡视1月2次，熄灯巡视1月1次，特殊巡视根据上级要求增加；红外普测为1月2次，精确测温为1月1次，对温度异常的设备及时上报，根据DL/T 664—2016《带电设备红外诊断应用规范》规定，整体温升偏高，且中上部温度高，或三相之间温差超过2～3℃，判断为危急缺陷，应立即按流程汇报申请停运处理。

(4) 加强500kV运行电压互感器电压数值监测，运行中发现运行中的二次电压异常波动，应立即上报，同时安排红外测温及二次回路检查，发现异常立即申请停运。

(5) 进一步加强停电试验过程中电压互感器介损及电容量测量结果的分析的重视，当电压互感器电磁单元在测量中发现介损严重超标后，应考虑其电磁单元的绝缘性能是否被破坏。

案例17：500kV甲变电站500kV线路电压互感器本体故障

一、缺陷前运行状态

1. 运行方式

500kV系统：500kV断路器、线路、母线均处于正常运行方式，例2号主变压器高压侧运行于第二串，例某Ⅰ线运行于第三串。

220kV系统：220kV断路器、线路、母线均处于正常运行方式，例222断路器运行于例220kV东母南段。

35kV系统：35kV断路器、母线、电容器、电抗器均处于正常运行方式，例352断路器、例1号站用变压器运行于例35kV Ⅱ母。

2. 保护配置

500kV母线各两套保护，第一套采用南瑞PCS-915C，第二套采用国电南自SGB-750C。500kV线路保护各两套，第一套采用南瑞PCS-931A，第二套采用国电南自PSL-603U。220kV第一套母差保护采用南瑞PCS-915A，220kV第二套母差保护采用南自SGB-750A。220kV线路保护各两套，Ⅰ例某线第一套采用南瑞NSR-303A，第二套采用许继WXH-803A。主变压器第一套保护采用南瑞PCS-978T5，主变压器第二套保护采用国电南自PST-1200UT5。

二、缺陷发生过程及处理步骤

某日，某500kV变电站500kV例某Ⅰ线报TV断线告警，对侧无异常信号。现场检查二次回路无异常，红外测温发现A相电压互感器电磁单元较B、C相温度高约20℃，判断为电压互感器本体故障。停电后试验发现例某Ⅰ线A相电压互感器变比异常，无法继续运行，随对其进行更换。6天后，检修公司、电力电容器厂（设备生产商，简称厂家）、电科院共同在实训基地对该变电站500kV例某Ⅰ线线电压互感器A相进行解体分析，发现电磁单元一次绕组烧蚀、变形严重。500kV例某Ⅰ线电压互感器为某电力电容器总厂2005年7月制造，型号为TYD 3500/3-0.005H，额定一次电压为500/3kV，额定电容0.005μF，2006年6月26日投运。

某日20:25，某500kV变电站500kV例某Ⅰ线相关保护TV断线告警。21:30，保护人员现场检查，发现三相电压大小基本相等，但相位发生偏移，产生零序电压，22:14，保护人员在检查过程中发现例某Ⅰ线A相电压突然异常下降，A相二次电压仅为16V，运维人员立即对例某Ⅰ线电压互感器进行红外测温，测温结果显示A相电压互感器电磁单元33.3℃，B相电磁单元9.9℃，C相电磁单元10.1℃，根据DL/T 664—2016《带电设备红外诊断应用规范》规定，整体温升偏高，且中上部温度高，或三相之间温差超过2～3℃，判断为危急缺陷，应立即按流程汇报申请停运处理。随即汇报调度申请设备停运。停运后，检修人员对例某Ⅰ线电压互感器开展检查试验。外观检查无破损、无漏油痕迹等异常现象，试验发现A相电容量、介损正常，但变比数据异常，下节变比初值差最高达674%，经反复测试与影响因素排除，确认A相电压互感器存在变比超标问题。

缺陷处理后，站内运维人员加强电压互感器、电流互感器二次接线盒的维护性检修，在停电工作期间对接线盒内进行清扫、维护，电缆穿管封堵，对存在接线端子锈蚀的及时进行更换，对二次电缆存在局部破损的更换备用芯或对电缆整根进行更换。

三、缺陷原因分析

电压互感器二次接线盒中第四绕组da端二次接线在长期运行后出现绝缘老化现象，当地整个度冬期间干旱少雨，当出现较大雨雪天气，接线盒中湿度增大，电压互感器第四绕组da端弯折部位绝缘水平下降，导致二次接线对接线盒外壳放电接地。电压互感器二次绕组正常状态下，dn通过保护N600在保护小室接地，当第四绕组da端通过接线盒外壳接地，dadn绕组中将流过较大短路电流，并在一次绕组中感应较大电流，造成电磁单元中间变压器严重过热，由于一次绕组设计时线径较细，所能承受的电流密度低，且其缠绕形式为密绕，油隙小，散热条件较差，一次绕组发热更为严重，高温导致中间变压器一次绕组漆包铜线绝缘漆及层间聚丙烯膜融化，形成黄色固体沉积于油箱底部，一次绕组漆包铜线绝缘漆及层间聚丙烯膜融化导致中间变压器一次绕组出现严重的匝间短路，当停电后进行变比试验时，由于中间变压器一次绕组存在严重的匝间短路，铁芯励磁局部饱和，绕组漏磁增大，二次感应电压迅速下降，造成变比增大，与故障现象及试验数据一致。

四、整改措施

(1) 电压互感器本体故障有多种原因，包括系统过压、长期过载运行、绝缘老化、制造工艺不良等电力故障缺陷是指电力系统在运行过程中出现的各种故障和异常情况，可能导致设备损坏、停电、人身伤亡等严重后果。处理电力故障缺陷的关键点在于及时发现、准确诊断、采取有效的处理措施，同时加强日常监督和检查，预防类似故障的再次发生。

(2) 对于电压互感器本体故障的处理，我们可以在例试定检中，针对多专

业班组工作都需要打开电压互感器和电流互感器二次接线盒的工作特点，要求规范二次电缆绝缘测试流程，在二次接线盒封闭后从 TV 端子箱进行绝缘电阻测量，同时杜绝二次绝缘测试以后再次打开二次接线盒的行为。

（3）加强 500kV 电压互感器电压数值监测，运维人员在运行中发现运行中的二次电压异常波动，应立即上报，检修人员第一时间针对性开展二次回路检查，判断是否存在电压互感器二次短路。

（4）加强电压互感器的红外测温工作，对温度异常的设备及时上报，对于危急缺陷，应立即按流程汇报申请停运处理。

（5）在实际工作中，我们运维人员可以将处理电力故障缺陷的方法应用于日常的监督和检查中。通过对各类数据进行分析，可以及时发现电力系统中的异常情况，并采取相应的措施进行纠正。例如，我们可以通过对设备参数进行实时监测，及时发现设备的异常运行状态；同时还可以定期对设备进行巡视和检查，发现潜在的问题并及时处理。

案例 18： 500kV 甲变电站主变压器压力释放动作

一、 缺陷前运行状态

1. 运行方式

500kV 系统：500kV 断路器、线路、母线均处于正常运行方式，例 3 号主变压器高压侧运行于第三串。

220kV 系统：220kV 断路器、线路、母线均处于正常运行方式，例 223 断路器运行于例 220kV 东母南段。

35kV 系统：35kV 断路器、母线、电容器、电抗器均处于正常运行方式，例 353 断路器、例 1 号站用变压器运行于例 35kVⅢ母。

2. 保护配置

500kV 母线各两套保护，第一套采用南瑞 PCS-915C，第二套采用国电南自 SGB-750C。500kV 线路保护各两套，第一套采用南瑞 PCS-931A，第二套采用国电南自 PSL-603U。220kV 第一套母差保护采用南瑞 PCS-915A，220kV 第二套母差保护采用南自 SGB-750A。220kV 线路保护各两套，Ⅰ例某线第一套采用南瑞 NSR-303A，第二套采用许继 WXH-803A。主变压器第一套保护采用南瑞 PCS-978T5，主变压器第二套保护采用国电南自 PST-1200UT5。

二、缺陷发生过程及处理步骤

某日 18:12，天气晴，500kV 甲变电站后台报机报："例 3 号主变压器本体压力释放动作""例 3 号主变压器非电量保护动作"；例 3 号主变压器本体光字牌："非电量保护动作""本体压力释放"亮。例 3 号主变压器保护 C 屏报："A 相本体压力释放"，"A 相本体压力释放"灯亮；例 3 号主变压器 A 相南侧和北侧两个压力释放阀下方有明显放油痕迹。后台报文："例 3 号主变压器本体压力释放动作""例 3 号主变压器非电量保护动作"；例 3 号主变压器本体光字牌："非电量保护动作""本体压力释放"亮。例 3 号主变压器保护小室例 3 号主变压器保护 C 屏保护装置报："例 3 号主变压器非电量保护动作"，"A 相本体压力释放"，"A 相本体压力释放"灯亮；500kV 变电站后台机报："例 3 号主变压器本体压力释放动作""例 3 号主变压器非电量保护动作"；例 3 号主变压器本体光字牌："非电量保护动作""本体压力释放"灯亮。

18:15，现场值班员将以上情况汇报至省调、省调监控、生产调度室和驻马店分部后，值班人员立即去现场检查。检查发现例 3 号主变压器 A 相南侧和北侧两个压力释放阀下方有明显放油痕迹，例 3 号主变压器 A 相呼吸器呼吸（油

杯内冒气泡）频率与其他两相相比较慢，其余没有发现异常。

18:35，值班员将现场检查情况汇报至省调、省调监控、生产调度室和分部，等待检修人员来现场检查、处理。19:50，检修人员来到现场，办理完必要手续后，开始对例 3 号主变压器 A 相压力释放动作原因进行检查。现场查看后，认为需拆开呼吸器检查。运维值班人员向省调申请经批准后，将例 3 号主变压器本体重瓦斯保护由跳闸改投信号，然后检修人员开始检查。第二天 03:47，检修人员将滤网拆下清理干净并安装好，将压力释放阀动作信号复归后，例 3 号主变压器 A 相恢复正常，可以正常运行，例 3 号主变压器本体重瓦斯由信号改投跳闸后，例 3 号主变压器全面恢复正常运行状态。

运维人员在检查呼吸器运行状态时，不能只看是否有气泡等现象，要注意三相对比，检查呼吸间隔时间，发现异常及时汇报。安装或更换硅胶时注意硅胶质量，保证颗粒完好，防止内部硅胶碎渣由于震动逐步下沉堵塞滤网。根据计划逐步将变压器呼吸器更换为质量良好的免维护呼吸器，避免呼吸器堵塞情况。

三、 缺陷原因分析

经检修人员现场检查后，发现例 3 号主变压器 A 相呼吸器由于硅胶碎裂物堵塞底部滤网（尚未完全堵塞），导致造成呼吸器呼吸不畅，呼吸频率降低，导致主变压器内部压力增大，进而变压器内部压力增大压力释放阀动作。如果此次压力释放未能及时发现并汇报处理将造成主变压器压力持续增大导致主变压器三相跳闸，造成电网五级事件，给节假日期间电网安全稳定安全造成重大影响。现场检查后运维人员将滤网拆下清理干净并安装好，并将压力释放阀动作信号复归后，例 3 号主变压器 A 相恢复正常，可以正常运行，并和检修人员一起对变压器其他相进行检查。两日后 03:47，例 3 号主变压器本体重瓦斯由信号改投跳闸后，例 3 号主变压器全面恢复正常运行状态。保护装置检查情况如图 2-58、图 2-59 所示。

四、 整改措施

（1）主变压器压力释放动作是一种保护措施，当变压器的内部压力超过正常范围时，压力释放装置会动作，释放多余的压力，以保护变压器不受损坏。然而，当压力释放装置误动作或出现故障时，可能会对变压器的正常运行造成影响。

（2）检查压力释放装置是否误动作。如果变压器内部并没有发生异常，但压力释放装置却动作了，这可能是由于压力释放装置本身的问题，如整定值偏小、弹簧老化等。这种情况下，需要检查和调整压力释放装置的整定值，或者

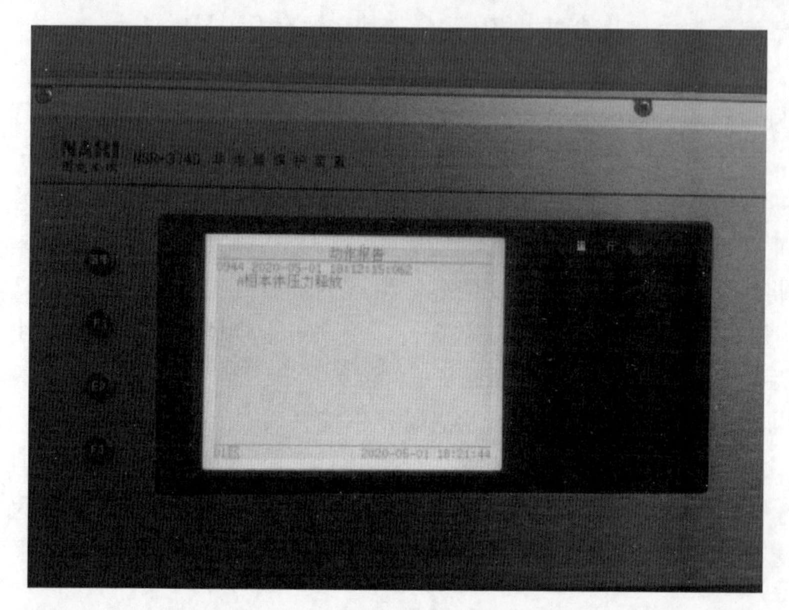

图 2-58　保护装置检查情况（一）

图 2-59　保护装置检查情况（二）

更换出现问题的弹簧等部件。

（3）检查变压器的内部情况。如果变压器的内部出现故障，如绕组短路、油质不良等，可能会导致变压器内部压力升高，引发压力释放装置动作。这种情况下，需要对变压器进行检修和测试，找出故障点并进行修复。同时，需要对变压器的油样进行化验和分析，确保油质合格。

（4）检查变压器的冷却装置和周围环境。如果变压器的冷却装置出现故障，

或者周围环境温度过高，可能会导致变压器内部温度升高，进而引发压力释放装置动作。这种情况下，需要检查冷却装置的运行情况，以及周围环境的温度情况，确保设备运行在正常范围内。

总的来说，主变压器压力释放动作是一种正常的保护措施，但也需要对压力释放装置本身和变压器的内部情况、冷却装置和周围环境等进行检查和维修，以确保变压器的正常运行。同时，在处理过程中需要注意安全问题，如切断电源、避免触电等。

案例19：500kV甲变电站主变压器储油柜油位低

一、缺陷前运行状态

1. 运行方式

500kV系统：500kV断路器、线路、母线均处于正常运行方式，例2号主变压器高压侧运行于第三串。

220kV系统：220kV断路器、线路、母线均处于正常运行方式，例222断路器运行于例220kV东母南段。

35kV系统：35kV断路器、母线、电容器、电抗器均处于正常运行方式，例352断路器、例1号站用变压器运行于例35kV Ⅱ母。

2. 保护配置

500kV母线各两套保护，第一套采用南瑞PCS-915C，第二套采用国电南自SGB-750C。500kV线路保护各两套，第一套采用南瑞PCS-931A，第二套采用国电南自PSL-603U。220kV第一套母差保护采用南瑞PCS-915A，220kV第二套母差保护采用南自SGB-750A。220kV线路保护各两套，Ⅰ例某线第一套采用南瑞NSR-303A，第二套采用许继WXH-803A。主变压器第一套保护采用南瑞PCS-978T5，主变压器第二套保护采用国电南自PST-1200UT5。

二、缺陷发生过程及处理步骤

某日10:25，500kV甲变电站运维人员进行巡视时发现例2号主变压器B相储油柜油位低，已在油位下限，经红外测温确认例2号主变压器储油柜内油位确存在油位低现象。现场检查为例2号主变压器B相充氮灭火装置蝶阀处渗漏油引起。例2号主变压器厂家为济南西门子变压器有限公司，充氮灭火装置厂家为保定博为世能电气有限公司。

为防止主变压器瓦斯保护及充氮灭火装置误动作，运维人员向调度申请将例2号主变压器重瓦斯保护由跳闸改投信号，并申请退出例2号主变压器充氮灭火装置。带电补油后，缺陷消除。对例2号主变压器气体继电器观察48h无异常后申请将例2号主变压器重瓦斯保护由信号改投跳闸，并投入例2号主变压器充氮灭火装置。

运维人员在例2号主变压器运行期间发现例2号主变压器B相储油柜油位偏低且接近油位下限重大隐患，履行公司设备主人制相关要求，及时发现设备隐患，准确反馈缺陷隐患信息，督促相关单位闭环整改，跟踪缺陷发展趋势，积极组织开展特巡、测温等工作，成功避免了例2号主变压器B相本体油位过

低而跳闸的情况，同时避免五级设备事件发生。

三、缺陷原因分析

500kV 例 2 号主变压器为济南西门子变压器有限公司生产的 ODFS-334000/500 型单相自耦变压器，总容量为 1000MVA。例 2 号主变压器配置的排油充氮灭火装置是保定博为世能电气有限公司的 BPZM-BDM 型排油注氮灭火装置。当变压器内部因故障分解大量气体，气体继电器动作，大量气体使变压器内部压力增大，达到压力释放阀所设定压力时，装置启动排油阀排油，经延时后注氮释放阀打开，降低变压器内局部故障点处温度，达到防爆防火目的。经现场检查为例 2 号主变压器 B 相充氮灭火装置蝶阀处渗漏油引起，如图 2-60、图 2-61 所示。

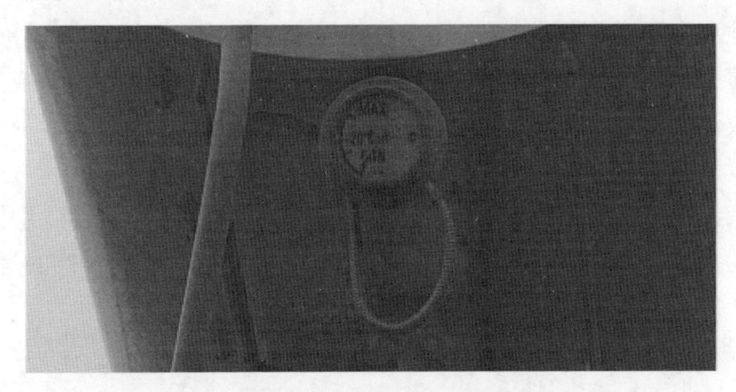

图 2-60 变压器储油柜油位检查情况（一）

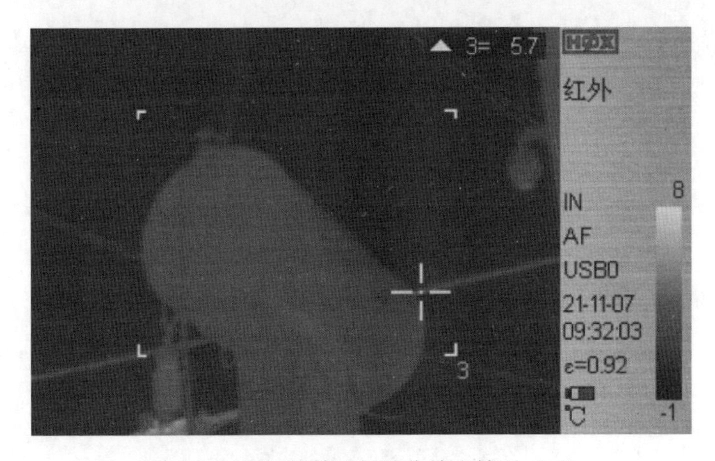

图 2-61 变压器储油柜油位检查情况（二）

四、整改措施

（1）造成主变压器储油柜油位低的原因有进行检修或试验工作时，从变压器内放油后没有补充油，以及变压器外壳长期渗漏油或大量跑油。这种情况可能会导致变压器内部油量不足，影响其正常运行。为了解决这个问题，相关技术维护人员需要进行现场观察和检修，并采取相应的措施。

（2）检查油位计的准确性和灵敏度。如果油位计出现故障或误差，可能会导致误判或无法及时发现油位低的情况。因此，需要对油位计进行检查和校准，确保其准确性和灵敏度。

（3）检查变压器的运行工况和油温。如果变压器长时间处于高负载或高温环境下运行，可能会导致油温升高。因此，需要对变压器进行实时监测，掌握其运行工况和油温情况，及时调整运行参数或采取降温措施。

（4）检查储油柜的密封性和容积。如果储油柜的密封性不好或容积不足，可能会导致油位下降或漏油等情况。因此，需要对储油柜进行检查和维修，确保其密封性和容积满足要求。

（5）检查变压器的整体运行情况。如果变压器出现其他故障或异常情况，可能会导致油位下降。因此，需要对变压器进行全面检查和测试，找出故障点并进行修复。

总的来说，主变压器储油柜油位低需要相关技术维护人员高度重视，及时采取相应的措施进行处理。同时，在日常运行中需要注意变压器的运行工况和油温情况，以及储油柜的密封性和容积等，确保其正常运行。

案例20: 500kV 甲变电站断路器频繁打压

一、缺陷前运行状态

1. 运行方式

500kV 系统：500kV 断路器、线路、母线均处于正常运行方式，例 2 号主变压器高压侧运行于第三串。

220kV 系统：220kV 断路器、线路、母线均处于正常运行方式，例 222 断路器运行于例 220kV 东母南段。

35kV 系统：35kV 断路器、母线、电容器、电抗器均处于正常运行方式，例 352 断路器、例 1 号站用变压器运行于例 35kV Ⅱ母。

2. 保护配置

500kV 母线各两套保护，第一套采用南瑞 PCS-915C，第二套采用国电南自 SGB-750C。500kV 线路保护各两套，第一套采用南瑞 PCS-931A，第二套采用国电南自 PSL-603U。220kV 第一套母差保护采用南瑞 PCS-915A，220kV 第二套母差保护采用南自 SGB-750A。220kV 线路保护各两套，Ⅰ例某线第一套采用南瑞 NSR-303A，第二套采用许继 WXH-803A。主变压器第一套保护采用南瑞 PCS-978T5，主变压器第二套保护采用国电南自 PST-1200UT5。

二、缺陷发生过程及处理步骤

某日 18:29，500kV 甲变电站 500kV 例 5031 断路器 B 相液压机构频繁打压，大约 3 至 4 分钟一次。检修人员到现场检查后发现现场压力值略低于额定值，压力值低于启动值，现场检查打压回路正常，电机运转正常，关闭电机电源后，压力无明显下降趋势，初步判断不存在断路器液压机构内漏等情况，建议现场关闭打压电机，加强压力监视，待压力稍下降后再送上电机再次尝试打压，并同时通知运维部及设备厂家到站。

经过压力下降后再次打压，确认开关打压回路正常，并经多日数据抄录打压情况正常，现场检查压力值正常，随后上报消缺。

缺陷发生后运维人员加强站内在运 500kV HGIS 断路器运维管理，严格按照巡视周期及项目要求进行巡视，并做好 T155-CB 液压机构维保。同时申报年大修项目，结合停电机会尽快安排该变电站同类型断路器机构大修，彻底消除隐患。

三、缺陷原因分析

500kV 例 5031 断路器采用苏州阿尔斯通高压电气开关有限公司（简称阿尔

斯通）生产的 T155-CB 型组合电器，2012 年 1 月 1 日出厂，2013 年 6 月 30 日投运。该断路器采用 BUCHER Hydraulics（布赫液压系统）液压机构，通过油泵单元建压，储能器储能，操作时储能器释放能量，驱动单元配合完成断路器分合。机构检查情况如图 2-62 所示。

图 2-62　机构检查情况

设备异常原因分析：

（1）该机构各法兰密封面、螺栓、排油阀、放气阀、泄压阀、封盖底部均未见外漏现象。

（2）该机构油泵电机可以正常启动，但邻近额定值无法建压。

（3）相关继电器无发热，无接点粘连情况，二次回路检查无异常。

结合以上情况，初步分析 500kV 例 5031 断路器 B 相在运行中出现频繁打压的原因是油路内部有气泡或者杂质，堵塞高压油路或密封圈，导致无法打压，当断掉电机电源让压力自然下降时，有机会排除空气或者杂质，从而机构能够正常建压及保持压力。

四、整改措施

（1）断路器频繁打压是一种常见的故障，它通常是由于液压系统或气动系统的问题导致的。为了解决这个问题，需要对断路器的液压系统或气动系统进行检查和维修，以找出导致频繁打压的具体原因并采取相应的措施进行修复。

（2）对于液压系统的问题，需要检查液压油的质量和油位是否正常。如果液压油的质量较差或油位过低，需要及时更换液压油或添加液压油。同时，还需要检查液压系统中是否有漏油现象，如果有漏油现象，需要找到漏油的原因并采取相应的措施进行修复。

（3）对于气动系统的问题，需要检查气源是否稳定，以及气动控制阀是否正常工作。如果气源不稳定，需要检查气罐、气泵等设备是否正常工作。同时，还需要检查气动控制阀是否出现堵塞、漏气等问题，如果有问题需要及时修复。

(4) 采取一些预防措施来减少断路器频繁打压的发生。例如，定期对断路器进行检查和维护，包括清理灰尘、更换密封件等措施，以保持设备的正常运转和延长设备的使用寿命。此外，还需要注意设备的存放和使用环境，避免设备受到高温、湿度、灰尘等不良因素的影响。

总的来说，断路器频繁打压是一种常见的故障，需要采取一系列措施来排查和修复故障，并采取预防措施来减少故障的发生。通过这些措施的实施，可以确保断路器的正常运行，保障整个电力系统的稳定性和安全性。

案例21：500kV甲变电站断路器智能终端失电

一、缺陷前运行状态

1. 运行方式

500kV系统：500kV断路器、线路、母线均处于正常运行方式，例2号主变压器高压侧运行于第三串。

220kV系统：220kV断路器、线路、母线均处于正常运行方式，例222断路器运行于例220kV东母南段。

35kV系统：35kV断路器、母线、电容器、电抗器均处于正常运行方式，例352断路器、例1号站用变压器运行于例35kV Ⅱ母。

2. 保护配置

500kV母线各两套保护，第一套采用南瑞PCS-915C，第二套采用国电南自SGB-750C。500kV线路保护各两套，第一套采用南瑞PCS-931A，第二套采用国电南自PSL-603U。220kV第一套母差保护采用南瑞PCS-915A，220kV第二套母差保护采用南自SGB-750A。220kV线路保护各两套，Ⅰ例某线第一套采用南瑞NSR-303A，第二套采用许继WXH-803A。主变压器第一套保护采用南瑞PCS-978T5，主变压器第二套保护采用国电南自PST-1200UT5。

二、缺陷发生过程及处理步骤

某日，500kV甲变电站例5021断路器智能终端装置告警、智能终端GO1网络断链灯亮，后台机故障报文同样报出，运维人员应及时向有关部门汇报，并保存现场监控报文，查询后台报文在该时刻记录的报文并予以保存。检修人员到现场后读取后台报文，详细记录报文内容，异常发生的准确时间，判断是否由于其他原因造成的断链，如装置失电等；检查后发现例5021断路器保护、测控装置数据正常，例5021断路器保护至智能终端GOOSE直跳接收口经抓包无法正常收到正确报文，且光纤无损坏，判断例5021断路器保护至智能终端GOOSE直跳接收口损坏，该缺陷目前仅影响断路器保护直跳功能，且该保护为双套保护配置。由于接收口下装配置唯一性，需科技厂家重新下装配置；第二天厂家配合下更换例5021断路器智能终端B接收例5021断路器第二套保护直跳备用光口，并重新下装配置后缺陷消除。

经过压力下降后再次打压，确认开关打压回路正常，并经多日数据抄录打压情况正常，现场检查压力值正常，随后上报消缺。

三、 缺陷原因分析

500kV 甲变电站例 5021 断路器智能终端为南瑞科技公司早期产品，2014 年投运。缺陷原因为例 5021 断路器智能终端 B 接收例 5021 断路器第二套保护直跳光口老化损坏。断路器智能终端检查情况如图 2-63 所示。

图 2-63 断路器智能终端检查情况

GOOSE 链路中断主要由物理链路异常和逻辑链路异常两方面原因引起。

1. 物理链路异常

（1）发送端口异常：发送端口光功率下降、发送端口损坏、发送光纤未可靠连接。

（2）传输光纤异常：光纤弯折角度过大或折断、光纤接头污染。

（3）交换机异常：交换机端口故障、交换机参数配置错误。

（4）接收端口异常：接收端口损坏或受污染、接收光纤未可靠连接。

2. 逻辑链路异常

（1）配置错误：发送方或接收方的 MAC、APPⅠD 等参数配置错误、发送数据集与配置文件中不一致。

（2）装置异常：发送方未正确发送 GOOSE、接收方异常未能正确接收

GOOSE。

（3）传输异常：网络丢包、GOOSE报文间隔过大。

（4）检修不一致：GOOSE收/发双方检修状态不一致。

四、整改措施

（1）保护、测控装置和智能终端正常运行时通过互相之间定时（5s）发送GOOSE报文来实现传输的可靠性，在接收报文的允许生存时间的2倍时间内（大于20s）没有收到下一帧GOOSE报文时判断为中断。当装置发GOOSE链路中断则说明该装置已脱离GOOSE网络，无法正常交换断路器位置、保护跳闸、保护启动闭锁等快速信号，因此继电保护对GOOSE网络的性能和可靠性提出了非常高的要求。在运行中，后台使用GOOSE联系二维表形式和告警窗的告警信息监视装置GOOSE链路中断。

（2）在实际工作中，运维人员可以将断路器智能终端的检查纳入日常的巡视和检查中。通过对各类数据进行分析，可以及时发现电力系统中的异常情况，并采取相应的措施进行纠正。例如，可以通过对设备参数进行实时监测，及时发现设备的异常运行状态；同时还可以定期对设备进行巡视和检查，发现潜在的问题并及时处理。

（3）对于电力故障缺陷的处理，首先要对故障进行深入调查和分析，找出故障发生的原因和相关责任。这需要收集故障现场的各类数据，包括设备参数、操作记录、维护记录等，并结合历史数据进行分析。通过数据分析，可以识别出故障的潜在因素和相关的隐患，为后续的处理提供有力的支持。

案例22：500kV甲变电站隔离开关发热

一、缺陷前运行状态

1. 运行方式

500kV系统：500kV断路器、线路、母线均处于正常运行方式，例2号主变压器高压侧运行于第三串。

220kV系统：220kV断路器、线路、母线均处于正常运行方式，例222断路器运行于例220kV东母南段。

35kV系统：35kV断路器、母线、电容器、电抗器均处于正常运行方式，例352断路器、例1号站用变压器运行于例35kV Ⅱ母。

2. 保护配置

500kV母线各两套保护，第一套采用南瑞PCS-915C，第二套采用国电南自SGB-750C。500kV线路保护各两套，第一套采用南瑞PCS-931A，第二套采用国电南自PSL-603U。220kV第一套母差保护采用南瑞PCS-915A，220kV第二套母差保护采用南自SGB-750A。220kV线路保护各两套，Ⅰ例某线第一套采用南瑞NSR-303A，第二套采用许继WXH-803A。主变压器第一套保护采用南瑞PCS-978T5，主变压器第二套保护采用国电南自PST-1200UT5。

二、缺陷发生过程及处理步骤

某日16:55，500kV甲变电站红外测温发现例50222隔离开关A相动触头与上导电臂铜铝连接处发热60.3℃，B相37.5℃，C相23.5℃，负荷电流298A，环境温度22℃。2～3日，该缺陷随负荷增长呈加剧趋势（第二天18:50，A相最高温度为197℃，负荷电流512A；第三天17:53，A相最高温度为150℃，负荷电流573A）。为避免发热持续增长，导致触头烧蚀变形，造成高负荷运行工况时隔离开关故障停运，该公司在隔离开关出现发热现象第四天申请进行停电检修。停运后检查发现例50222隔离开关A相动触头主导电部分与导电臂接触面氧化，更换A相动触头主导电部分，检测隔离开关三相回路电阻正常，送电后测温正常，缺陷消除。

缺陷发生后该公司针对ABB公司2VKSBⅢ-3AM-550型隔离开关就行全面排查，并于当日完成一轮红外测温，重点关注动触头与上导电臂铜铝连接处、动静触头接触部位。对例50222等同批次有相同问题的隔离开关申报大修项目，更换动静触头及导电部位，彻底消除设备部件老化造成的安全隐患，提升设备运行可靠性。同时结合停电检修计划，严格执行隔离开关标准化作业，开展同型号隔离开关检修维护，轻擦打磨动、静触头，拆解动触头与上导电臂铜铝连接处，清理复涂导电脂。

三、 缺陷原因分析

例 50222 隔离开关为北京 ABB 公司产品，设备型号为 2VKSBⅢ-3AM-550，2009 年 9 月出厂，2009 年 10 月投运，已运行 14 年。

设备停运后，该公司检修人员检查发现例 50222 隔离开关 A 相动触头与西侧上导电臂铜铝连接处存在明显过热痕迹，上导电臂至静触头线夹回路电阻超标（1.578mΩ），动触头与东侧、西侧上导电臂连接处，发现接触面氧化，存在导电脂劣化现象，连接处周围分布明显电热烧蚀点，如图 2-64 所示。现场采用细扁锉轻擦打磨东、西侧上导电臂与动触头主导电接触面，更换动触头主导电部位后，测量上导电臂至静触头线夹回路电阻（25.6μΩ）、动触头与东侧回路电阻（5.7μΩ）、动触头与西侧回路电阻（5.4μΩ），回路电阻合格。

结合设备结构和现场检查、检修情况，判断长期运行电热作用下，例 50222A 相动触头主导电部位与上导电铝臂铜铝连接处导电脂劣化失效，效能逐渐减弱，造成连接处接触电阻增大，导致铜铝连接处发热。

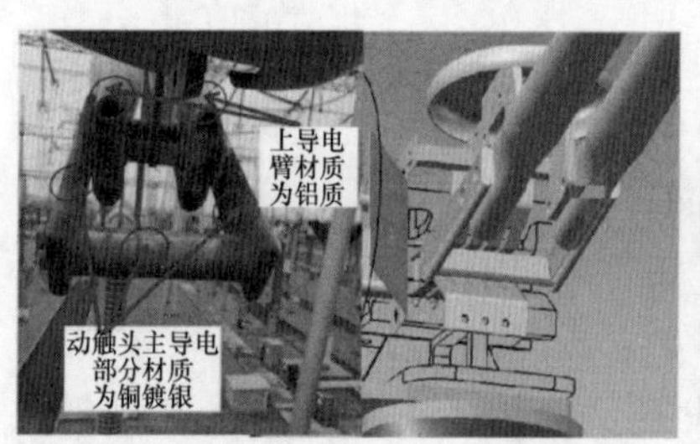

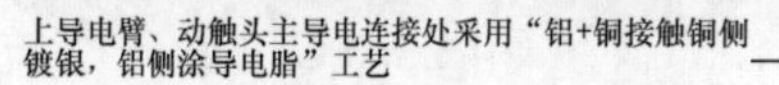

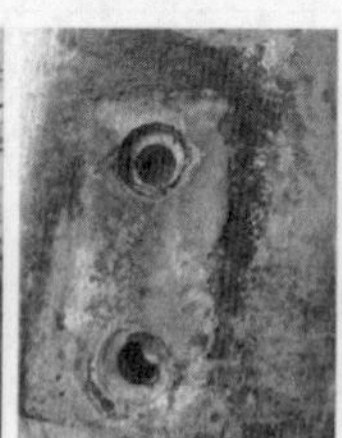

图 2-64　现场检查情况

四、 整改措施

（1）隔离开关发热是一种常见的故障，主要是由于动静触头搭接面不够，刀闸接触不良或没有到位、动静触头搭接面氧化，接触电阻增大，引起发热。如果不及时处理，可能会对电网的安全运行造成威胁。为了解决这个问题，需要对隔离开关进行排查和维修，以找出导致发热的具体原因并采取相应的措施进行修复。

（2）对于隔离开关接触处发热，通常是由于接触不良、接触面氧化或积尘等原因导致的。为了解决这个问题，需要对接触处进行清理和打磨，以提高接触面的光洁度和导电性能。如果接触面已经严重氧化或磨损，需要及时更换接触面或整个隔离开关。

（3）对于隔离开关过负荷发热，通常是由于电流过大或负载过重等原因导致的。为了解决这个问题，需要对负载进行合理分配和管理，避免出现超负荷运行的情况。同时，还可以采取并联电阻、增加电抗器等措施来降低电流和改善电网的功率因数，以减轻隔离开关的负荷。

（4）还可以采取一些预防措施来减少隔离开关发热的发生。例如，定期检查和维护设备，包括清理灰尘、更换密封件等措施，以保持设备的正常运转和延长设备的使用寿命。此外，还需要注意设备的存放和使用环境，避免设备受到高温、湿度、灰尘等不良因素的影响。

总的来说，隔离开关发热是一种常见的故障，需要采取一系列措施来排查和修复故障，并采取预防措施来减少故障的发生。通过这些措施的实施，可以确保隔离开关的正常运行，保障整个电力系统的稳定性和安全性。